KB112985

카이스트 과학여행

방구석에서 NASA까지

카이스트 과학여행

방구석에서 NASA까지

양승원·변현종
이동은·최민호·최정수 외
카이스트 학생들 지음

살림Friends

| 차례 |

제3부 한반도가 들려주는 과학 이야기

제4부 과학따라 삼만 리

| 추천사 |

"그게 과학은 아니야!"

과학. 어떤 이름이든지 함께 쓰면 멋져 보이는 이름. 정작 그 뜻은 모호하여 쉽게 설명하지 못한다. 어지러워 쓰러질 정도로 익숙하기만 한 과학은 복잡한 수식 속에, 교과서 안에, 수많은 박물관과 연구소 안에 갇혀 있다. 우리의 자존심을 짓밟은 과학 시험의 기억 속에 떡하니 버티고 있다.

"그게 과학은 아니야!"

어느 날 카이스트의 작은 테러리스트들이 조용한 선언을 한다.

화장실에서 똥 싸는 시원함부터 안토니오 가우디의 사그라다 파밀리아가 주는 감동이 과학이라고. 우리의 혈관을 타고 흐르는 제주도 용천수와 경복궁을 거닐며 밀려오는 환희를 느끼는 것이 과학자들의 행복이라고.

이들의 주장은 합법적이다. 카이스트의 강의실과 도서관에서 스스로 습득한 첨단 과학 이론들을 총동원해 설명하고 있기 때문이다. 어렵게 가르친 지식들을 이렇게 쉽게 세상에 공개하다니 교수로서 괘씸한 생각이 들지만, 이미 소유권은 그들에게 있다.

그러나 이들의 증거들은 불법이다. 뉴욕의 박물관에서, 세계적인 천문 연구소에서, 신라 귀족들만이 즐기는 냉장고에서 훔쳐온 것들이기 때문이다. 세상 속 생존 전쟁에서 이기라고 전수해준 무기들을 도적질해 사용하다니 그 죄가 크고 막중하다.

이 추천사의 결론은 한 가지다. 여기까지 읽은 모든 독자들이 더 이상 이 책을 읽지 말아달라는 것. 너무도 간결하게 설명해버린 과학의 즐거움, 아름다움, 그 거룩한 경지는 공개되면 안 된다. 부여 낙화암의 이야기는 역사 시간에 논의되어야 하고, 라스베이거스 CES 박람회를 즐기려면 돈을 내고 등록해야 하고, 길거리 식물들의 비밀은 실험실 안에서만 밝혀져야 한다. 특히, 닐스보어와 안델센이 만나는 이야기와 우리가 사는 빌딩의 비밀들은 공개되지 않기를 바란다.

비트겐슈타인를 제자로 받은 버트런드 러셀은 말했다. "그는 학생으로 와서 스승이 되어 떠났다." 이 책을 읽고 나니 러셀의 감동이 밀려온다. 나의 학생들, 나의 스승들, 이들의 미래가 궁금하다.

– 김대수(카이스트 생명과학과 교수, 『과학하고 앉아있네』 저자)

다시 찾아올 '바깥의 세상'을 기다리며

2020년 카이스트 캠퍼스의 가을은 유난히도 고즈넉합니다. 코로나19가 전국적으로 확산된 지난봄, 학부 학생 대부분이 생활하는 기숙사가 폐쇄되었고 실험 과목이나 체육 과목을 포함한 모든 수업이 원격으로 진행되었습니다.

지난해 겨울방학에 떠난 학부 학생들은 이 글을 쓰고 있는 올해 가을이 되도록 캠퍼스로 돌아오지 못하고 있습니다. 신입생들은 대학생이 된 지 1년이 가까워지도록 '캠퍼스의 낭만'이 무엇인지 알지 못합니다.

2020년 가을, 카이스트 캠퍼스는 노랗고 붉은 단풍이 아름답게 물들어가고, 그곳을 지키고 있는 교수와 대학원생 들은 전국에, 전 세계에 흩어져 컴퓨터 모니터 앞에 앉아 수업만 겨우 듣고 있을 학부 학생들을 그리워합니다.

해마다 봄이 되면 카이스트 인문사회과학부에서는 '내가 사랑한 카이스트, 나를 사랑한 카이스트(줄여서 내사카나사카)' 글쓰기 대회를 개최합니다.

이 대회에서 수상한 작품을 반년 동안 고치고 다듬어서 겨울에 단행본으로 출간합니다. 첫 대회를 2012년에 시작했으니 올해가 벌써 9년째이고, 『방구석에서 NASA까지 카이스트 과학 여행』은 아홉 번째 결실입니다.

학부 학생들이 없는 캠퍼스에서 학부 학생들을 대상으로 치르는 올해 대회는 한 번도 경험해보지 못한 새로운 시도였습니다. 이번 대회의 주제를 '내가 소개하고 싶은 과학의 명소와 현장'으로 선정한 이유도 코로나19가 할퀴고 간 우리의 일상과 관련됩니다.

2020년 학생들은 원격 수업을 들으며 대부분의 시간을 고립된 실내에서 보냈습니다. 하지만 학생들이라고 어디 집에만 있고 싶겠습니까. 은둔형 외톨이가 아니라면, 누구나 집에 하루이틀만 머물러 있어도 좀이 쑤시고 답답함에 가슴이 터질 것만 같습니다.

해외여행을, 아니 잠시잠깐의 바깥출입이라도 자유롭게 할 수 있다는 것이 얼마나 소중한 일상이었는지 지난 2월까지만 해도 우리는 알지 못했습니다. 과학도로서 과학의 현장을 마음껏 누볐던 경험을 써보게 한 것은 그 때문이었습니다.

『방구석에서 NASA까지 카이스트 과학 여행』에는 국내외 주요 과학관, 과학사 유적, 과학 연구 기관과 명소, 과학과 공학 관련 학회와 전시회, 여행지에서 만난 과학적 이슈 등을 주제로 카이스트 학부 학생이 쓴 35편의 작품이 수록되어 있습니다.

미국 스미스소니언 박물관처럼 평생 한 번 다녀보기도 어려운 세계적인 과학관 방문 경험을 기록한 작품도 있고, 인터내셔널 스파이 뮤지엄처럼 숨어 있는 흥미진진한 테마 뮤지엄을 찾은 경험을 기록한 작품도 있습니다.

그런가 하면 국립중앙과학관이나 국립과천과학관처럼 마음만 먹으면 어렵지 않게 다녀올 수 있는 과학관에 얽힌 추억을 되짚는 작품도 있습니다. 광주천에서, 부여 역사 유적에서, 가정집 화장실에서 만난 과학적 이슈를 풀어낸 작품이 있는가 하면, 몽골 초원, 아이슬란드 오로라 같은 대자연을 마주하고 느낀 경이로움을 표현한 작품도 있습니다.

이렇듯 과학적 명소를 방문하고, 카이스트 학생들이 느끼고 생각한 다채로운 경험을 독자 여러분과 함께 나눌 수 있어 무척이나 뿌듯합니다.

『방구석에서 NASA까지 카이스트 과학 여행』은 과학적 명소를 소개한 책이지만, 지금 당장은 찾아갈 수 없는 곳도 적지 않습니다.

지금 학생들은 '방구석'에서 대부분의 시간을 보내고 있지만, 조만간 세계 곳곳을 누비며 과학도로서, 공학도로서 꿈을 펼칠 것입니다.

이 지루한 기다림의 시간, 이 책이 자그마한 위안이 되었으면 합니다.

- 전봉관(카이스트 인문사회과학부 교수)

내리실 문은 이쪽입니다

"이럴 수가, 머리말이라니!" 이번이 처음은 아니지만 책의 시작을 장식하는 과정은 항상 쉽지 않습니다. 책의 제목이 얼굴이라면 머리말은 말투와 같습니다.

첫인상만으로는 알 수 없는 내면이 어조를 통해서 드러나듯이 머리말은 책의 성격을 보여줍니다.

집필한 이유를 시작으로 주제가 무엇인지, 작가가 어떻게 느꼈는지, 책을 다 읽은 독자가 어떤 생각을 하길 원하는지 모든 과정이 여기에 담겨 있습니다.

본문으로 아직 들어가지 않았을 여러분에게 이 책을 몇 자 소개해 볼까 합니다.

몇 년 전부터 지금까지 융합형 인재라는 말이 대두되고 있습니다. 세상을 살아가는 데 한 가지만 특출나다고 해서 모두 해결되는 것은 아닙니다.

이공계 측면만 뛰어난 것이 아니라 문과 또는 예체능 계열에도 일가견이 있는 사람. 게임을 예시로 들자면 능력치 하나에만 투자하는 것보다는 다양하게 분배하는 것이 오늘날 사회에 걸맞은 인재인가 봅니다.

그리고 이런 인재를 가장 잘 나타내고 있는 활동이 '글 쓰는 과학자'입니다. 말 그대로 이과 성향이 강한 과학자가 집필을 통해 문학적 소양도 함께 기르는 것입니다.

학교에서 '내사카나사카'라는 공모전을 바탕으로 책을 집필하는 것도 어쩌면 카이스트 학생들이 문학적 소양을 길러 보다 따뜻한 마음을 가진 과학자가 되었으면 하는 바람을 담았다고 생각합니다.

올해로 아홉 번째를 맞이하는 '내사카나사카'의 주제는 나만의 과학 답사기입니다.

말 그대로 그동안 방문한 장소나 여행지, 학회 등 자신에게 큰 의미로 다가왔던 곳을 소개하는 여행 답사기를 엮었습니다. 주제가 주제인 만큼 제목에 여행이란 뜻을 담기 위해 편집위원들과 많은 이야기를 나눴고 그렇게 『방구석에서 NASA까지 카이스트 과학 여행』이라는 이름을 붙였습니다.

한 번도 가본 적 없는 새로운 장소로 떠나는 것은 언제나 가슴 설레는 일입니다. 기차와 지하철에서 도착지가 얼마 남지 않았다고 말해주는 알림음이 주는 기대감을 함께 느끼면 좋겠습니다.

이 책은 총 4부로 구성되어 있습니다.

첫 장 「방구석 과학여행」에서는 박물관과 과학관을 다룹니다. 두 번째장 「세상의 중심에서 미래 과학을 외치다」에서는 최신 기술과 관련된 학회와 기업체를 주제로 학생들이 글을 풀어나갑니다.

그 다음에는 카이스트 학생들이 마음에 담아둔 여행지를 소개합니다. 세 번째장 「한반도가 들려주는 과학이야기」는 국내 여행지를 서술합니다. 그리고 마지막 장 「과학 따라 삼만 리」에서 해외의 여행지를 소개하며 독자들에게 '안녕'이라는 인사말을 건넵니다.

정말 다사다난한 2020년입니다.

코로나19로 마스크 없이 외출은 꿈도 꾸지 못하고 지인과 만나 간단한 식사를 하거나 커피를 마시는 일도 큰 부담감이 따릅니다. 우리의 일상이 사라진 지 거의 열 달이 되어가는 지금도 분위기는 수그러들 기미가 보이지 않습니다.

감염에 대한 우려로 여행이 점차 멀어지고 있는 모든 이에게 이 책이 작게나마 위로가 되기를 바랍니다.

'랜선 여행'이란 말이 있듯이 책을 읽고 새로운 장소를 색다른 시선으로 보고 느끼며 사색에 잠겨 흘러들어오는 신선한 바람을 독자 여러분이 음미하면 좋겠습니다.

그리고 이 책이 출간되어 여러분의 손에 닿을 때쯤이면 지금 이 상황도 풀이 꺾여 모두가 원래의 생활을 되찾기를 진심으로 바라고 염원합니다.

- 양승원(내사카나사카 학생편집장)

방구석 과학 여행

idea

우연이 겹치면 필연이 된다

생명과학과 17 **양승원**

우연이란 필연적 요소

우연, 아무 인과관계 없이 또는 뜻하지 않게 일어난 일. 말 그대로다. 전혀 예상치 못한 곳에서 어떠한 근거도 없이 생긴 상황들. 사람들은 세상을 살아가면서 우연이라는 것을 접한다. 이것이 발생하는 데는 어떤 조건도 필요 없다. 게다가 이 우연이 가져오는 효과는 가히 결정적이라 드라마나 영화에도 필수로 들어가 있다. 길을 걷다 부딪쳐 실랑이했던 두 주인공이 회사 미팅에서 다시 마주치는 건 너무나 뻔한 전개다. 이것이 주는 극적인 효과 때문에 우연은 필연적 요소가 되었다. 나 역시 우연을 빌려 큰 감명을 받았던 공간을 하나 소개하려 한다. 내가 걸어온 길에 둘도 없는 극적 장치이기에.

우연히 과학을 꿈꾸다

내가 처음 국립과천과학관을 접한 건 중학생 때였다. 개관한다고 한동안 신문과 뉴스에서 다룬 여러 기사를 보면 그때의 인기가 얼마나 대단했는지 짐작할 수 있다. 대부분의 학교가 수학여행 필수 코스로 이곳을 넣었고 우리 학교도 예외는 아니었다. 단순히 답사를 다녀왔다는 것보다는 학생들에게 뜻깊고 의미 있는 시간을 주자는 목적으로 직접 참여할 수 있는 진로 체험 프로그램도 진행했다. 공교롭게도 당시 나는 이과 계열에 전혀 관심이 없었다. 이렇다 할 꿈도 없었다. 성적을 계속 유지할 수 있다면 자율형사립고등학교나 일반고등학교로 진학하고 그곳에서 목표를 찾는 것도 늦지 않을 것 같았다. 그래서 큰 의미 없이 생명과학 연구원 체험관을 선택했다.

그렇게 수학여행 당일이 되었다. 친구들은 각자 고른 전시관에서 체험을 시작했다. 내 주제는 브로콜리에서 DNA를 추출하고 확인하는 실험이었다. 처음에는 단순해 보여서 큰 관심이 가지 않았다. 그러나 자세히 살펴볼수록 많은 개념을 포함하고 있었고 새로운 주제들이 나의 흥미를 끌었다. 소금과 계면활성제를 이용해 DNA를 추출하는 것부터 시작해 에탄올로 확인하는 모든 과정에 몰입할 수밖에 없었다. DNA의 구조, 염기 서열 등 책에서 언급만 하던 이론을 현실에서 마주하는 순간이었다.

모든 게 새롭던 이 과정이 다른 생명 실험의 기본이 된다는 것은 신선한 충격이었다. 이전과는 다르게 배움에 대한 흥미가 큰 돌멩이가 되어 내게 날아왔고, 잔잔하던 나의 호수에 물결이 요동쳤다. 처음으로 내가 하고 싶은 게 생겼다. 생명과학에 대해 좀 더 알아가고 싶었다. 그때부터 과학고등학교 진학을 목표로 잡았다. 누가 진로를 물어봤을 때도 잘 모르겠다던 내가 과학고등학교로 진학할 거라고 대답했다. 자기소개서에 들어갈 스펙을 쌓고 공부는 공부대로 열심히 했다. 한정된 인원만 진학할 수 있었기에 간절함도 컸다. 힘들 때는 어린 마음에 포기하고 싶기도 했지만 여태까지 이렇게 확실한 꿈은 처음이라 계속 나아갔다. 돌이켜보면 뚜렷한 진로 없이 살아가던 내게 큰 전환점이 되었다. 이 모든 것이 진로 체험 프로그램이라는 우연한 기회로 시작되었다.

항상 평탄한 길만 있는 것은 아니다

나는 경남과학고등학교에 진학했다. 정말 간절하게 꿈꾸던 진로에 첫발을 내딛는 순간이었다. 기대도 많았고 열정도 가득했다. 그러나 과학고등학교는 생각보다 만만치 않았다. 주변에는 스펙이 넘치는 아이들, 수학과 과학에 엄청난 흥미가 있는 아이들도 많았고, 그중 단연 최고는 비정상적으로 공부를 잘하던 친구들이었다. 각 지역에서 한가락씩 하는 사람들을 전부 뽑았으니 성적 경쟁이 치열해지는 건 당연지사였다. 100명의 수재가 모여서 만들어내는 긴장감 넘치는 면학 분위기와 상호 간의 경계와 견제들. 무엇보다 가장 힘들었던 것은 그때 과학관에서 느꼈던 열망이 무뎌지고 있다는 사실이었다.

과학고등학교라고 해서 특수목적고등학교, 일반고등학교와 크게 다른 것은 없었다. 책에 나오는 개념을 외우고 문제집 풀기를 반복했다. 하얀 가운을 입고 온종일 할 줄 알았던 실험과 실습에 배정된 시간은 제한적이었다. 과학고등학교 학생도 입시에 묶여 있었고 내신은 꼬리표처럼 따라왔다. 심장이 두근거리고 설렜던 실험도 스펙의 수단이었고 친구들과 프로젝트를 정해 진행하던 R&E마저도 개인 자습 시간의 마이너스 요소가 되었다. 실험과 탐구에 대한 열망으로 들어온 과학고등학교도 다른 곳과 비슷하니 진학의 의미도 사라졌다. 잘하는 아이들 사이에서 치이며 성적과 함께 자신감도 떨어지고 있었다. 꿈이 확실하다곤 했지만 꿈을 향해 나아가는 과정에서 불확실한 감정과 생각이 많아졌다. 이 길이 맞는지 회의감도 들었지만 어렵게 들어온 과학고등학교를 한순간에 포기할 수는 없었다. 차라리 일반고등학교에 갔다면 어땠을까 하며 안 가본 길에 미련을 갖다가도 이내 다시 남들을 따라서 문제집 펼치기를 반복했다. 멈춰 있던 나에게 정말 필요한 것은 막연한 위로나 응원보다는 확실한 계기였다.

다시금 과학을 열망하다

터닝 포인트는 예상치 못한 곳에서 발생했다. 모든 학생들이 자습하는 합동 강의실 입구에는 항상 공모전 안내문이 붙어 있었다. 다만 다들 공모전에 사용할 시간을 공부에 할애하는 것이 더 효율적이라 생각해 눈길 한 번 주지도 않았다. 나도 마찬가지였다. 매일매일 쏟아지는 공부량에 복습하기 바빴고 친구들을 따라가는 것만으로도 많은 노력과 시간이 필요했다. 그간 공부에 지쳐서였을까, 공모전 종이에 담긴 내용이 궁금해서였을까, 그저 저녁을 빨리 먹은 탓에 남은 시간이 많아서였을까. 평소라면 그냥 지나쳤을 정독실 입구에서 인쇄물을 찬찬히 보았다. 그리고 그 종이 한 장은 그날부터 내 모든 관심과 흥미를 전부 가져갔다.

'바이오 아트(bio art)'. 공모전에 적힌 '생존'이라는 주제를 보자마자 모든 신경이 거기로 향했다. 하고 싶었고 도전하고 싶었다. 대학교 입시가 본격적으로 시작되는 시기라서 선생님들의 우려가 있었지만 무엇 하나 확실하지 않은 채로 전공을 선택하고 대학을 준비하는 것만큼 위험한 일은 없을 것이라며 밀고 나갔다. 개인이 작품을 출품하는 방식이라 모든 과정을 혼자 진행했다. 여러 분야 중 그나마 자신 있던 현미경 사진 부문을 선택하고 아이디어를 구상했다. 주사전자현미경으로 촬영하는 방식이라 전용 샘플도 제작해야 하는 번거로움이 있었지만 이를 계기로 일반 수업에서는 접하지 못한 여러 장비를 사용할 수 있었다. 흑백사진의 결과물에 포토샵 작업을 하며 색을 불어넣었고 작품의 의미를 적어 출품했다. 결과는 중요하지 않았다. 새로운 것을 직접 해봤다는 점에 의의를 두었으니까. 출품하고 얼마 지나지 않아 수상 결과가 올라왔다. 초심자의 행운이라는 말을 증명이라도 하듯 본상 2등에 내 이름이 걸려 있었다. 수상자들은 국립과천과학관에서 진행되는 시상식에 참여하라는 공지와 함께.

이렇게 고등학생인 나와 국립과천과학관의 두 번째 만남이 성사되었다. 중학교 3학년 이후로 2년 만에 다시 찾는 과학관은 그대로였다.

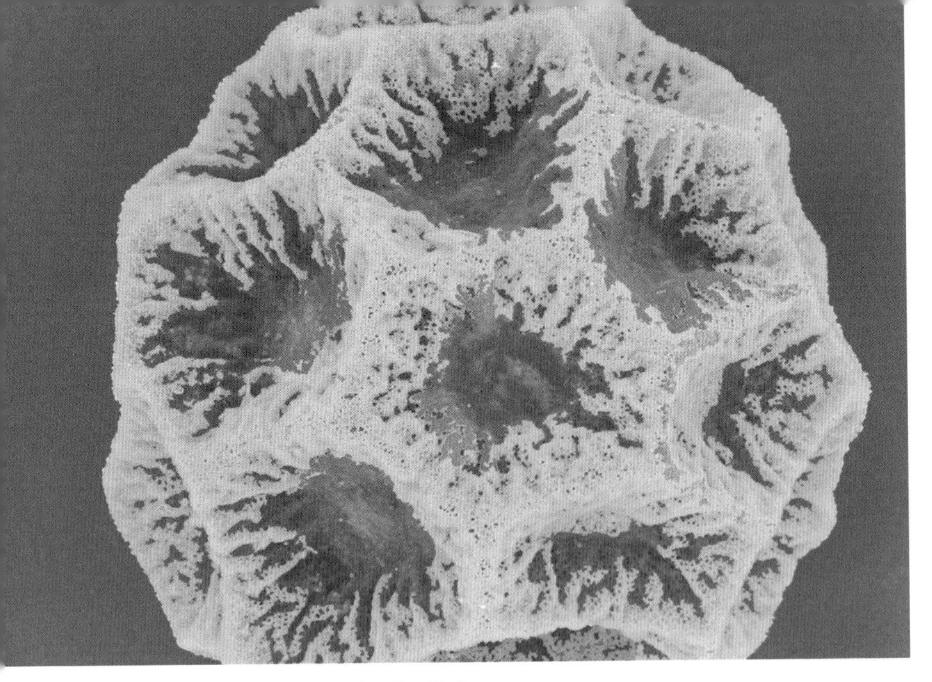

2016 BIO-ART 출품작, 「산호의 소행성」.

조금 달라진 게 있다면 바이오 아트 수상작을 위한 전시관이 생겼다는 것 정도다. 내 인생의 새로운 길을 열어주었던 장소를 수상자로 다시 방문하니 느낌이 이상했다. 전시된 내 작품을 보며 많은 생각이 들었다. 분명 과학고등학교에 회의감을 느끼고 있었는데 그곳에 있는 장비 덕분에 수상할 수 있었다. 모순된 상황을 그냥 과학고등학교가 기회를 만들어준 것이라며 받아들였다. 생활과 학업에 불확실한 것들이 많았지만 지금 내가 이 자리에 설 수 있는 데 도움을 준 것은 확실하니까. 마음이 한결 편안해졌고 조금은 자랑스러웠다.

시상식이 끝나고 과학관을 다시 한번 둘러보았다. 자연사관이나 첨단과학관 생명과학 연구원을 체험하는 것까지 모든 게 그 자리에 있었다. 당시 나는 훗날을 그리며 처음으로 느낀 과학에 대한 강렬한 감정을 놓치지 않으려 했다. 그 감정 안에는 계속 나아가겠다는 열정과 포기하지 않겠다는 다짐도 있었다. 어쩌면 방황하게 된 원인이 학교가 아니라 현실과 타협하며 무너진 내 태도였을지도 모른단 생각에 부끄러웠다. 과학을 꿈꾸게 했던 이 자리에서 다시금 초심을 다잡았다. 이 길을 계속 가자고. 이제 많이 가까워졌으니 조금만 더 힘을 내자고.

시상식을 위해 방문한 국립과천과학관을 계기로 대학 입시 준비에 속도가 붙었다. 과연 이 길이 맞는지에 대한 의문 대신 한 발 한 발 뚜렷이 걸어가겠다는 다짐이 자리했다. 진로에 대해 고민할 시간을 지금 앞에 놓인 문제를 푸는 데 투자할 수 있었다. 생명과학 하나만 보고 왔기 때문에 전공을 선택하고 원서를 제출하는 데 별다른 고민이 없었다. 좀 더 심도 있는 실험을 하고 싶었고 깊이 있는 과학을 배우고 싶었다. 이과의 길을 걷겠다는 다짐 아래 목표는 하나였다. 카이스트에 입학하는 것. 면접 날이 올 때까지 모든 노력을 쏟았다. 다시 잡은 목표를 포기할 순 없었다. 멈추고 싶지도 않았다. 과학고등학교에 입학하기 위해 아등바등했던 중학교 때 내 모습이 겹치면서 매 순간 최선을 다했다. 노력은 결코 배신하지 않았다.

과학의 길을 걸으며

중학교와 고등학교에 다니는 동안 과학의 길은 비로소 대학교가 종착지라고 생각했었다. 그러나 현실은 그렇지 않았다. 대학교는 하나의 톨게이트였다. 나의 현재 위치와 더불어 앞으로 갈 수 있는 길이 무궁무진하다는 사실을 알려주었다. 그토록 염원해온 길이라서 이곳에서 배우고 할 수 있는 것은 뭐든지 하고 싶었다. 새내기 과정 학부인 1학년에도 불구하고 나의 전공은 언제나 명확했다. 고학년이 한다는 URP를 신청해 생명과학과 실험실에서 대학원생들과 함께 실험을 배우며 프로젝트를 진행했다. 새내기는 놀아야 한다며 주위에서 만류했지만 나에게 실험은 공부와는 다른 부분이었다. 결과를 떠나서 과정 자체가 재밌었다. 적어도 그때만큼은 어릴 적 내가 국립과천과학관에서 체험한 실험을 접하는 기분이었다. 2학년이 되어서는 곧바로 생명과학과를 전공으로 신청했다. 수업을 들으며 이론을 자세히 배웠고 고등학교에서는 다루지 않아 의문이던 미싱 링크를 찾는 순간은 잊지 못할 기억으로 남는다. 1년, 2년 그동안 캠퍼스에서 네 번의 벚꽃을 보았다. 십 대의 마지막을 시작한 이곳은 어느덧 대학생의 마지막을 준비하라고 한다.

졸업 학년 자리에 오기까지 있었던 일들을 생각해봤다. 항상 그 중심에는 국립과천과학관이 있었다. 대학생의 신분으로 가는 것이 이번이 처음이자 마지막이 될 것 같다는 생각이 들어 코로나19로 한동안 휴관하던 과학관이 재개관하자 한 번 더 방문했다. 4년 만에 과학관을 다시 찾으니 감회가 새로웠다. 아는 만큼 보인다고, 과거에는 그냥 훑고 지나갔을 전시물을 찬찬히 살펴보았다. 예전에는 이해되지 않아 대충 보았던 것들이 생각보다 많은 과학적 지식을 담고 있었다.

4년은 많은 것을 바꾸기에 충분한 시간이었다. 매년 열리는 바이오아트 공모전 당선작은 내 출품작을 밀어냈다. 이제 인류는 화성 탐사가 아닌 화성 거주를 목표로 한다는 걸 보여주기라도 하듯, 미래 상상 SF관에는 화성 탐사로봇 '큐리오시티' 대신 우주 농장을 전시했다. 한때 한국에서 발견되어 떠들썩했던 '코리아노사우루스 보성엔시스'를 비롯한 여러 중생대 화석이 자연사관에 들어왔다. 한국 과학 문명관에는 거북선, 거중기 등이 추가되면서 조선 시대의 과학기술에 초점을 두었다. 전체적으로 모션 인식을 기반으로 한 캠이 추가되어 그간 영상 기술이 얼마나 발전했는지를 엿볼 수 있었다. 아쉽게도 나와 깊은 인연이었던 과학탐구관의 생명과학 진로 체험관은 사라지고 없었다. 진로 체험 프로그램이 체계화되면서 진행 장소가 3층 교육관으로 이전했다고 한다. 물론 예상은 했다. 시간이 오래 지나기도 했고 과학관의 내부 구조도 꽤 변했으니까. 그럼에도 더 이상 볼 수 없다는 사실을 직접 확인했을 때 밀려오는 아쉬움은 어쩔 수 없었다.

우연에 우연이 겹치면 필연이 된다

만약 내가 생명과학을 진로 체험 프로그램으로 선택하지 않았다면, 그날의 주제가 브로콜리 DNA 추출 실험이 아니었다면, 그래서 과학고등학교에 진학하기로 마음먹지 않았다면, 진로 고민이 많은 시기에 우연히 바이오아트 공모전을 보지 않았다면, 국립과천과학관에서 시상식을 하지 않았다면, 그래서 무엇 하나 확실하지 않은 채 입시를 준비했다면 내가 과연 이 자리에 있을 수 있을까? 내가 이과를 진로로 택한 것을 시작으로 카이스트에 오기까지 우연이란 요소가 작용했다. 그러나 우연 하나만으로 걸어온 것은 아니다.

헤르만 헤세는 말했다. "무엇인가를 간절히 필요로 하던 사람이 그것을 발견한다면 그것은 우연히 이루어진 것이 아니라 자기 자신이, 자기 자신의 소망과 필연이 그것을 가져온 것이다." 세상을 살아가는데 수식과 이론으로 설명하기 힘든 일들이 종종 발생한다. 그중 일부가 누군가에게는 다짐이 되기도 하고 계기가 되기도 하고 목표가 되기도 한다. 내가 우연히 접한 진로 체험이 꿈을 가지는 계기가 되었고, 공모전 시상식장은 마음을 다잡는 다짐이 되었다. 계기와 다짐은 원인이 되어 카이스트라는 또 다른 결과로 이어졌다. 그래서 우연에 우연이 겹치면 필연이 된다고 말하고 싶다. 수많은 우연 중 일부가 누군가에게 기회가 되었고 그것이 쌓여 하나의 결과로 도달한다. 국립과천과학관에는 과학을 꿈꿨던 중학생인 내가, 다시금 과학을 열망하던 고등학생인 내가, 그리고 그 길을 계속 나아가고 있는 지금의 내가 녹아 있다.

너에게만 알려주는 답사 꿀팁

국립과천과학관을 가게 된다면 겨울보다는 여름이나 가을을 선택하자. 과학관에는 나비관과 같은 외부 전시실도 존재하는데 겨울이면 폐쇄되어 볼거리가 줄어든다. 박물관은 대개 1층 전시가 메인이지만 국립과천과학관은 호불호가 갈리는 편이다. 먼저 2층 자연사관을 관람한 뒤 1층으로 내려와서 여러 과학관을 상황에 맞게 둘러보면 좋을 것이다!

국립중앙과학관
: 과학을 소개한다는 것은

전산학부 17 **이선오**

가이드가 되었다, 무려 10년 만에

국립중앙과학관에 처음 가본 것은 초등학교 4학년 때였다. 그다음에 다시 방문했던 때가 작년인 스물두 살의 가을이었으니, 다시 찾을 때까지 더도 말고 덜도 말고 딱 10년만큼의 시간이 필요했던 셈이다.

이곳은 국립 '중앙' 과학관인 만큼 수많은 학생이 체험 및 교육 목적으로 방문한다. 소풍 시즌이나 방학에는 사전 예약이 필수일 정도다. '사이언스 데이(국립중앙과학관이 2000년부터 개최하고 있는 과학 문화 축제)'나 특별한 행사가 열리는 날에는 일대의 도로가 차들로 혼잡해진다. 초등학생은 물론 관련 동아리에서 활동하는 대학생까지 참가하기 때문이다. 이렇게 많은 사람이 전국 각지에서 찾아오지만 나는 정작 스물두 살이 될 때까지 한 번밖에 가지 않았다. 심지어 카이스트와 매우 가까운 곳에 있는데도 말이다. 만약 국립중앙과학관 탐방 프로그램에 카이스트 멘토로 선정되지 않았다면 졸업할 때까지 관심이 없었을지도 모르겠다.

역시 세상일은 알 수 없다는 생각이 먼저 들었다. 국립중앙과학관에 발길 한 번 주지 않았던 내가 가이드로 뽑혔으니 말이다. 당연히 걱정이 컸다. 내가 과연 국립중앙과학관을 잘 소개할 수 있을지 자신이 없었다. 선생님은 투어 팀이 대부분 초등학생으로 이루어져 있을 테니 큰 걱정은 하지 말라고 했다. 하지만 난 요즘 초등학생이 과학 시간에 뭘 배우는지도 몰랐다. 초등학교를 졸업한 것도 국립중앙과학관에 마지막으로 가본 것도 10년 전 일인데, 10년 동안 변하는 게 어디 강산뿐일까? 10년은 물리학도 변하는 시간이다. 하버드대학의 새뮤얼 아브스만 박사도 "지식에도 반감기가 있다"라고 말하지 않았던가. 10년이라는 지식의 반감기 동안 초등학교 교과 과정도 국립중앙과학관의 모습도 내 기억과는 사뭇 달라져버린 상태였다.

그래도 일을 맡았으니 어떻게든 해내야 하지 않을까? 스스로를 다독여가며 일단 코스부터 짜기 위해 홈페이지에서 지도를 다운로드했다. 그런데 지도를 보자마자 나는 깜짝 놀랐다. 전시관이 무려 14개나 있었다. 대충 둘러보더라도 하루로는 부족할 것 같았다. 이 많은 전시관 중 어디를 골라야 할까 고민하다가 아무래도 전산학부 학생이 가장 잘 설명해줄 수 있는 곳이 좋지 않을까 하는 생각이 들었다. 그래서 제4차산업혁명과 관련이 깊은 미래기술관과, ICT(Information and Communications Technology, 정보통신기술) 전시실이 있는 과학기술관을 선택했다.

잘하는 것, 그리고 하고 싶은 것

주(主) 전시관인 과학기술관은 중지하층까지 포함하면 4층으로 이루어져 있다. 기초과학부터 근현대 기술까지 다양한 분야를 아우르는 전시관으로 국립과학관답게 겨레 과학기술에 대한 전시실도 있었다. 거중기나 거북선 등 겨레 과학기술의 우수성을 널리 홍보하는 곳이었다. 아이와 함께 오는 학부모도 흥미를 느낄 것 같다는 생각이 들었지만 한편으로는 걱정도 되었다. 영양가 있는 해설을 하려면 과학 상식뿐 아니라 역사적인 배경지식도 있어야 할 텐데 부끄럽게도 나는 아는 게 별로 없었다. 물론 설명은 다 붙어 있었지만 그래도 여기보다는 내가 더 잘 설명할 수 있는 ICT 전시실 중심으로 돌아다녀야겠다는 생각이 들었다.

다음에 방문한 미래기술관은 다행히 지금까지 쌓인 걱정을 해소할 수 있는 곳이었다. 내 전공과 관련된 전시품이 가장 많아서였다. 전공 지식뿐 아니라 실제 카이스트에서 다루고 있는 연구 내용을 덧붙이면서 설명하기도 좋았다. 그렇게 부쩍 가벼워진 마음으로 미래기술관을 둘러보던 나는 꼭대기 층에서 뜻밖의 전시물을 발견했다. 제65회 전국과학전람회 포스터였다. 10년 전 내가 중앙과학관을 찾은 이유였다. 나도 제55회 전국과학전람회에 참여한 학생이었다. 그때처럼 전국 각지에서 모인 학생들의 탐구 결과를 포스터로 보고 있자니 자연스레 옛 기억이 새록새록 떠올랐다.

초등학교 때 나는 과학을 좋아하기는 했지만 딱히 "무조건 과학의 길을 걸어야지!" 하는 열정이 있었던 건 아니다. 오히려 주변의 친척이나 선생님은 "넌 문과 과목 성적이 훨씬 잘 나오니 인문계로 가겠네"라고 말씀하셨고, 나도 언젠가 문과를 선택할 거라 굳게 믿고 있었다. 그랬던 내가 처음으로 '성적이 잘 나오는 것'이 아닌 '하고 싶은 것'을 찾아 꿈을 정하게 된 계기가 국립중앙과학관의 과학전람회였다. 평소 품고 있던 호기심을 과학적 방법론으로 해결하는 과정이 재미있었다. 생각해보니 과학고등학교 진학을 결심한 것도 대회에서 알게 된 중·고등학생 선배들과 이야기하면서였다.

미래기술관 3층에서 뜻밖의 추억을 발견한 나는 탐방을 오는 아이들에게도 그러한 경험을 남겨주고 싶었다. 내가 아무리 열심히 답사한다 한들 전문적으로 해설해주시는 분들과는 비교도 되지 않을 게 뻔했다. 과학관의 해설사가 아닌 나를 가이드로 불러주었다는 것은, 내게 기대하는 바가 달라서일 것이다. 그러니 나도 지금까지와는 다른 방향으로 접근해야 했다. 잘 아는 것을 자랑하기 위해 애쓸 때가 아니라 어떻게 해야 아이들이 과학에 관심을 가질지가 더 중요했다.

상상력이 발굴한 세계

나는 내가 아는 것 위주로 짜둔 코스를 다 엎어버리고 처음으로 돌아가 과학을 소개한다는 것이 무엇인지 고민하기 시작했다. 이 부분에 관해서는 결국 국립중앙과학관의 해답을 빌렸다. 다시 중앙과학관 홈페이지에 들어가보았다. 맨 처음 코스를 짤 때 쓱 보고 지나쳤던 '추천 코스' 메뉴를 선택한 뒤 초등학생 대상 세 시간 코스를 골랐다. 선택한 코스의 출발점인 자연사관 입구로 향하면서 나는 스스로 최면을 걸었다. 이제부터는 잠시 스물두 살 대학생이 아닌 10년 전 열두 살이었을 때의 너로 돌아가라고.

1층이 자연사관, 2층이 인류관으로 이루어진 자연사관 건물의 입구는 이미 아이들로 북적였다. 디노 홀이라는 이름에서 알 수 있듯이 커다란 공룡 화석이 전시되어 있었기 때문이다. 아이들은 대부분 "와! 티라노사우루스다!" 하고 외치며 사진을 찍었지만, 안내판에는 버젓이 타르보사우루스라는 이름이 찍혀 있었다. 그 모습을 보니 문득 추억 섞인 웃음이 흘러나왔다. 10년 전 나도 저 아이들처럼 엄청난 크기의 화석을 보고서 들뜬 마음에 카메라부터 들이댔을 것이다. 그다음은 중생대에 이런 생물들이 실재했다는 설명에 놀랄 테고 베게너가 제안한 판게아 모형을 보고 다시 한번 놀라겠지. 난생처음 들어본 거대한 생물과 대륙의 움직임에 대한 이야기는 아이들에게 신선한 충격을 선사한다. 그리고 그것이야말로 이 전시관이 의도하는 바가 아닐까 싶었다. 아이들이 '충격에 흥분하는 방법'을 깨우치도록 유도하는 것 말이다.

공룡 뼈의 연대 측정과 대륙이동설을 통한 지구 내부의 인식은 당시 과학의 패러다임에 엄청난 충격을 주었다. 충격은 곧 연구의 동력으로 전환되었기 때문에 인간들이 미지의 세계에 대한 시각을 넓힐 수 있게 된 셈이다. 아이들이 동화나 공룡의 세계에 열광하는 이유도

이와 비슷하지 않을까? 미지의 영역을 발굴하는 것은 누구에게나 기쁨이 되고 어린 과학자들에게는 특히 더 크나큰 기쁨과 자극이 된다. 나는 공룡 화석 앞에 옹기종기 모인 아이들로부터 10년 전의 나와 닮은 모습을 어렵지 않게 발견할 수 있었다. 동화 속 요정 나라에 흥분하던 아이는 이제 공룡의 세계에 흥분할 줄 아는 아이가 되었다. 언젠가는 생명체를 찾는 우주 탐험에 흥분하는 어른이 될 수도 있겠지.

과학관의 의도를 알아차리고 나니 답사가 훨씬 쉬워졌다. 과학기술관으로 돌아간 나는 전산 기술에 대한 설명이 주를 이루었던 처음의 루트를 체험 전시물 위주로 몽땅 뜯어고쳤다. 과학적 지식은 전시물 옆의 설명만 읽어도 충분히 알 수 있으니 내가 먼저 나서서 설명하기보다는 호기심을 자극해 질문을 유도하자는 생각이었다. 원심력 자전거, 코리올리의 방, 패러글라이딩 등 아이들이 좋아할 법한 체험거리는 매우 많았다.

결국 과학을 소개한다는 것은

우여곡절 끝에 답사를 끝내고 돌아가는 버스 안에서 과학의 어원을 검색해보았다. 과학(science)은 '아는 것'이라는 뜻의 라틴어 'scientia'에서 유래된 말이라는 결과가 떴다. 그렇다면 '아는 방법'에는 무엇이 있을까? 우리는 책에서 알 수도 있고 누군가에게 들어서 알 수도 있지만 가장 강력한 무기는 역시 직접 체험하고 관찰하는 게 아닐까. 그것이 과학적 방법론의 본질과 가장 맞닿아 있기 때문이다.

과학은 발견을 위한 방법으로써 관찰을 사용한다. 물론 관찰이라는 최후의 결정자가 언제나 옳은 것만은 아니다. 사실 관측은 언제나 정보를 왜곡하기 마련이다. 리처드 파인먼도 자신의 물리학 강의에서 밝히지 않았는가? "우리가 과학을 통해 얻은 모든 결론은 그저 반증되지 않고 아직 살아 있는 잠정적 결론일 뿐"이라고 말이다. 그의 말대로 과학이 밝혀낸 사실들은 그 어떤 것도 절대적으로 확실하지 않다. 하지만 오히려 그렇기 때문에 사실을 판단하는 단서로써 관찰이 더욱 중요하다고 생각한다. 지식이야 언젠가는 반감기를 맞이하기 마련이나, 체험한 것들로부터 그 지식을 얻기 위해 동원된 과학적 사고력만큼은 영원히 남기 때문이다. 그러한 의미에서 과학관이 존재하는 것이다. 결론만을 던져주는 게 아니라 왜 그런 현상이 발생하는지 의문을 품고 추론할 수 있도록 자연스럽게 돕기 위해서 말이다.

문득 손에 들고 있던 팸플릿이 눈에 들어왔다. 팸플릿의 관장 인사에는 "국립중앙과학관이 다양한 체험 활동을 통해 미래의 꿈을 만들어가는 곳이 되기를 희망한다"라는 글귀가 적혀 있었다. 적어도 내게는 확실히 그런 곳이 되어주었다. 열두 살인 내게 과학이란 무엇인지 알게 해준 곳. 10년간 방문하지 않았다고 생각했지만 실은 그 10년을 만들어준 곳이 국립중앙과학관이었던 셈이다.

그리고…… 코리아늄

솔직히 고백하자면 스스로 매우 만족했던 답사만큼 당일 가이드를 잘 해냈다는 확신이 없다. 막상 가보니 예상보다 아이들이 많았고 질문도 폭포처럼 쏟아졌다. 한 시간이 1분처럼 느껴졌고 누가 우리 팀 아이들인지 헷갈릴 정도였다. 다짐했던 대로 많은 체험을 제공해주려 노력했지만 정신을 차리고 보니 우르르 몰려왔던 아이들이 다시 우르르 버스로 돌아가고 있었다. 쏜살같이 흘러가는 시간에 얼떨떨해하고 있는데 함께 일한 멘토 선생님들이 수고했다며 어깨를 두드려주었다.

하도 정신이 없어 아이들에게 어떤 말을 해주었는지 기억도 제대로 나지 않지만 그나마 내게 뿌듯함을 안겨준 것이 있다면 프로그램이 끝나고 받은 설문조사 결과였다. "체험 많이 시켜주셔서 감사했습니다" "저도 카이스트에 가고 싶어요" "다음에 또 오고 싶어요" 등 긍정적인 답변이 많았다. 그중 가장 인상 깊었던 말은 "말씀하신 코리아늄(Koreanium)은 제가 찾을게요"라는 답변이었다. 마침 주기율표 제정 150주년 특별전이 열려 새로운 원소 발견에 관해 이야기해주었는데 거기에 관심이 갔던 모양이다. 만일 119번 원소를 우리가 발견한다면 우리나라 이름을 넣을 수 있다는 말에 눈을 반짝이던 아이의 얼굴이 어렴풋이 떠올랐다.

너에게만 알려주는 답사 꿀팁

국립중앙과학관은 홈페이지(https://www.science.go.kr)가 잘 만들어져 있다. 관람 코스를 추천받을 수도 있고 전시관이나 해설을 예약할 수도 있다. 각종 전시회나 이벤트 소식도 올라오니 방문 전에 한 번쯤 들어가보는 걸 추천한다.

관찰을 코딩하고 호기심을 조각하다

전기및전자공학부 17 **박지현**

서울시립과학관 답사

익숙함과 지겨움, 과학관이라는 공간은 내게 이런 의미였다. 어쩌면 어려서부터 과학 학원에 다니고 과학영재교육원 수업을 들으며 과학고등학교에 진학하고 카이스트에 재학 중이기 때문이 아닐까. '과학'이라는 키워드가 들어가면 진부함부터 느껴졌다. 과학관도 참 많이 갔지만 남는 것은 별로 없었다. 그러던 중 몇 해 전, 우리 집 근처에 생긴 서울시립과학관에 이번 기회에 다녀오게 되었다. 2020년의 과학관은 좀 더 트렌디해졌을까? 과학관에 대한 인식을 새롭게 바꿔준 서울시립과학관을 소개해보려고 한다.

서울시립과학관의 슬로건

"관찰을 코딩하고 호기심을 조각하다."

서울시립과학관의 외관에 붙여놓은 슬로건이다. 관찰과 호기심은 과학을 이야기할 때 빠지지 않는 키워드다. 여기에 코딩이라는 키워드가 새로이 추가되니 신선한 느낌이다. 꽤나 재밌는 슬로건이라 생각하며 과학관 안으로 들어갔다. 예전에 과학관을 방문했던 경험이 떠올랐는데, 사실 재미없었다는 기억만 남았다. 단체로 견학한 적이 많아서 대부분 선생님의 안내를 받았다. 그때는 한 줄로 서서 설명을 듣기만 했다. 재미가 없을 수밖에. 하지만 이번에 간 서울시립과학관은 조금 달랐다.

홈페이지에 접속해보면 '서울시립과학관은 구경하는 과학관이 아닙니다. 아주 멋진 전시물이 없습니다'라는 설명이 있다. 첫 구절을 보고 그럼 도대체 무얼 하는 과학관인가 하는 생각이 들었다. 그러나 따라오는 구절을 보고 감탄하지 않을 수 없었다.

> 우리 과학관은 배움을 중요하게 생각합니다. 하지만 "과학은 어려운 게 아냐! 신나고 재미난 거야!"라고 말하지는 않습니다. 과학은 어렵고 지루합니다. 하지만 그럼에도 불구하고 배울 가치가 있는 것이지요. 서울시립과학관이 가장 중요하게 생각하는 것은 실제로 과학을 '하는' 것입니다. …… 나중에 박사님이 되어서 할 수 있는 어떤 거대한 것이 아니라 지금 당장 도전할 만한 것부터 '하는' 것이지요. 무엇을 하고 싶은지 우리와 상의해주십시오.

어려서 과학관을 갔을 때는 이런 생각을 못 했는데, 이 글을 읽고

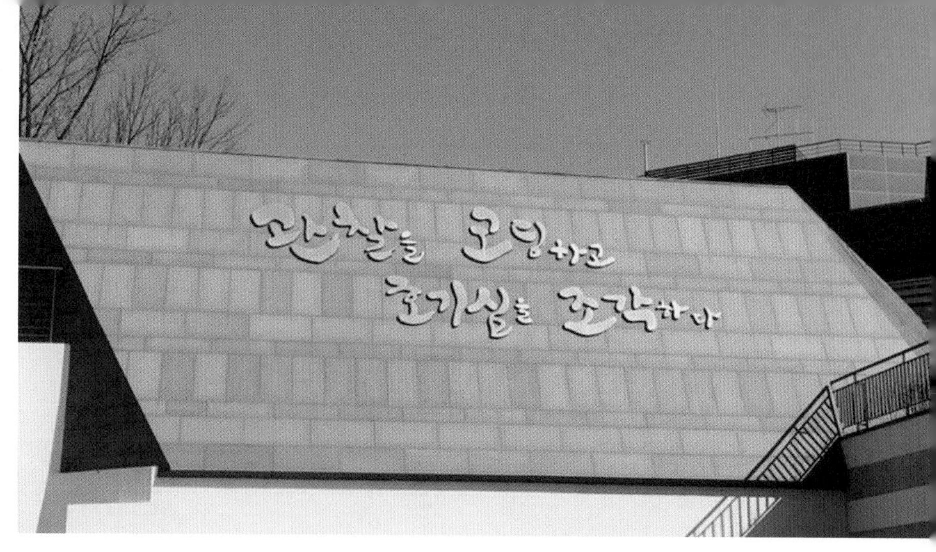

서울시립과학관 외관의 슬로건.

감탄하는 것을 보니 나도 이제 성인이 되었다는 것을 실감한다. 나는 과학이 재밌는 것이라고 소개받았다. 과학을 배워야 발전할 수 있다고만 배웠다. 그래서 의무감으로 계속 과학을 공부했고, 과학고등학교에서도 이공계 외의 진로는 추천하지 않는다는 충고를 듣기도 했다.

과학이 주는 즐거움도 있다. 하지만 나에게는 배움의 즐거움이 더욱 컸고, 과학을 배우는 것 자체는 재미있지만 이를 활용하는 방법은 생각해본 적이 없었다. 배운 것을 어떻게 활용할지 고민했더라면, 과학의 가치를 배웠더라면 지금은 좀 더 다른 모습이지 않았을까?

따라서 서울시립과학관이 추구하는 교육은 내가 생각하는 과학 교육의 이상에 가깝다. 아직 '관찰을 코딩'한다는 말이 조금 어색하게 느껴지기는 한다. 나에게 코딩이란 전공 수업 과제 정도로만 느껴지기 때문이다. 하지만 서울시립과학관의 소개 글로 보아 나는 관찰하는 것으로 끝내지 않고 과학을 '하는 것'의 차원으로 요즘 유행을 이끄는 코딩이라는 용어가 쓰였다고 해석했다. 실제로 코딩은 노트북만으로도 서비스를 만들어내는 강력한 도구다. 간단한 프로그램이라면 핸드폰으로 만들어낼 수 있다. 따라서 '하는 것'의 예시로 '코딩'이라는 말이 쓰여 반갑기까지 했다.

과학관 소개

과학관은 G관, B관, O관, R관으로 이루어져 있다. 각각 공존(Green), 연결(Blue), 생존(Orange), 순환(Red)이라는 키워드를 바탕으로 한다. Y관도 있지만, 어린이 전용 전시관으로 내가 방문했을 때는 코로나19로 인해 폐쇄되어 있었다. 여기서는 전시관마다 인상 깊었던 주제를 적어보려 한다.

G관에서는 생태계, 자연재해, 건축, 에너지 발전 등 우리가 살아가며 볼 수 있는 주제들을 담았다. '건축과 수학'이라는 주제가 특히 재미있었다. 유명한 건축물의 모형과 시뮬레이션이 준비되어 있고 그 속에 담긴 건축 기법에 관한 설명이 있었다. 간단한 틈 메우기부터 건축 구조의 최적화까지 잘 소개되어 있다. '데이터스케이프(datascape)'라는 다소 생소한 개념도 소개되어 있다. 자료 정보가 모여서 이루는 풍경을 이르는 말인데, 데이터를 건축의 관점에서 본다는 점이 새로웠다. 컴퓨터에서나 볼 수 있는 자료들을 실체화해서 건축물로 본다는 것은 마치 2차원에서 3차원으로 건너뛰는 것과 같다. 새로운 관점으로 주변을 살펴보면 이전과는 다른 것들이 눈에 들어온다. 이러한 교육을

받은 청소년들은 미래에 어떤 새로운 기술을 선보이게 될지 벌써부터 기대된다.

B관은 연결을 키워드로 하며 뇌와 뇌파, 측정과 단위, 별의 이해, 비행기의 원리 등 다양한 주제를 담았다. '대중교통을 이용한 효과적인 길 찾기'라는 주제가 있었다. 출발 장소와 도착 장소를 설정하면 다양한 교통수단에 따른 길들이 제시되고 그중 가장 효과적인 길을 찾는 활동이다. 활동 자체는 사실 계산적일 뿐이다. 하지만 요즘 누가 '지도 앱'에 바로 나오는 길 찾기에서 '과학'을 떠올리겠는가? 참신하진 않지만 익숙해진 기술을 다시 상기시켜주는 주제여서 더욱 반가웠다. 무에서 유를 창조하듯이 새로운 기술이 개발되는 것은 아니다. 새로운 발견이나 개발에는 항상 기존의 지식이 수반된다. 실제로 경로를 찾아주는 기술은 우리에게 이미 익숙해졌지만, 인공지능 분야에서는 활발히 연구되고 있다. 새로운 기술과 서비스는 바로 지금 이 순간에도 무수히 많이 생겨나고 있다. 일상에서 자주 쓰이는 익숙한 기술들을 다시 한번 짚어볼 수 있게 해주는 주제였다.

O관은 생존이라는 키워드로 인체, 유전, 물질과 관련된 주제를 소개한다. 유전자와 생식, 노화, 미생물과 질병, 세균과 바이러스 등 건강과 관련된 주제와 탄소 동소체 등 다양한 물질과 관련된 활동을 할 수 있다. 아무래도 요즘 코로나19가 가장 큰 이슈라서 그런지 세균과 바이러스라는 주제가 눈에 들어왔다. 코로나19로 인해서 서울시립과학관의 많은 체험 부스가 운영을 정지한 상태인 것도 한몫했다. 미생

물과 세균의 차이점 및 위험도를 분류하는 방법이 소개되어 있었다. 아직 어린 학생들은 코로나19 때문에 바이러스, 미생물의 부정적인 면들을 마주하다 보니 긍정적인 면을 떠올리기는 쉽지 않을 것이다. 하지만 과학관에는 이로운 미생물도 잘 설명해놓았다. 이러한 주제는 신기하거나 새롭지는 않지만, 우리가 살아가는 데 꼭 필요한 지식을 소개해준다. 점점 증가하는 평균수명에 따라 사람의 몸과 건강에 대한 지식은 필수적인 요소가 되었다. '생존'이라는 키워드로 관련 지식을 한꺼번에 전해주는 전시관이 있다는 점도 서울시립과학관의 장점으로 꼽을 수 있다.

R관은 순환이라는 키워드로 자원의 순환, 에너지의 순환, 난지도 매립 가스 등 환경문제와 함께 소프트웨어 개발과 같은 기술 개발을 다룬 전시관이다. 과학관에서 스타트업과 빅데이터라는 주제를 다루는 것은 처음 보았는데, 시대의 흐름에 따라 과학관도 변화하고 있다는 느낌을 받았다. 빅데이터와 인공지능, 사물 인터넷은 몇 년 전부터 대중에게도 널리 알려질 만큼 유행하고 있는 분야다. 하지만 아직 학생들에게는 생소하다. 작년 가을, 내가 일하는 학원에서 어느 고등학교를 대상으로 전자과 설명회를 개최한 적이 있다. 학교 측의 요구에 맞게 전자과에서 무엇을 할 수 있는지 최근 동향에 맞게 설명회를 준비했다. 하지만 빅데이터, 인공지능, 딥러닝 등 뉴스로 자주 소개되는 주제들조차 제대로 아는 학생이 한 명도 없었다. 이런 점을 생각해보면 과학관에서 최신 동향의 주제로 전시를 하는 것을 매우 바람직하다.

서울시립과학관의 매력

앞서 과학관의 소개 글을 인용했는데, 과연 소개 글만큼이나 과학관에 알찬 콘텐츠들로 가득했느냐 하면 당연히 '예스'다. G관에서는 새로운 관점을 제시하는 주제가 있어 청소년들의 시야를 넓혀주었고, B관은 자주 쓰이는 익숙한 기술들을 소개해 새로운 기술 개발을 위해서는 그 기저가 되는 기술이 중요하다는 것을 암시했다. O관에서는 평균 수명이 증가함에 따라 필요해진 지식을 한 번에 전시하기도 하며 R관에서는 최신 동향의 주제로 전시해 과학의 대중화에 기여했다. 과학관이 거기서 거기라는 편견은 완전히 없어졌다. 초반에는 G, B, O, R에 의미가 있는지 짐작해보다가 'GBRO – 지브로 – 집으로? 집에나 가고 싶다' 같은 생각이나 하던 나 자신을 반성하게 되었다.

실제로 과학을 '하는' 것이 중요하다는 소개 글답게 체험 활동이 아주 많았다. 코로나19 때문에 부분적으로 운영되어 아쉬웠지만, 곳곳에 활동을 할 수 있는 공간들이 있어 청소년들에게 큰 도움이 되는 것 같았다. 뿐만 아니라 카이스트의 아이디어팩토리(대학생들의 다양한 아이디어를 직접 실험하고 구현해볼 수 있도록 마련된 개방형 제작 공간)도 있었다. 3D 프린터, 레이저 절단기 등의 기계를 학생들이 직접 쓸 수 있는 공간이 마련되어 있었다. 주변에서 흔히 볼 수 없는 기계를 학생들이 예약하면 사용할 수 있도록 열어두어 학생들의 창의력이 더욱 빛나게 해주었다.

전시관뿐만 아니라 통로에 전시된 주제들도 훌륭했다. 가장 인상 깊었던 부분은 창의력과 관련된 부스였다. 어려서 내가 "과학은 재밌는 것이다" "과학을 배워야 한다"라는 교육을 받았듯이 요즘 학생들은 "창의력을 키워야 한다"라는 말을 귀가 아프도록 듣는다. 물론 나도 이런 말을 많이 듣긴 했지만, 전자기기의 발달로 책을 좋아하는 학생들이 줄고 있는 요즘 창의력을 키우라는 말은 크게 와닿지 않는다. 바로 이런 학생들을 위한 부스였다. 여러 가지 음악 보기를 나열한 후 조금씩 변형하는 활동을 통해 상상력과 창의력을 키울 수 있다. 막연히 창의력을 키워야 한다는 압박감은 오히려 노력을 방해하는 요소가 될 수 있다. 하지만 서울시립과학관은 이렇게 창의성이 발휘되어 개발된 것들이 무엇인지 다양한 사례를 들어, 차근차근 창의성이 왜 중요한지 설명하고 느끼게 해주었다. 어떻게 하면 손쉽게 창의력을 키울 수 있는지도 잘 설명이 되어 있는 점이 유익했다.

서울시립과학관의 아쉬운 점

하지만 아쉬운 점도 있었다. R관에서는 소프트웨어 개발의 역사를 소개하면서 스타트업 CEO들의 인터뷰 영상을 보여주었다. 청소년들에게 스타트업의 이미지를 친숙하게 만들어주는 것은 분명 좋은 취지다. 하지만 현실은 이상과 다르다.

올해 초, 일명 '타다금지법'인 여객자동차운수사업법 개정안이 통과되었다. 스타트업 연합체인 코리아스타트업포럼은 이에 관해 "오늘은 우리 스타트업이 절벽에 마주한 날"이라고 발언했다. 스타트업 규제의 역사는 정보통신기술의 시작과 맞물려 있다. 벤처 붐은 여러 번 일어났다. 타다와 같은 모빌리티 산업은 규제로 중단되는 사례가 가장 많은 산업이다. 우버금지법, 심야 콜버스 중지, 카풀 서비스 중지, 타다금지법 등 다양한 사례가 있다. 콘텐츠 플랫폼도 상호접속고시가 상호 정산 방식으로 바뀌면서 콘텐츠 제공자들은 더욱 비싼 망 비용을 떠안게 됐다.

시대의 흐름에 따라 과학관의 모습이 바뀌듯이, 새로운 서비스들이 쏟아지는 이 시점에서 국민은 새로운 서비스를 선택할 수 있는 권리를 가져야 한다. 닫힌 규제 대신 서비스를 위한 자유 시장이 만들어져야 한다. 훌륭한 과학관을 답사하고 나니 이상과 현실의 괴리에 더욱 씁쓸함이 느껴졌다.

마무리 지으며

과학은 더 이상 공부만 하는 학문이 아니다. 과학은 곧 기술이고, 기술은 곧 서비스고, 서비스는 곧 우리의 삶이다. 과학을 적절히 소비할 줄도 알아야 하고, 과학기술의 동향을 파악하는 것도 중요하다. 우리의 삶은 과학으로 가득 차 있다고 해도 과언이 아니다. 간단한 예로, 지금 내 주위에 충전기가 필요한 전자기기가 몇 개나 되는지 살펴보자. 핸드폰, 노트북, 이어폰, 시계, 마우스, 칫솔, 전자담배 등 끝이 없다. 사람의 몸에 배터리를 연결하는 일은 이제는 망상이 아니라 현실이 될 것이다. 우리의 삶이 곧 과학이라는 말을 넘어 우리의 몸 자체가 과학이 될 수도 있다는 말이다. 이러한 시대를 맞아 정부는 스타트업, 벤처기업 들을 더욱 지원해야 하며, 서울시립과학관처럼 다양한 활동으로 청소년들의 호기심을 키우는 시설이 많아져야 할 것이다.

너에게만 알려주는 답사 꿀팁

서울시립과학관의 큰 매력은 체험 부스다. 때에 따라 교육·문화 프로그램이나 진행되는 행사가 변경되므로 미리 과학관 사이트를 확인한 후 방문하는 것을 추천한다. 유튜브의 서울시립과학관 채널에서 온라인으로 보고 듣는 전시 해설, 오늘의 이벤트, 과학 강연 등 다양한 영상을 업로드 중이니 온라인으로 먼저 과학관을 체험한 뒤에 직접 방문하는 것이 좋다.

별을 보고 살자

전산학부 14 **최정수**

떠나자, 천문대로

살면서 하늘을 올려다본 적이 얼마나 될까? 많은 사람이 인생 속에 파묻혀 저 구름 위에 수많은 별 무리가 펼쳐져 있다는 사실을 잊는다. 서울의 빌딩 숲 속에서 반짝반짝 빛나는 별천지를 보기는 매우 어렵다. 별은 우리에게 자신의 얼굴을 잘 보여주지 않는다. 중국에서 날아오는 미세먼지가 하늘을 뒤덮거나 구름이 잔뜩 껴 하늘이 맑지 않을 땐 아무리 고성능 망원경이 있어도 수백만, 수천만 광년씩 떨어진 별들을 관측할 수는 없다. 대기가 미세먼지나 수증기와 같은 입자들로 가득 차 있으면 별에서 오는 빛을 산란시켜 흐릿하게 만들기 때문이다. 대부분 천문대가 산꼭대기나 고지대에 위치한 이유이기도 하다. 허블 망원경이 지상의 초대형 망원경들에 비하면 아주 작은 크기의 렌즈를 가지고 있음에도 심우주의 풍경을 찍을 수 있었던 것도 대기의 간섭을 전혀 받지 않아 손실되는 빛이 거의 없기 때문이다.

빛 공해라고 불리는 현상도 천체관측의 큰 걸림돌이다. 먼 거리를 지나 지구에 도달하는 빛은 별이 발하는 빛 중 극히 일부에 불과해 아주 작은 양의 빛조차도 관측을 크게 방해할 수 있다. 빛 공해의 가장 대표적인 예가 바로 태양이다. 낮에는 태양빛이 압도적인 밝기로 다른 별들의 빛을 모두 가려버려 태양 외 별은 관측할 수 없다. 밤의 빛 공해도 태양보다 덜할 뿐이지 별 관측을 방해하는 건 마찬가지다. 시골 옆 마을에서 새어 나오는 빛 한줄기가 그날의 관측을 망칠 수 있다. 따라서 도심에서 밤하늘의 별을 관측하는 것은 정말 말 그대로 '하늘의 별 따기'만큼 어렵다.

하지만 답답한 도심 속에서도 잠시나마 하늘을 바라볼 수 있는 곳이 있다. 바로 서울특별시교육청 과학전시관 천문대다. 서울대학교 바로 옆 과학전시관에 자리한 이 천문대는 도심 한가운데에 있어 접근성이 매우 좋다. 보통 천문대를 가려면 서울에서 최소 두 시간 이상 떨어진 시 외곽으로 차를 타고 나가야 하는데, 그런 수고를 들이지 않고도 별을 관측할 수 있다는 것은 엄청난 장점이다. 이 천문대는 도심 한가운데 있으면서도 옆에 관악산과 청룡산을 끼고 있어 빛 공해의 영향이 덜한 편이다. 바로 앞에 아파트 단지가 있기는 하지만, 밤하늘의 밝은 별을 보기에는 그럭저럭 나쁘지 않다. 또 이 천문대에서는 토요일마다 가족 천문 교실을 운영하고 있는데, 천체망원경을 직접 조립하고 그것으로 별을 관측할 수 있는 귀중한 경험을 선사해준다.

즐거운 조립 시간

별을 관측하기 위해 제일 먼저 필요한 것은 망원경이다. 망원경은 아주 멀리 있는 별을 관측하기 때문에 조금이라도 방향이 틀어지거나 흔들리면 관측하던 별을 놓치기 십상이다. 하늘이 모두 보이는 옥상에 올라가 망원경이 360도 회전할 수 있도록 주변에 장애물이 없고 평평하고 단단한 바닥에 삼각대를 펼쳐 나사로 고정한다. 그런 다음, 가대 또는 마운트라고 불리는 구조물을 올린다. 가대는 망원경의 몸체인 경통과 삼각대를 연결하는 부분이다. 망원경이 회전할 수 있도록 유연하게 움직이므로 우리 몸의 관절보다 더 유연하다고도 할 수 있다. 가대 위에 경통을 올리기 전 꼭 해야 하는 일이 있다. 바로 추를 가대에 설치하는 것이다. 경통은 가대의 한쪽 부분에 붙은 채로 움직이는데, 빛을 모으기 위해 매우 크고 길며 렌즈까지 들어 있어 무척 무겁다. 균형추가 없으면 마치 혼자만 타고 있는 시소처럼 경통이 바닥 쪽으로 쏠린다. 따라서 경통의 무게와 비슷한 균형추를 경통의 반대쪽에 장착한다. 균형추도 매우 무거우므로 안전 나사를 꼭 장착해야 불상사를 방지할 수 있다. 균형을 유지할 수 있도록 추의 위치를 조정하면 기본적인 조립은 끝난다.

하지만 여기서 바로 별을 보려고 하면 무조건 실패할 수밖에 없다. 내가 보고자 하는 별의 위치로 망원경을 정확히 가져다 대야 하는데, 망원경의 배율이 매우 높아 접안렌즈만으로는 원하는 대상을 포착하기가 거의 불가능에 가깝기 때문이다. 따라서 보조 망원경이 꼭 필요하다. 배율이 낮은 보조 망원경으로 원하는 별을 시야에 넣으면 본체 망원경 시야 안에도 들어오기 때문에 쉽게 관측할 수 있다. 이때 보조 망원경이 본체 망원경과 정렬이 되어 있지 않으면 보조 망원경으로 별을 정중앙에 넣어도 본체 망원경의 시야에 들어오지 않는다. 그러므로 파인더 정렬이라는 작업을 꼭 해주어야 한다. 간단히 설명하자면, 지상에 있는 먼 곳의 물체를 보조 망원경의 시야에 들어오게 조준하고 본체 망원경 접안렌즈의 정중앙에 들어오도록 한 뒤, 보조 망원경 옆의 나사를 돌려 보조 망원경도 정중앙에 해당 물체를 가리키도록 하면 된다. 두 망원경이 정확히 같은 곳을 바라보도록 하여 보조 망원경으로 찾은 별을 본체 망원경으로도 볼 수 있게 한다. 여기서 한 가지 팁을 주자면 천문대 남쪽에 있는 관악산 정상 부근에 휘날리고 있는 태극기의 깃봉이 동그랗게 생겨 정렬하기에 딱 알맞다.

남은 것은 그저 바라보는 것뿐

이제 정말로 별을 볼 준비가 끝났다. 남은 것은 그저 하늘의 별들을 바라보는 것뿐. 아쉽게도 아직 낮이라서 먼저 태양을 피해 달 쪽으로 망원경을 돌렸다. 달은 매끈해 보이는 겉모습과는 다르게 정말 울퉁불퉁한 모양이었다. 맨눈으로 보면 어둠과의 경계가 뚜렷해서 마치 어둠에 갉아 먹힌 것처럼 보이지만 망원경으로 크게 확대해서 보니 빛이 닿지 않아 점점 어두워지는 경계를 통해 희미하게나마 달의 원래 모습을 그려볼 수 있었다.

집에서 싸 온 도시락을 먹고 돌아오니 날이 어두워져 별을 관측하기에 최적의 상황이 만들어졌다. 마침 하늘도 맑고 구름도 거의 없어서 별이 잘 보이는 날이었다. 먼저 하늘에 보이는 북두칠성을 관측해 보았다. 북두칠성은 정말 예뻤다. 일곱 개의 별이 국자 모양으로 늘어서 있는 북두칠성은 바로 찾을 수 있을 만큼 밝게 빛났다. 그다음 국자의 손잡이 끝부분을 연장해 쭉 따라가면 찾을 수 있는 밝은 별이 북극성이다. 북극성은 지구의 자전축이 향하고 있는 곳과 거의 일치하는데, 지구의 세차운동으로 1만 년이 지나면 북극성과 자전축이 일치하지 않게 된다. 즉, 1만 년 전에 지구에 살던 사람들은 우리가 알고 있는 북극성이 아니라 다른 별을 보면서 북극성이라 불렀을 것이다. 북극성이 지구 자전축에 있는 것 때문에 가지고 있는 성질 하나가 있는데, 바로 북극성은 항상 북쪽에 위치한다는 것이다. 남반구에서는 북극성이 해수면 아래에 머물러 있어서 볼 수 없지만 북반구에서는 어디에서나 북극성을 관찰할 수 있다. 밝은 북두칠성 바로 옆에 있기도 하고 모든 별이 북극성을 중심으로 회전하기 때문에, 망망대해 한가운데서 밤하늘을 보면 절대 놓칠 수가 없다. 나침반이 발명되기 전 많은 배가 바다를 통해 무역을 하면서도 길을 잃지 않을 수 있었던 것은 바로 자연의 나침반인 북극성 덕분이었다.

북극성을 지나 다음으로 관측할 목표는 카시오페이아자리이다. 카시오페이아자리는 별 다섯 개가 W자 모양의 꼭짓점을 이루고 있다. 카시오페이아자리도 북극성 근처에 있어 북반구에서는 사계절 내내 보이기 때문에 중요한 별자리이다. 조금 후 관측할 오리온자리와 함께 도심 속 밤하늘에서 제일 먼저 보이는 밝은 별자리이다. 그리스 · 로마 신화에서 일국의 왕비인 카시오페이아는 자신의 딸이 바다의 정령보다 아름답다고 항상 이야기하고 다니다 포세이돈의 노여움을 사서 안드로메다를 제물로 바치게 된다. 다행히도 페르세우스가 묶여 있는 안드로메다를 발견하고 구출한다. 이후 카시오페이아는 자신의 남편 케페우스와 함께 하늘의 별자리가 되지만 포세이돈은 카시오페이아가 바다에 내려와 쉬지 못하게 막고 하늘 위에서 맴돌게 한다. 북극성 주위를 돌기 때문에 북반구에서는 항상 볼 수 있는 카시오페이아자리로 이렇게 이야기를 만들 수 있다는 것이 놀라웠다.

마지막으로 관측할 별자리는 오리온자리이다. 사냥꾼이 활을 쏘는 것과 같은 모양인데, 양팔에 해당하는 별들은 밝기가 낮아 몸통을 구성하는 사각형의 별과 가운데 나란히 있는 세 개의 별이 가장 잘 보인다. 그리스 · 로마 신화에서 거인 사냥꾼 오리온은 달의 여신 아르테미스와 가까운 사이가 되자 아폴론이 시기했다. 오리온이 머리만 내놓은 채 바닷속을 걷고 있을 때 아폴론은 아르테미스에게 사냥 실력을 보여달라며 바다에서 반짝거리는 점을 맞혀보라고 하자 아르테미스는 영문도 모른 채 사랑하는 오리온을 화살로 쏘아 죽이게 된다. 안타깝고 가슴 아픈 이야기이기에 밤하늘에 커다랗게 자리하고 있는 오리온자리를 볼 때마다 항상 오리온의 죽음을 떠올리게 된다.

우리는 모두 별의 잔해

그렇다면 별은 그렇게 멀리 떨어진 곳에서 어떻게 이만큼 밝은 빛을 내는 걸까? 1900년대 초반만 해도 별이 대체 어떻게 이런 막대한 에너지를 내는지 알고 있는 사람이 없었다. 그러나 여러 과학자의 노력 끝에 그 이유가 밝혀졌다. 바로 핵융합이다. 태양의 경우 수소 원자 두 개가 합쳐져 헬륨 원자 한 개를 만들며 생기는 질량 결손이 막대한 양의 에너지를 만들어 빛을 낸다. 태양보다 더 거대한 별들은 수소뿐 아니라 다른 무거운 원소들도 융합시켜 가장 안정한 철을 만들어내고 그 부산물로 엄청난 양의 에너지인 빛을 낸다. 이 원리를 처음으로 밝혀낸 한스 베테는 논문 발표 전날 밤하늘을 보며 자신의 약혼녀에게 스스로를 '별이 빛나는 이유를 알고 있는 유일한 사람'이라고 말했다고 한다. 약간 과장이 섞였겠지만 정말 로맨틱한 고백이다.

그런데 문제가 있다. 별이 핵융합으로 최종적으로 만들어내는 철은 119종의 원소 중 고작 26번에 불과하다. 그렇다면 철보다 무거워 불안정한 원소들은 어떻게 만들어질까? 간단한 핵융합을 넘어서는 훨씬 막대한 에너지의 분출, 바로 초신성 폭발이 필요하다. 핵융합을 하다가 더는 태울 연료가 없을 때, 별은 자체 질량의 중력에 버티다 못해 결국 초신성으로 폭발하며 철보다 무거운 수많은 원소를 생성한다. 칼 세이건은 이를 두고 우리는 모두 '별의 먼지'라고 표현했다. 우리 몸을 구성하는 원자 하나하나는 모두 언젠가 과거에 어떤 이름 모를 별이 폭발한 잔해의 일부라는 것이다. 어찌 보면 하늘의 별들을 우리의 창조주로도 볼 수 있다. 그토록 인류가 찾아 헤매던 신이 바로 우리 머리 위에 있었다고 생각하니 참으로 아이러니하다.

이 시국에 참 좋은 취미

생각보다 많은 별을 보지는 못했지만, 천문대에서 직접 망원경도 조립해보고 원하는 별을 관측하며 별과 별자리에 관한 여러 이야기도 들을 수 있어 정말 유익한 경험이었다. 코로나19로 발이 묶인 요즘 오히려 인간의 활동이 줄어 자연환경이 되살아나고 있다는 이야기가 들린다. 공장 가동률도 줄어 대기 중 미세먼지 농도도 매우 낮아졌다고 한다. 별을 보기에 딱 좋은 환경이다. 더군다나 조용한 밤에 혼자만의 시간을 가지며 우주의 아름다움에 감동할 수도 있어 권장할 만한 좋은 취미다. 지금은 어쩔 수 없이 마스크를 쓴 채 고개를 푹 숙이고 다니거나 집에만 틀어박혀 있지만, 이번 주말에는 가족들과 함께 근처에 있는 천문대에 가보자. 셀 수 없이 많은 별이 수놓인 밤하늘을 본다면 코로나 우울증으로 지친 마음도 어느새 탁 트일 것이다.

너에게만 알려주는 답사 꿀팁

놀러 가기 좋은 이곳에도 단점이 하나 있는데 주변에 식사할 곳이 마땅치 않다. 사방이 공원과 산, 학교로 둘러싸여 식당에 가려면 꽤 걸어야 한다. 가능하다면 도시락을 챙기는 게 좋고, 그렇지 않다면 김밥과 컵라면만으로 간단히 요기해야 한다. 일교차가 큰 가을철 이후에 방문한다면 따뜻한 겉옷과 장갑이 필수다. 오들오들 떨다 보면 하늘의 별들을 충분히 만끽하기가 힘들다.

독일 자동차의 기술을 마주하다

산업디자인학과 16 **김영우**

디자이너의 꿈과 자동차

어렸을 때부터 자동차에 관심이 많았다. 여러 브랜드의 자동차들을 구분해서 길가에 다니는 자동차 차종을 맞히는 것을 즐겨하기도 했다. 기술 자체의 메커니즘이나 원리에 대해서는 관심이 덜하지만, 기술을 어떻게 적용할지, 어디에 적용해서 운전 경험을 더 좋게 만들 수 있을지에는 관심이 많은 편이다. 그런 관심이 지금까지도 이어져, 자동차 안에서 운전하고 시간을 보내는 사용자 경험을 디자인하고 싶다는 생각에 카이스트 산업디자인학과에서 공부하고 있다.

설레는 마음으로 자동차를 계획하다

2019년 봄 학기에 교환학생 프로그램으로 체코에 다녀올 기회가 생겼다. 유럽에 갈 생각에 설레며 평소 가고 싶었던 장소들을 떠올려 어디를 가면 좋을지 고민했다. 독일의 자동차 박물관은 단연 1순위였다. 스페인의 바닷가 마을, 그리스의 작은 섬들을 포함한 많은 도시를 제치고 제일 먼저 달력에 표시하고 싶었다. 다른 여행지는 친구와 함께 가서 맛있는 음식과 볼거리를 즐기려 했지만, 독일의 자동차 박물관만큼은 혼자서 온전히 즐기고 싶었다. 그래서 독일 각지에 흩어져 있는 여러 자동차 박물관을 자세하게 알아보기 시작했다. 모든 여행이 그렇듯 어떻게 가는지 어떤 경로로 둘러볼지 상상만 해도 즐거웠다. 독일 남부부터 동선을 잡아 뮌헨을 대표하는 BMW(Bayerische Motoren Werke AG) 박물관, 슈투트가르트에 위치한 포르쉐(Porsche AG) 박물관과 벤츠(Mercedes-Benz AG) 박물관, 마지막으로는 볼프스부르크에 자리한 폭스바겐(Volkswagen) 박물관까지 둘러보는 계획을 세웠다.

뮌헨의 엔진 BMW 그리고 BMW Welt

BMW라는 약자만 봐도 어디에 있는지를 금세 알 수 있을 정도로 BMW는 뮌헨을 대표하는 기업이자 뮌헨을 제외하고는 얘기할 수 없는 기업이다. 뮌헨에서 설립된 기업이기 때문에 현재 본사도 뮌헨에 있고 공장도 본사 바로 옆에 찾아볼 수 있었다. 박물관을 포함한 전체 클러스터를 'BMW Welt'라고 부르는데, 본사 사옥을 넘어 일종의 복합 전시 공간이기도 했다. 내부 관계자는 자동차 기술에 굉장한 자부심이 있는 독일인만큼 자동차는 그저 하나의 제품이 아닌 본인들의 모든 기술이 들어간 예술품이라고 생각한다고 말해주었다.

이를 만들고 디자인하는 공간을 일반 대중, 특히 어린이들이 쉽고 재미있게 즐길 수 있도록 만들어주는 것이 마케팅의 일부이자 사회적 책임이라고 했다. 이런 자부심이 느껴지는 공간이라서 그런지 본인들이 어떤 생각을 가지고 자동차를 만드는지, 앞으로는 어떻게 만들어 나갈 것인지 고민하는 흔적을 찾아볼 수 있었다.

처음 박물관에 들어서면 BMW의 초창기 모습이 보인다. 당시 직원들과 분위기를 살펴볼 수 있는 여러 흑백 사진이 전시되어 있고 항공기, 오토바이, 자동차 등 엔진이 들어가는 이동 수단을 만드는 모습도 볼 수 있었다. 인상적인 부분은 군수용품을 생산해야 하던 제2차세계대전 당시 전투기 엔진을 만들면서 강제 인력을 동원한 기록까지 숨기지 않고 전시하며 부끄러운 과거를 되풀이하지 않도록 기억하려는 태도였다. 제2차세계대전 이후 점점 기술이 발전해 1970년대 컴퓨터가 도입되어 자동차 생산 기술에도 큰 변화가 있던 시기도 구체적으로 보여주었다.

이렇게 BMW의 역사를 소개하고는 오토바이와 자동차 등 그동안 생산해온 대표적인 제품을 선보인다. BMW에서 만든 엔진을 통째로 뜯어다가 내부 구조를 투명하게 보여주기도 하고 작동 원리를 알기 쉽게 설명해주었다. 친절한 설명 덕분에 부모님과 함께 온 어린이들은 신기한 듯 이것저것 만져보았다. 어렸을 때부터 자동차를 좋아했던 내 모습도 생각나면서 한편으로는 세계적인 자동차 회사의 박물관을 바로 근처에서 볼 수 있는 어린이들이 부러웠다. 우리나라 기업들도 이런 사회 환원에 적극적이라면 좋겠다는 생각이 들었다.

퍼디낸드 & 페리 포르쉐에 감명받다

포르쉐 박물관을 방문하기 전까지만 해도 포르쉐에 큰 관심이 없었다. 그저 개구리 모양의 귀여운 스포츠카라는 인식만 있었기 때문에, 한두 시간 정도 가볍게 둘러볼 생각이었다. 하지만 박물관 내부에 들어서자 생각이 180도 바뀌었다. 포르쉐 박물관은 관람 분위기가 좀 더 자유로웠다. 설립자인 퍼디낸드 포르쉐가 처음 만들었던 프로토타입과 전기자동차들을 자유로운 동선에서 관람할 수 있게 해주었다. 깊은 레이싱 역사를 가지고 있는 만큼 레이싱 대회에 나간 머신들이 많이 전시되어 있었다. 경량화에 큰 도움이 되는 탄소 섬유 부품, 공기 저항력을 극도로 줄이는 디자인처럼 달리는 기술에 대한 자부심을 느낄 수 있는 요소들도 많았다.

하지만 나의 관점을 180도 바꾼 결정적 요인은 페리 포르쉐의 철학이었다. 퍼디낸드 포르쉐 박사가 공학도였다면 페리 포르쉐는 디자이너에 가까웠다. "내가 꿈꾸는 자동차를 찾을 수 없어서 그냥 내가 만들기로 했다"라는 유명한 말에서 짐작할 수 있듯이 페리 포르쉐는 철학이 깊은 디자이너이자 엔지니어였다. 잘 달리고 멋있는 자동차를 만들기 위해서 때로는 고집스럽게 밀어붙이기도 하고 몇만 번의 스케치와 고민의 흔적을 볼 수 있는 기록이 가득했다.

이렇게 1963년 포르쉐의 시그니처 모델인 911 시리즈를 만들어냈고 지금까지도 아이덴티티가 이어지고 있다. 911 시리즈는 엔진을 뒤로 보내는 후륜 구동 덕분에 보닛이 날렵한 각도를 가지면서 헤드라이트는 도드라진다. 엔진이 있는 뒷부분은 펜더가 강조되고 루프라인이 날렵하게 내려오면서 스포티함을 극대화하고 있다. 색다른 디자인 때문에 더 높은 기술력이 필요했고, 이를 위해 수많은 엔지니어와 디자이너가 머리를 맞대고 고민한 과정도 엿볼 수 있어 더욱 흥미로웠다.

BMW 박물관과 비교했을 때 어린이들을 위한 체험 요소도 적은 편이었고 규모가 크지 않아 둘러보는 데 오래 걸리지 않았지만 자유로운 동선 덕분에 한 번 본 자동차를 또 비교해서 보면서 두세 바퀴를 더 돌며 구경했던 기억이 생생하다. 포르쉐의 철학과 고민의 흔적을 엿볼 수 있었기에 여러 번 돌아도 발길이 쉽게 떠나지 않았다.

내연기관 자동차의 시작, 벤츠 박물관

세계 최초로 내연기관을 개발하고 특허를 등록한 사람은 벤츠의 설립자 칼 벤츠이다. 따라서 벤츠 박물관은 브랜드로서의 벤츠와 더불어 자동차 역사 전체를 대변하는 큰 규모의 박물관이었다. 박물관의 동선도 꽤나 독특했다. 1층부터 시작하는 것이 아니라 관람객은 1층에서 엘리베이터를 타고 꼭대기 층까지 올라간다. 꼭대기 층에서 계단을 타고 내려오면서 관람하는 형식이다. 타임머신처럼 생긴 엘리베이터를 타고 올라가서 내리면 흰색의 말 모형을 처음 마주하게 된다. 마치 '벤츠가 자동차를 만들었기 때문에 말에서 해방된 것이다'라고 말하는 것 같았다.

그런 다음 여느 박물관처럼 브랜드 시작의 역사부터 이야기한다. 자동차가 상용화되기 이전 시대의 모습부터 칼 벤츠가 내연기관을 발명하고 그 이후 변화되는 모습을 보여준다. 가장 긴 역사를 갖고 있어서인지 19세기 후반에 나온 자동차부터 정말 많은 자동차 관련 기술을 설명한다. 위에서 잠깐 언급한 것처럼 벤츠는 세계 자동차의 역사와 거의 맞먹기 때문에 우리가 흔히 아는 승용차뿐만 아니라 경찰차, 구급차, 트럭, 공사용 차량, 대통령 호위 차량 등 다양한 종류의 자동차를 보여주기도 한다.

콘텐츠가 많은 벤츠 박물관에서는 매력적인 자동차나 신기한 기술을 넋을 놓고 오랫동안 바라본 적이 많았다. 가장 인상적인 자동차는 300SL 모델이었다. 걸윙 도어(gull-wing door, 갈매기 날개처럼 위쪽으로 열리는 문)가 눈에 띄는 쿠페형 차량이다. 지붕이 여닫이 형태인 컨버터블보다 걸윙 도어가 달린 쿠페형이 더 끌렸다. 외장 마감은 유광 은색에, 실내는 빨간색으로 마감되어 있고 전반적으로 둥글둥글한 곡선을 많이 살린 디자인이었다.

나는 300SL 앞에 앉아 30분을 구석구석 살펴보면서 감탄했다. 지금은 기억이 흐릿하지만 엔지니어링 설계 과정에서 앞쪽 보닛 아래 위치한 엔진의 동력을 뒷바퀴로 전달하려면 문의 구조가 달라야 했고 이 과정에서 걸윙 도어라는 독특한 형태를 고안했다고 기억한다. 기술적인 문제를 해결하며 동시에 심미적인 부분도 치열하게 고민했다는 점에 감탄하지 않을 수 없었다.

다양한 브랜드를 한 번에 둘러본 폭스바겐 박물관

마지막으로 방문한 박물관은 볼프스부르크에 있는 폭스바겐 박물관이었다. 폭스바겐은 30여 개의 브랜드를 거느린 최대 규모의 자동차 회사인 만큼 박물관 부지의 규모도 앞서 방문한 박물관과는 차원이 달랐다. '아우토슈타트(Autostadt)'라고 불리는 '자동차 놀이공원' 부지에는 30여 개 브랜드의 파빌리온이 있어 돌아다니면서 구경하는 재미가 있다. 각 브랜드의 파빌리온 규모는 크지 않지만 알찬 내용으로 구성되어 있어 가볍게 둘러보기에 좋았다.

이렇게 넓은 놀이터처럼 구성한 이유도 흥미로웠다. 독일에서는 차량을 직접 인도받는 것을 중요하게 여기는 문화가 있어서 부모가 차량을 받으러 인도장에 왔을 때 아이도 함께 와서 구경하고 즐거운 시간을 보낼 수 있게 한 것이다. 앞서 방문한 다른 자동차 박물관도 마찬가지였지만 아이들의 체험과 교육에 큰 가치를 두고 있다는 점도 느낄 수 있었다.

설레는 마음으로 어떤 동선으로 갈지 계획하는 단계부터 직접 박물관에 가서 구경하고 체험해보는 경험이 정말 소중했다. 급격한 기술 발전으로 자동차에도 많은 변화의 바람이 불고 있는 가운데, 다양한 기술이 접목되면서 미래는 어떤 모습으로 변할지 과거를 돌아보며 고민해볼 수 있었다.

기술을 어떻게 사용자와 소비자에게 자연스럽고 편리하게 적용할 수 있을지 설계하는 입장에서 어떤 점을 고려해야 할지도 생각해보았다. 그리고 치열하게 고민하는 과정과 결과물을 다음 세대에게 전달하고 보여주는 것도 중요하게 생각해야 할 문제라는 사실을 다시금 일깨워주는 시간이었다.

너에게만 알려주는 답사 꿀팁

각 박물관 근처에는 실제 자동차를 조립하는 공장도 위치하여 부분적으로 방문객이 둘러볼 수 있는 투어를 제공합니다. 미리 시간을 고려해서 예약한다면 실제 조립하는 과정도 구경할 수 있습니다. 포르쉐 박물관의 경우는 차량 시승도 할 수 있습니다. 국제 면허증을 가지고 있다면 911을 타고 슈투트가르트 시내를 구경할 수 있으니 색다른 경험을 해보는 건 어떨까요?

스파이 박물관에 잠입하다

전기및전자공학부 16 **김채원**

나에게 주어진 새로운 정체

약탈당한 유물이 테러 조직에 자금을 대기 위해 팔리고 있다. 당신의 임무는 이집트 카이로로 떠나 그들의 작전 기지를 찾는 것이다. 당신의 신분은 이제부터 다음과 같다.

이름: 블레이크 힐

출신: 리우데자네이루, 브라질

직업: 고고학자

암호명: GASLIGHT

자, 이제 정체를 들키지 않고 임무를 수행해라!

독특한 꿈의 시작

미국의 수도 워싱턴 DC에 가면 모든 여행책에 필수적으로 실리는 장소가 있다. 매년 2,000만 명 이상의 관광객이 방문하는 내셔널 몰이다. 영화 〈박물관이 살아 있다〉의 티라노사우루스가 난동을 피우는 자연사박물관, 처음으로 달에 착륙한 우주선 아폴로 11호의 커맨더 모듈이 전시된 항공 우주 박물관 등 10개의 스미스소니언 박물관이 있다. 마틴 루터 킹이 '나에게는 꿈이 있습니다'라는 제목의 연설을 했고 트럼프 대통령이 드나드는 백악관이 위치한 곳이기도 하다. 박물관과 역사적 명소가 많아서 시간이 촉박한 여행객은 목적지를 엄선해야 한다. 하지만 시간이 여유롭고 남들과 다른 특별한 설렘을 느끼고 싶다면 내셔널 몰에서 사람이 없는 방향으로 몸을 틀어 걸어보자. 맞게 가고 있는지 의문이 들 때쯤 웅장한 인터내셔널 스파이 박물관이 당신을 반겨줄 것이다.

나는 어렸을 때부터 남들과는 다른 일을 할 때 희열을 느꼈다. 친구들이 인형 놀이를 할 때 인형의 집을 지었고 그들이 포켓몬스터나 디지몬을 볼 때 셜록 홈스와 명탐정 코난을 읽으며 숨겨진 진실을 찾아 떠났다. 그러다 보니 자연스럽게 은밀하고 비밀스러운 작업을 수행하는 스파이나 탐정이 되는 꿈을 키워왔다. 물론 장래 희망 칸에는 부모님이 바라는 직업인 의사라고 적고 은밀하게 숨겨왔다. 이 꿈을 이루었는지는 일급비밀이라 누설할 수 없지만 한 가지 말할 수 있는 것은 현재 그 은밀하고 비밀스러운 직업을 뒷받침하는 과학의 세계에 발을 담그고 있다는 점이다. 이렇게 남다른 취향을 가진 나는 스파이 박물관을 망설임 없이 워싱턴 여행 일정으로 결정했다.

박물관에 입장하자마자 각각의 방문객에게 자신의 성향과 강점에

특화된 비밀 임무가 주어진다. 새로운 신분이 주어져 자신의 정체를 은폐하고 박물관을 탐방하며 단서와 임무에 대한 정보를 수집해야 한다. 나는 테러리스트로 둔갑해 그들의 작전 기지와 책략을 알아내 본부에 보고해야 한다. 소설을 읽으며 꿈만 꿔온 내가 무슨 수로 임무를 수행할까 고민했지만 전시관에 입장하는 순간 걱정은 사라지고 나의 설레는 첫 스파이 여정이 시작되었다.

위장은 필수!

우선 스파이가 되기 위해 거쳐야 할 첫 번째 단계는 위장술이다. 위장을 완벽하게 하려면 예리한 관찰력과 기억력, 기술에 대한 지식이 필수다. 스파이뿐만 아니라 과학자가 갖춰야 할 필수 요건이기도 하다. 스파이는 결국 특수한 목적을 이루고자 비밀리에 활동하는 과학자인 셈이다. 본격적으로 임무를 수행하기 앞서 박물관에서 CIA 역사상 가장 위대한 탈출 작전을 이끈 멘데스(Antonio J. Mendez)라는 인물을 알아보게 되었다.

멘데스는 CIA의 변장 부장으로 14년간 기술 서비스 부서에 일하며 위조 여권, 신분증, 도청 장치, 워키토키, 마이크로도트 필름 등 정보 요원에게 필요한 도구를 만들었다. 위장술을 완전히 익힌 멘데스는 1979년에 '캐나다인 케이퍼(Canadian Caper)'라는 작전을 이끌어 이란혁명 때 인질로 잡힌 미국 외교관 여섯 명을 구출하는 데 성공했다. 멘데스의 지시에 따라 여섯 명의 인질은 〈아르고〉라는 영화를 제작하는 할리우드 크루로 변장했다. 제작사도 설립하고, 잡지에 가짜 영화 광고를 실으며, 기자회견까지 열어 작전을 치밀하게 준비했다. 철저한 준비 과정에도 불구하고 위조된 비자의 날짜에 문제가 생겼다는 걸 알아냈다. 이란의 헤지라력을 사용하지 않고 일반적으로 사용하는 날짜로 표기했지만 다행히 여분의 여권을 챙긴 덕분에 새로운 비자를 발행할 수 있었다. 작전은 재개되었으며 캐나다 정부의 도움을 받아 인질을 성공적으로 구출했다.

멘데스는 스파이가 갖춰야 할 순발력과 관찰력, 준비성, 뛰어난 상황 인지 능력 덕분에 CIA에서 25년간 일했고 미국 시민들에게 영웅으로 불렸다. 나는 멘데스의 구출 작전을 공부하며 위장에 필요한 조건과 자격을 익히고 임무에 나섰다. 허접한 변장이지만 빠른 순발력 정체를 숨기며 테러리스트에게 의심받지 않고 이집트에 잠입했다.

스파이를 위해 발전하는 기술력

잠입에 성공했으니 이제는 적의 정보를 얻어내야만 한다. 과학기술은 인간의 욕망과 요구에 맞게 변하고 성장했으며 스파이 기술 또한 안전한 임무 수행을 위해 발전했다. 과거에는 '블랙백 작전(Black Bag Operation)'이라고 불리는, 사람이 직접 상대편 영역에 침입해 정보를 빼내는 방식을 이용했다. 첩자가 침입하기 위한 도구를 담은 가방은 강도들이 연장을 담는 가방을 연상시켜 '블랙백'이라 불린다. 블랙백 작전을 수행하려면 잠금장치를 따고, 문서를 위조하는 등 상당한 기술과 노력을 요했다. 임무 수행 중 단 하나라도 실수하는 순간 결과는 실패했다. 1900년대 초반부터 이 작전은 미국의 연방수사국(FBI)과 중앙정보부(CIA)에서 외국 관공서의 암호와 기밀을 훔쳐내고 표적의 정보를 얻어내는 데 자주 사용되었다.

침입에 성공한 다음에는 들키지 않고 정보를 의뢰인에게 전달해야 한다. 옛날에는 문서의 글줄 사이사이에 설탕 용액이나 레몬즙으로 글을 써서 전달하는 방법을 이용했다. 레몬즙을 물에 희석해 종이에 바르면 눈에 띄지 않지만, 종이를 가열하면 레몬즙이 산화돼 갈색으로 변한다. 설탕물을 바른 종이는 가열하면 설탕 분자가 서로 반응해 긴 사슬을 형성한다. 이 사슬들은 서로 엉키면서 두껍고 점성 있는 물질로 변하고 주변의 파란색과 녹색 빛을 흡수해 캐러멜색을 띠면서 글씨로 나타난다. 하지만 블랙백 작전은 침입부터 정보를 캐낸 다음 의뢰인에게 전달하기까지 들킬 가능성이 크고 즉시 정보를 전달할 수 없다.

안전한 정보 전달을 위해 스파이 기술은 점점 발전했다. 신호를 이용해 직접 침입해야 하는 위험도 줄이고 간편하지만 확실한 정보 전달이 가능해졌다. 'Stealling Secrets' 전시에서 볼 수 있는 역대급 스파이 도구 중 하나는 러시아가 미국 대사에게 선물한 'The Thing' 또는 'The Great Seal Bug'라는 국새다.

제2차세계대전 때부터 미국과 러시아 사이에 라이벌 의식이 고조돼 냉전으로 이어지면서, 서로의 군사와 기술에 관한 정보를 얻는 것이 매우 중요했다. 양 국가는 다양한 군사 기관과 민간 기관에 의존하고 스파이 활동을 하며 정보를 캐내왔다. 국새는 사실 러시아의 선물이 아닌 도청 장치였는데, 수동적인 기법으로 오디오 신호를 전송했다. 이 장치는 작은 안테나에 용량성(容量性) 막을 연결해 외부 송신기에서 정확한 주파수의 무선 신호를 보내야만 장치를 활성화할 수 있었다. 국새가 있던 대사실 내 음파는 국새의 나무 케이스를 통과해 막을 진동시키고, 장치는 음파를 변조해 외부 수신기로 전달했다. 이 장치는 매우 작고 전원 공급 장치가 없는 수동 장치여서 발견하기 매우 어려웠다. 이 도구로 러시아는 7년 동안 미국에 관한 정보를 빼돌릴 수 있었다. 나는 테러리스트의 적진을 알아내기 위해 이집트에서 만난 수상한 인물의 신발에 수동 도청 장치를 심었다. 수상한 인물은 실제로 테러리스트로 밝혀졌고 그들의 기지와 꾸미고 있는 일을 정부에 즉시 보고할 수 있었다.

영화가 현실로?

임무를 완수하고 돌이켜보니 스파이 기술은 과학을 색다르게 응용하고 있다는 사실을 깨달았다. 총으로 변하는 우산, 야구공처럼 생긴 수류탄, 총이 내장된 마법의 서류 가방처럼 〈킹스맨〉 같은 영화에서나 나올 것만 같은 도구들을 스파이 박물관에서도 찾을 수 있다.

구소련의 국가보안위원회(KGB)는 우산을 총으로 개조해 독이 든 총알을 쏠 수 있게 했다. 이 우산은 실제로 1978년에 기자인 마르코프를 암살하는 데 사용되었다. 어느 날 다리에 따끔함을 느낀 그는 우산을 들고 도망가는 남자를 보았고, 나흘 뒤에 리신이라는 독 때문에 사망하였다. 다리에 총알을 맞았는데, 총알의 코팅이 녹으면서 리신이 혈관으로 스며들었던 것이다.

스파이들은 필수적으로 마이크로도트 카메라를 담배나 만년필 같은 일반 소지품에 숨기고 다녔다. 이 카메라는 문서의 사진을 찍으면 1mm 채 안 되는 마이크로도트로 만들었고 반지나 빈 동전 내에 숨겨 정보를 전달했다. 요즘도 배터리나 핸드폰을 최대한 작고 가볍게 만드는 데 집중하는 것처럼 옛날에도 물건을 최소화하는 것이 중요했다. 과학기술의 발전은 이를 가능케 했고 특히나 스파이들에게 유용했다.

역사를 바꾼 스파이

마지막으로 'Spying That Shaped History' 전시에서는 스파이 활동이 세상에 미친 영향과 제2차세계대전 때 OSS부터 CIA까지 이루어졌던 스파이 활동을 알아볼 수 있다. 제2차세계대전 때 살아남기 위해서는 적의 비밀을 알아내는 것이 필수였다. 하지만 나치의 에니그마 기계는 1,500경의 암호 조합을 만들어낼 수 있었고, 매일 로터의 순서와 시작 위치, 로터를 연결하는 철사의 전기적 경로를 바꿔서 암호를 해독하는 것은 불가능에 가까웠다.

영국의 수학자이자 과학자인 앨런 튜링은 에니그마 기계의 암호를 풀기 위해 고속 전자 기계 봄베 머신(Bombe machine)을 이용했다. 봄베 머신은 500개의 전기 계전기, 11마일(약 17.7km)의 배선, 100만 개의 조인트로 이루어졌으며 에니그마 기계의 설정을 알아내는 데 이바지했다. 일반 텍스트와 독일군에게 가로챈 암호문을 비교하고 에니그마의 입력 값과 출력 값이 같을 수 없다는 허점을 이용했다. 독일군의 메시지에서 반복적으로 사용된 군대 용어와 나치 경례 "Heil Hitler"와 같은 문장을 식별해 튜링은 봄베 머신의 알고리즘을 발전시켰다. 튜링 덕분에 매일 에니그마 머신의 암호를 풀어내고 그날 독일군이 보내는 메시지를 모두 해독해 독일군의 잠수함 위치와 공격 계획을 알아냈다. 독일 잠수함은 점점 침몰했고, 1943년까지 우세했던 독일군은 처참히 패배했다. 일부 역사학자들은 튜링의 활약이 제2차세계대전을 2년 이상 단축했고 1,400만 명 이상의 생명을 구했다고 추정한다.

과학의 A to Z

인터내셔널 스파이 박물관에서는 과학의 A부터 Z까지 다양한 내용을 배울 수 있다. 사과는 왜 하늘에서 떨어지는지, 전구는 어떻게 켜지는지 우리가 흔히 학교에서 배우거나 과학박물관에 가서 배울 수 있는 과학 원리로 가득하지는 않다. 하지만 과학을 색다르게 접할 수 있다. 스파이가 되기 위한 필수 조건인 준비성, 관찰력, 꼼꼼함은 좋은 과학자가 되기 위해서도 꼭 필요한 요건이다. 주어진 비밀 임무를 완성해나가며 평소에 자신에게 부족한 점도 알게 된다. 또한 인간의 요구에 따라 발전하는 기술의 모습도 엿볼 수 있다. 지금은 어느 집에나 형광등이 있지만 부싯돌로 불을 피우던 시절도 있었다. 스파이의 역사를 보면, 사람이 직접 숨어 도청했던 시절부터 시작해 신호를 이용한 도청 장치를 사용하기도 하고 상대편이 보내는 신호를 가로채 정보를 빼낼 수 있는 지금까지 기술의 발전을 살펴볼 수 있다. 인간은 항상 편리함과 안전성을 추구하며 기술의 발전을 이루어왔다. 과학이 모든 것의 바탕이자 기초가 된다는 점도 배울 수 있다. 평소 과학이 우리의 삶에 얼마나 많은 영향을 주었는지 알게 되어 감사했다. 내가 과학적 발전을 이루어내면서 사회에 미칠 수 있는 영향력에 대해 자각해야 한다는 것도 깨달았다. 과학에 임하며 가져야 할 태도와 미래의 방향성까지 생각하게 되었다.

나의 정체는 사실 스파이가 아니다. 아직 꿈을 이루지는 못했지만 현재 과학을 배우며 완벽한 스파이가 되기 위해 준비하고 있다. 마음속으로는 이미 스파이라고 믿고 있다. 과학을 사회적 관점으로 바라보고 과학의 중요성을 느끼고 싶다면 한번 스파이가 되어보자!

너에게만 알려주는 답사 꿀팁

방문객에게 주어지는 비밀 임무는 필수가 아닌 선택이다. 하지만 박물관을 완전히 즐기고 싶다면 꼭 임무를 받아서 수행하자! 요원 배지와 임무 결과도 받을 수 있는데 어느 기념품보다도 기억에 남는다. 스파이 장난감, 마술 키트 등 색다른 기념품을 살 수 있는 샵도 둘러보길 추천한다. 스파이 박물관은 들어오는 순간부터 나갈 때까지 '꿀잼'을 보장한다!

미국 자연사박물관에서 만난 잊히는 존재들

전산학부 17 **이유승**

어릴 적 환상의 공간으로 들어서다

작년 여름에 그토록 원하던 뉴욕 여행을 혼자 떠나게 되었다. 2주간의 여행 계획을 세우며 꼭 가고 싶은 장소들을 적어보았는데, 1순위를 차지한 곳은 맨해튼의 자연사박물관이었다. 자연사박물관을 알게 된 건 영화 〈박물관이 살아 있다〉를 통해서다. 어릴 적에 이 영화를 얼마나 많이 보았는지, 한때는 박물관의 마스코트 격인 티라노사우루스 화석이 실제로 밤에 살아나 돌아다닐 것 같은 착각이 들 정도였다. 이후 자연사박물관은 늘 환상의 공간으로 내 머릿속에 존재해왔고 이제는 직접 거기로 가서 환상을 현실로 가져올 차례였다.

뉴욕의 관광지들을 숨 가쁘게 돌아다니다보니 어느새 자연사박물관을 가기로 계획한 날이 되었다. 아침에 하늘은 흐리고 부슬비가 내리고 있었다. 나는 맨해튼 숙소의 아래층에 있는 카페에서 베이글을 간단히 챙겨 먹은 뒤 우산을 들고 길을 나섰다. 박물관으로 향하는 길은 너무나 낭만적이었다. 박물관은 숙소에서 출발해 10분 정도 계속 직진하면 나오는데, 길 오른쪽에는 센트럴파크가 있고 왼쪽에는 맨해튼 특유의 클래식한 건물들이 쭉 늘어섰다. 그 거리를 걷고 있으니 사진으로 수없이 보았던 비 오는 날 뉴욕의 풍경에 내가 들어와 있는 느낌이 들어 신기했다. 주변의 풍경을 감상하기도 하고 밤새 고인 물웅덩이를 피하기도 하면서 걷다 보니 어느새 박물관 입구에 도착해 있었다.

이른 아침이었는데도 자연사박물관 앞은 이미 표를 사려고 기다리는 사람들로 가득했다. 나도 표를 구입하기 위해 맨 끝에 서서 기다리기 시작했다. 그때 초등학교 시절부터 그토록 보고 싶어 했던 티라노사우루스가 모습을 드러냈다. 박물관 입구의 위쪽에 티라노사우루스가 포효하고 있는 모습이 담긴 거대한 포스터가 붙어 있었다. 포스터 아래에는 '티라노사우루스: 궁극의 포식자'라는 문구가 적혀 있었다. 포스터를 보는 순간 자연사박물관에 왔다는 게 실감이 나고 가슴이 두근거리기 시작했다. 빗속에서 30분 정도 기다려 줄의 맨 앞에 도착했고 나는 표를 사서 들뜬 마음으로 박물관에 입장했다.

박물관 안에 첫 발걸음을 내딛는 순간 나는 내부의 모습에 압도되어버렸다. 중세 시대 유럽 궁전 내부의 모습이 눈앞에 펼쳐졌는데, 그 중앙에는 어마어마한 크기의 공룡 화석이 가만히 서서 방문객들을 환영하고 있었다. 순간 티라노사우루스가 벌써 등장한 줄 알고 흥분할 뻔했다. 그 녀석은 티라노사우루스가 아니라 목이 긴 초식 공룡 바로 사우루스였는데, 늠름한 자태로 나를 맞이해주었다.

박물관에서 마주한 과거와 현재의 존재들

1층에서 처음 들어간 전시실은 어두어둑했다. 방의 조명이 은은하게 비추고 있는 곳에 코끼리 다섯 마리가 있었다. 물론 전시용 모형일 뿐이었지만 실제 크기와 비슷하고 주변을 아프리카 초원처럼 조성해 놓아 살아 있는 코끼리라는 착각이 들었다. 코끼리는 전시실 정중앙에 있었고, 방의 나머지 부분은 여덟 개 정도의 작은 유리 전시관들이 원형으로 코끼리들을 둘러싸고 있는 모양이었다. 유리 너머로는 아프리카 초원에서 서식하는 가젤, 얼룩말, 하이에나 등의 동물들이 모형으로 전시되어 있었다. 이 전시실의 동물들은 아직 멸종하지 않았고 지금도 어느 동물원에서나 흔히 볼 수 있는데도 박물관에서 마주치니 마치 매머드처럼 오래전 지구에 살았던 멸종동물을 보는 것 같았다. 그중 현재 멸종 위기라고 쓰여 있는 동물들의 모형은 괜히 그 눈동자가 서글퍼 보였다. 어쩌면 전문가들이 언젠가는 이 동물들을 동물원에서는 볼 수 없어 미리 자연사박물관에 데려다 놓은 건 아닐까 하는 생각도 들었다.

1층에서 아프리카 초원이나 아마존 정글의 동물들과 오스트랄로피테쿠스를 비롯한 초기 인류의 모습을 구경하고 나서 드디어 공룡들을 만나러 4층으로 올라갔다. 4층 전시실에 처음 들어서는 순간 공룡들이 이 박물관의 인기 스타라는 것이 다시금 실감 나기 시작했다. 전시실로 통하는 복도부터 사람들이 빽빽했고 특히 어린아이들이 흥분한 눈빛으로 사방의 거대한 모형들을 올려다보고 있었다. 나도 아이들처럼 주변의 공룡 화석들을 쓱 훑어보았다. 그리고 화석 앞에 붙어 있는 공룡의 이름들을 확인해보았다. 브라키오사우루스, 트리케라톱스…….
어릴 적에 열심히 외우고 다닌 익숙한 이름들이었다. 공룡 장난감들을 가지고 놀던 기억이 있는데, 그 공룡들이 내 양옆에 실제 크기로 전시된 모습을 보니 동심이 살아나면서 어린아이로 돌아간 것만 같았다.
한편으로는 대부분의 공룡 모형이 외형까지 온전한 모습이 아니라 화석의 형태로만 전시된 점이 아쉬웠다. 공룡이 멸종하지 않고 존재해 완전한 모습으로 마주할 수 있다면 어땠을까 하는 아쉬움도 들었다.

우리 곁의 생명체도 과거의 역사가 될 수 있다는 생각

그런데 1층에서 현재 세계 각지에 서식하고 있는 동물들을 구경하고 곧바로 올라와서 공룡 화석들을 보고 있으니 이상한 생각이 들었다. 내 앞에 화석으로만 자신의 모습을 보여주는 이 공룡들이 아주 먼 옛날에는 1층의 동물들이 있는 곳에 살았다는 것이다. 그 당시 공룡들은 그 자리를 내어주고 본모습을 영원히 잃어버린 채 박물관에서 화석으로만 연명할지 상상이나 했을까? 반대로 생각해보면 1층의 동물들이 언제라도 이 공룡들과 같은 처지가 될 수 있다는 의미이기도 하다. 어느 날 국내에는 멸종 위기종이 얼마나 있을지 궁금해서 찾아보니 멸종 위기 1, 2종 모두 합하면 약 270종이었다. 이 숫자는 인간의 무관심 속에서 계속 증가할 확률이 높다. 국내의 종들만 따져도 이 정도로 많은 생물이 멸종 위기에 처한 상황인데, 지구의 모든 생물을 생각한다면 얼마나 많은 종이 소리 소문 없이 사라지고 있을까.

나는 4층의 공룡들을 마주한 이후 줄곧 이런 생각에 사로잡혀 있었다. 아래층의 동물 전시관에 가서 이 생각은 더욱 강해졌다. 거기에는 인간과 매우 비슷한 얼굴 형태를 지닌 개코원숭이 모형이 있었다. 원숭이는 인간과 유전적으로 가까워서인지, 원숭이가 짓는 표정을 보면서 인간의 감정을 떠올리게 될 때가 많다. 표정이 유사하다고 거기에 담긴 감정까지 같다고 볼 순 없지만, 원숭이가 웃는 표정을 지으면 그 원숭이가 기뻐하고 있다는 생각이 들기도 한다. 이날 박물관에서 본 개코원숭이의 표정은 자신을 살려달라고 애원하는 것만 같았다. 물론 전시된 모형일 뿐이지만 나에게는 그 순간의 표정이 무척 슬프게 다가왔다. 어쩌면 원숭이 모형 옆에 이 원숭이의 개체 수가 많이 남아 있지 않다는 설명이 적혀 있기 때문이었는지도 모른다.

박물관은 과거와 현재를 연결하는 공간이다

물론 이곳에 방문하기 전에도 여러 박물관에 가본 적이 있다. 그런데 예전엔 박물관을 구경할 때마다 전시된 모든 대상이 과거의 것처럼 보였다. 나에게 박물관이란 과거의 역사를 잠시나마 구경하면서 신기해하는 공간에 불과했다. 박물관에서 본 역사적인 사람, 사건, 기술 등은 지금 내가 사는 세상과는 동떨어진 존재라는 인식이 있었다.

그러나 자연사박물관을 방문하고 나서부터는 박물관이 단순히 과거의 존재를 전시하는 것을 넘어서, 과거와 현재의 역사를 동시에 바라볼 수 있게 해주는 공간이라는 생각이 들었다. 이미 멸종한 공룡들과 지금 이 순간에도 아프리카 초원에서 살고 있는 코끼리가 한 공간에 전시된 것은 신선한 충격으로 다가왔다. 박물관 지하에는 바다에 서식하는 동물들을 모아놓은 전시관이 있는데, 그 중앙에 거대한 고래 모형이 천장에서 매달려 있었다. 실제 크기와 거의 같아 마치 배 한 척이 매달려 있는 것 같았다. 이 전시관에는 수면 근처에 사는 바다표범부터 해저에 서식하는 기괴한 생명체까지 한곳에 모여 있다. 그중 일부 생물들은 위에서 본 초원의 코끼리들과는 달리 외계의 생명체처럼 느껴졌다. 특히 심해 생물들은 머리에서 빛이 나거나 피부가 투명한 독특한 모습을 지닌 경우가 많은지라, 이들이 지구라는 공간에서 함께 살아가고 있다는 사실이 믿기지 않았다. 그만큼 먼 존재로 느껴진 것이다. 중요한 점은 이들이 나에게는 공룡보다 더 멀게 느껴지더라도 현재 지구의 역사를 이루고 있다는 사실이다. 그러니 인간이 바다에 버린 수억 톤의 쓰레기 때문에 심해가 오염되어 이 생명체들이 고통을 받는다면, 인간이 지구를 고통스럽게 하는 꼴이 된다.

지구라는 공간을 함께 살아가는 이들에 대한 배려

한편으로 지구라는 공간을 우리와 공유하고 있는 생명체들을 박물관에서라도 만날 수 있어 다행이라는 생각이 들었다. 북극곰과 아프리카코끼리처럼 인간에게 널리 알려진 멸종 위기 동물들은 인간이 직접 보호하기 위해 노력하는 경우가 많다. 인간이 이들에게 가한 고통은 비교적 분명하다. 이산화탄소 배출의 증가로 북극의 빙하가 녹아내리고 상아를 얻기 위해 코끼리를 무분별하게 밀렵하는 것은 명백한 인간의 잘못이므로 그들을 배려해야 한다는 생각은 공감을 얻기 쉽다. 반면 인간이 바다에 버린 쓰레기로 고통받는 바닷속 크고 작은 생물들은 우리의 관심을 받기 어렵다. 그렇다고 해서 이들이 북극곰과 아프리카코끼리보다 보존할 가치가 없는 것도 아니고 이들을 배려하는 것이 우리에게 어려운 일도 아니다. 적극적으로 환경보호를 위해 나서지 않더라도, 우리와 지구라는 공간을 함께 사용하는 이름 모를 생명체들이 심해와 정글 속 어딘가에 지금도 살아가고 있다고 생각하는 것만으로도 충분하다. 이런 생각을 조금이라도 갖고 살아간다면 주변의 자연환경을 조금 더 존중하게 될 것이다. 다시 이런 생각을 갖게 되었다는 점에서 자연사박물관 방문이 가치 있는 경험으로 남는다.

카이스트 학생인 나는 우리나라의 과학과 기술의 발전에 이바지하고 싶다. 한편으로는 뉴욕의 자연사박물관에서 느꼈던 감정들을 항상 마음 한구석에 담아두고 싶다. 인류가 살아갈 미래는 사실 인류뿐만 아니라 지구의 모든 생명체가 함께 살아가야 하는 미래다. 다른 생명체들에게 관심을 기울이는 것은 환경보호 운동가와 생물학자만의 의무가 아니다. 우리는 자연이 인간에게 끊임없이 보내고 있는 경고 메시지에 귀 기울여 당장 눈앞에 보이지 않는 존재들까지 배려하며 살아가야 한다고 생각한다. 언젠가는 인간도 박물관에 전시된 공룡들과 같은 존재가 될 수 있기에, 다른 존재들이 사라져가는 것을 멀리서 지켜만 보지 않고 이들의 멸종을 우리의 문제로 인식해야 할 것이다. 그것이 결국 과학기술이 나아가는 올바른 방향이고 박물관에서 마주쳤던 개코원숭이가 내게 보내고 싶어 하던 메시지라고 생각한다.

자연사박물관을 네 시간 정도 구경하고 나서 출구로 나오니 따스한 햇볕이 비치는 작은 공원이 있었다. 공원 벤치에 앉아서 샌드위치를 먹고 있는데 바로 옆 나무 아래에서 다람쥐 두 마리가 뛰어놀고 있는 것이 눈에 들어왔다. 내가 사는 서울의 동네에서는 보기 힘든 풍경이었다. 이 다람쥐들이 사람들과 함께 도시에서 살아갈 수 있는 것은 인간이 자연을 존중하고 함께 동물들이 서식할 수 있는 공간을 남겨놓았기 때문이다. 자연을 향한 우리의 조그마한 배려가 행복하게 뛰노는 다람쥐처럼 언젠가는 우리에게 좋은 결과로 되돌아올 수 있다는 생각이 들었다.

너에게만 알려주는 답사 꿀팁

미국 자연사박물관은 세계 최대 수준의 규모를 자랑하는 만큼 관람하는 데 시간이 오래 걸릴 수 있다. 방문하기 전 박물관 지도를 미리 살펴보고 대략적인 계획을 세운 뒤에 관람을 시작하는 것을 추천한다. 박물관 홈페이지에서 한국어 안내도를 다운로드해 관심 있는 전시관을 위주로 이동 계획을 세우면 관람하는 데 도움이 될 것이다.

스미스소니언 박물관 여행기

신소재공학과 16 **서장범**

박물관은 지루한 곳?

어려서부터 크고 강한 것들을 동경했다. 강력한 힘에 원초적인 매력을 느꼈고, 강인하고 멋진 동물에 이끌렸다. 그리고 그런 동물보다 더 크고 더 무서운 공룡에도 자연스레 관심이 갔다. 작은 섬마을에서 나고 자란 나에게 박물관은 텔레비전을 통해서만 봐온 동경의 대상이 모인 곳이었다. 그래서 어렸을 적에는 박물관을 자주 갔다. 부모님과 함께 여행을 가면 근처 박물관이 항상 필수 코스 중 하나였을 정도다. 하지만 초등학교 고학년이 되자 크고 강한 것을 향한 열망은 점점 사라졌고, 중고등학생이 되자 공부에 열중하기도 바빠졌다. 자연스레 박물관에 대한 흥미도 떨어졌다. 물론 중학생 때도 체험학습의 일환으로 박물관을 많이 방문했다. 하지만 항상 봐오던 뻔한 전시물만 있었기 때문에 박물관에는 내 흥미를 끄는 새로운 것이 더 이상 없었다. 그때의 나에게 박물관 관람이란 이전에 봤던 것들을 굳이 다시 가서 눈으로 확인하는 귀찮은 과정일 뿐이었다.

사실 이번에 소개하는 스미스소니언 박물관도 고등학교 수학여행으로 방문한 곳이다. 세계 4대 자연사박물관이자 최대 규모의 박물관이라는 다양한 수식어가 있음에도 당시 나에게 박물관 관람이라는 활동은 큰 기대를 주지 못했다. 하지만 스미스소니언 박물관의 입구에 들어선 순간, 그 엄청난 자태에 압도된 나는 다시 박물관을 좋아하던 예전의 나로 돌아갔다.

자연사박물관은 가장 확실한 간접경험

웅장한 입구를 지나 들어간 중앙 홀에는 영화 〈박물관이 살아 있다〉에서 나왔던 4m 높이의 거대한 아프리카코끼리가 있었다. 그 거대함과 생생함에 입이 자연스레 벌어졌다. 국내 여러 박물관을 방문해봤지만 이렇게 큰 코끼리 박제는 처음이었고 당장이라도 덮칠 것 같이 역동적인 모습에 놀랐다. 사실 나는 코끼리를 그동안 텔레비전이나 컴퓨터 화면 속에서만 봤지 실제 코끼리의 거대한 크기와 생동감은 그날 처음 접했다. 4m라는 수치만 들었을 때는 별 감흥을 느끼지 못했지만, 눈앞에 등장한 4m의 코끼리 박제는 그야말로 압도적이었다. 그동안 간접경험을 통해 코끼리를 자주 접했기 때문에 코끼리는 익숙한 동물이라고 생각하고 있었다. 하지만 아니었다. 맨눈으로 코끼리를 직접 본 적이 한 번도 없었다는 사실을 그제야 알아차렸다. 간접경험에 취해 실체를 알지 못하면서도 나는 안다고 착각하고 있었다. 실제 크기의 코끼리와의 첫 만남은 6년이 지난 지금까지도 나름대로 충격적인 사건으로 기억에 남아 있다.

코끼리의 충격에서 채 벗어나기도 전에 도착한 오션 홀(Ocean Hall)에서는 지구상에서 가장 큰 동물인 흰긴수염고래의 박제가 또다시 충격을 선사해주었다. 오션홀은 지구 생명체의 탄생지인 바다와 관련된 전시를 하는 곳이다. 나는 그 무렵부터 다시 예전 어린 시절처럼 큰 동물들의 모습을 반짝이는 눈으로 바라보았다. 이후 인류의 역사를 보여주는 전시관과 포유동물 전시관을 관람했다. 모두 실제 크기의 동물들이 전시되어 있었다. 여태껏 이렇게 많은 종류의 동물을 한꺼번에 관람한 적은 없었다.

2층은 곤충과 공룡과 각종 동물의 뼈 전시가 주를 이루었다. 그중에서도 압권인 것은 티라노사우루스 '렉스'의 전체 화석이었다. 티라노사우루스의 거대한 크기를 생각해보면, 그것이 실제로 살아 숨 쉬는 광경은 상상하기 어렵다. 어렸을 때부터 공룡이 존재한다는 것을 알고 있었고 바로 눈앞에 증거가 있음에도 불구하고 살아서 움직였을 거라는 상상을 감히 하기 어려울 정도로 압도적이었다. 정말 무모한 질문이지만 이 지구상에 그렇게 거대한 공룡이 도대체 어떻게 존재하고 있었을까? 현재 우리는 도대체 어떻게 그들의 모습을 유추할 수 있게 된 것일까? 티라노사우루스의 화석 앞에서 나는 이런 생각에 잠겨 있었다.

마지막으로 스미스소니언 자연사박물관의 가장 대표적인 전시품은 '호프 다이아몬드'다. 영화 〈타이타닉〉에 등장한 다이아몬드 목걸이의 모티프로 잘 알려져 있다. 특히 '저주받은 다이아몬드'라는 별명을 가져서 스미스소니언 박물관의 최고 인기 전시품 중 하나다. 이를 보기 위해서 북적대는 사람들 틈에 끼여 10~20초 정도 슬쩍 관람하고 나왔던 기억이 있다.

스미스소니언 박물관에는 흰긴수염고래가 산다.

우주와 하늘에 대한 인간의 도전

이후에는 스미스소니언 우주 박물관을 관람하게 되었다. 여기서는 정말 입을 다물 수 없었다. 과학기술의 집합체인 항공기와 우주선이 전시된 광경은 카이스트에서 '과학'을 배우고 있는 나에게 가장 인상 깊을 수밖에 없었다. 미국 보잉사와 사우스웨스트 항공의 전시관에는 현재와 과거의 하늘을 비행한 실제 비행기가 넘쳐났다. 이미 나는 크고 무거운 비행기가 공기를 가르면서 발생시키는 양력 덕분에 뜰 수 있다는 사실 정도는 알고 있었다. 게임으로 비행기 조종도 해보고 여행하면서 직접 탑승도 했었다. 하지만 박물관에 전시된 비행기와 로켓을 관람하는 것에는 이런 게임과 영화에서 보던 비행기를 가까이서 직접 본다는 의미 외에도 무언가 더 깊은 감동이 있었다. 아마도 비행기 초창기 모델부터 로켓까지 인간이 기술을 발전해온 그 세밀한 진화 과정과 새로운 방식을 도입하는 도전정신이 느껴졌던 것 아닐까. 땅에서 벗어나 하늘을 날고 싶은 인간의 도전 정신과 의지를 눈앞의 전시물을 통해 엿보았다고 생각한다.

비로소 인간은 우주로 향했다.

우주에 관한 전시도 물리 과목을 통해 많은 내용을 배웠음에도 불구하고 배운 내용을 상기하는 것 이상의 의미가 있었다. 나는 중력에 관해 배운 것을 통해 지구 궤도의 탈출 속도가 초속 11.19km 임은 이미 알았다. 또 연료를 연소시킨 열로 온도를 올리면 열역학 법칙에 따라 압력이 증가하므로 고압 가스를 생성하는 것이 로켓 연료의 원리라는 사실도 알고 있었다. 이 고압 가스를 좁은 입구에서 분출시키면 뉴턴의 작용과 반작용의 법칙에 따라 따라 로켓이 반대 방향으로 가속된다는 원리도 모두 알고 있었다. 하지만 관람하면서 이러한 원리들은 중요치 않았다. 저런 원리들을 활용해 로켓이 만들어졌겠지만 그것은 그저 원리일 뿐이고 중요한 것은 인간의 상상력이었다. 나는

인간이 달에 발을 내딛는다는 상상력은 아폴로 프로젝트를 가능하게 했다.

평소 좋아하던 웹툰 〈헬퍼〉에 등장한 명대사, "커다란 쇳덩이를 날게 한 것은 상상력이다"라는 대사를 다시 곱씹었다. 불가능을 가능으로 바꾸기 위해 쏟은 수많은 노력의 원동력은 상상력이었고, 박물관의 거대한 로켓들은 이러한 상상력의 산물이었다. 인간이 하늘과 우주에 커다란 쇳덩이와 인간을 날려 보내는 것은 지금에야 당연하게 받아들여지지만 결코 쉽지 않은 과정이었음을 다시 한번 느낄 수 있었다.

세부 전시관에 들어서자 인류가 알아낸 다양한 천체 지식에 관한 전시품과 태양계를 실제 크기 비율에 맞게 줄여놓은 모형을 볼 수 있었다. 실제 보이저 1호의 '창백한 푸른 점' 사진을 보면 정말 우리는 하나의 점밖에 되지 않았다. 태양계의 사이즈 비율을 옮겨 놓은 전시품을 볼 때도 비슷한 감정이 앞섰다. 신기하기는 했지만 두려웠다. 지구의 상대적인 크기가 얼마나 작은지 생각하자 공포심이 몰려왔다. 우리는 광활한 우주 속에 먼지처럼 작은 공간에서 살면서도 시기와 질투를 하며 동족을 살상하고 있다. 반성과 고민을 할 수밖에 없었다. 우주를 더 알아갈수록 우리는 한낱 먼지보다 작은 존재이고 나의 삶이 의미 없을지도 모른다고 생각하게 되는 것 같다. 한참이 지난 지금도 문득 그때의 감흥이 되살아나 섬뜩할 때가 있다. 칼 세이건의 『코스모스』에 나온 "우리의 만용, 우리의 자만심, 특별한 존재라는 착각에 대해 이 작은 점은 이의를 제기합니다"라는 말이 떠올랐다. 물론 무조건 비관만 한 것은 아니다. 오히려 아등바등 살아가는 현실에서 굳이 인생의 의미가 뭔지 고민하지 말고 앞으로 나아가자며 힘든 시기를 이겨내기도 했다.

박물관의 의미

중고등학교 시절부터 입시의 부담감을 느끼면서 나도 모르게 효율성을 중요시했던 것 같다. 시간에 쫓기며 살았던 당시 나는 박물관은 효율적이지 못한 공간이라고 생각했다. 경제적으로도 수많은 물품을 수집하고 전시하며 보존하는 것은 효율적이지 못한 행동이라 생각했다. 우리가 어렸을 때부터 접해온 인터넷과 유튜브, 텔레비전, 다큐멘터리 등 이미 훨씬 효율적인 매체가 많은 데 비해 박물관은 직접 가야 한다는 불편함이 있다. 하지만 박물관은 가장 확실한 간접경험을 제공하는 곳이자 한정된 공간에서 오직 전시물에 집중하며 새로운 상상을 자극할 수 있는 공간이었다. 스미스소니언 박물관에서 나는 내 두 눈을 통해 티라노사우루스의 크기를 직접 체감할 수 있었고, 전시된 수많은 동물이 지구라는 터전을 공유하며 우리 인간과 함께 살아가고 있었다는 사실을 깨달을 수 있었다. 화면 속에서 얻을 수 있는 정보에는 분명 한계가 있다. 매일 사회 속에서 사람들에 치여 살던 나 같은 사람도, 박물관의 체험을 통해 우리가 자연 속의 일부이며 우주 속의 티끌이라는 사실을 저절로 깨닫게 된다. 6년이나 지났지만 아직도 내가 인상 깊게 봤던 것들은 생생하게 떠올릴 수 있다. 영상매체가 제공할 수 없는 생생한 경험을 제공한다는 측면에서 박물관은 효율적인 교육기관이라 할 수도 있지 않을까. 이러한 인상 깊은 경험은 어쩌면 큐레이터가 유도한 것일 수도 있겠지만, 자연사박물관에 가면 누구나 체험할 수 있다고 생각한다.

박물관(museum)은 '뮤즈에게 헌납된 사원'이라는 뜻의 'museion'을 어원으로 한다. 중세의 박물관은 성물들을 보관하고 연구하는 일종의 성지 같은 곳이었다. 중세의 박물관이 중세의 종교적 세계를 투영하고 있다면 현대의 스미스소니언 박물관과 기타 여러 과학관은 오늘날의 과학적 세계를 잘 보여주고 있다고 생각한다. 한편 현재 제주도 같은 유명 관광지에는 교육적 의미보다는 돈을 벌기 위한 박물관이 지어지는 경우도 있는데, 이 또한 상품화가 만연한 자본주의적 질서를 잘 보여주는 현상이라고 생각한다. 물론 박물관은 시대상을 반영하는 곳이기도 하지만 본질적인 목적은 수집과 전시이며 지나간 것을 기억하고자 하는 인간 본연의 욕망이 만들어낸 공간이기도 하다. 현대의 정치 · 사회적인 시각도 전시 방식에 함께 녹아들어 있기 때문에 박제된 것처럼 과거가 그대로 멈춘 상태로 정지되어 보존되는 곳도 아니다. 박물관은 현대사회에 맞게 계속 변화하고 있고 새롭게 설립되고 있고 또 필요에 따라 편집될 수 있는 곳이다.

여담이지만, 나는 지금 대학원 진학을 앞두고 낮아진 성적을 끌어올리기 위해 발버둥 치고 있다. 대학의 본질은 지식의 보고이자 역동적으로 지식을 받아들이고 비판하며 생산해야 학문의 장이건만 나는 또다시 그 본질을 잊고 살아갔다. 스미스소니언 박물관을 관람하고 나오면서 박물관의 본질에 관해 고민하던 추억에 다시 박물관을 찾아가고 싶어졌다.

세상의 중심에서 미래 과학을 외치다

- 로봇, 사람, 연구 모든 것을 RoMeLa에서 배우다
- 우주인의 요람, 휴스턴 존슨 우주 센터를 다녀와서
- 연구는 자율적이고 역동적인 활동이다
- 8박 10일간 독일의 헬스케어를 탐방하다
- 구경했다 글로벌 No.1
- 삼성 반도체 사업장에서 인생의 경영 전략을 배우다
- 인공지능 포럼에 가다 : 밖으로 나간 카이스트 개구리
- 2019, 세상을 바꾼 여성 공학자들을 기리며
- CES를 통해 AI와 함께할 미래를 엿보다
- 예술로 들어온 생명과학 : 앞만 보는 과학기술에 던지는 경고

idea

로봇, 사람, 연구 모든 것을 RoMeLa에서 배우다

전산학부 18 **박지민**

로봇의 거장은 누구?

물리를 전공하는 사람들은 알버트 아인슈타인(Albert Einstein)과의 만남을 꿈꾼다. 경제학을 공부하는 사람들은 존 메이너드 케인스(John Maynard Keynes)와의 만남을 꿈꾼다. 그렇다면 로봇을 만드는 사람들은 누구와의 만남을 꿈꿀까? 내 답변은 데니스 홍(Dennis Hong) 교수님이다. 데니스 홍 교수님은 다양한 종류의 로봇을 소개하고 로봇 공학자로서 가져야 할 자세를 이야기한다. 그러나 그가 세계에서 가장 훌륭한 로봇 공학자로 손꼽히는 이유는 대중적 영향력 때문만이 아니다. 그것은 바로 그가 이끄는 UCLA의 로봇 연구실 RoMeLa(Robotics+Mechanics Laboratory) 때문이다. 그가 설립한 RoMeLa는 창의적이고 다양한 인간 생활에 도움이 되는 로봇들을 만듦으로써 한층 더 안전하고 편안한 삶을 향해 세계를 이끌고 있다.

아무것도 모르는 고등학교 1학년인 내가 RoMeLa를?

내가 졸업한 고등학교에서는 1학년 때 수학여행이 아닌 해외 이공계 심화학습이라는 특별한 여행을 간다. 그 여행의 목적은 목표 의식과 꿈이 부족한 1학년들이 해외 유수의 대학과 연구실을 견학하며 미래에 나아가야 할 방향을 설정하고 앞으로 노력해야겠다는 마음가짐을 다잡는 데에 있다. 우리는 미국 서부로 떠났고, 열흘 정도 되는 기간에 스탠퍼드대학교(Stanford), 캘리포니아대학교 버클리캠퍼스(UC Berkeley, 이하 UC버클리), 캘리포니아 공과대학교(Caltech) 등 세계 최고의 대학들을 둘러보고 연구실 투어도 하는 행운을 누리게 되었다.

캘리포니아대학교 로스앤젤레스캠퍼스(이하 UCLA)에서의 경험이 가장 기억에 남는다. 스탠퍼드대학교의 어마어마한 크기와 푸르른 잔디밭, UC버클리의 아름다운 건축물들, 캘리포니아 공과대학교의 역사가 살아 숨 쉬는 캠퍼스 등과 비교해 UCLA의 겉모습은 비교적 평범했다. 그러나 가장 평범했던 그곳이 기억에 남아 있는 것은 아마 우리가 직접 연락하고 만났던 연구실 RoMeLa 때문이라고 생각한다.

해외 이공계 심화학습을 갈 때에는 학교에서 모든 것을 준비해준다. 일정, 음식, 숙박, 항공권까지 학생들이 신경 쓸 부분은 아무것도 없다. 그러나 핵심 코스인 UCLA 연구실 견학 일정은 학생 스스로 만들어나가야 한다. 학생들은 각자 관심 분야에 따라 팀을 만들고, 견학하고 싶은 연구실을 선택한 후 교수님에게 메일을 보내 견학 의사를 밝히고, 인터뷰를 요청해야 한다. 이 모든 과정은 비행기를 타기 한참

전부터 시작하여 미리 일정이 확정되어야만 선생님들의 따가운 눈초리를 피할 수 있다. 학교에서 가장 중요하게 생각하는 일정 중 하나지만, 갓 중학교를 졸업한 고등학생들에게는 두려운 경험이기도 했다.

나는 R&E(Research & Education)를 같이 진행하던 친구들과 함께 팀을 꾸렸다. 우리는 기계학습을 통해 물체를 정확히 던질 수 있게 하는 로봇 팔을 연구하고 있었다. 그렇기에 인터뷰 대상으로 가장 먼저 떠오른 것은 데니스 홍 교수님과 그의 연구실 RoMeLa였다. 이미 데니스 홍 교수님의 독창적인 로봇들에 대해서는 잘 알고 있었고 로봇이 아니더라도 정보과학에 흥미가 많았던 우리에게 그의 강연과 글들은 많은 생각거리를 남겨주곤 했다. 더불어 RoMeLa가 UCLA의 가장 대표적인 연구실 중 하나라는 점, 그리고 데니스 홍 교수님이 한국에서 학교를 다니신 한국계 미국인이라는 점도 선택에 큰 역할을 했다.

우리는 먼저 우리가 어떤 사람들이고 왜 인터뷰를 하려 하는지 간단한 정보를 담은 문서를 만들었고 질문들과 일정을 덧붙여 사진과 함께 전송했다. 다행히도 이른 시일 내에 답신을 받았다. 안타깝게도 교수님은 다른 일정이 있어 함께하지 못하지만 대신 RoMeLa 연구실의 박사후과정 연구원이신 이학 박사님과 인터뷰하고 견학할 수 있도록 해주시겠다는 내용이었다. 고작 고등학생 1학년들이 세계적인 연구실에 직접 견학하고 인터뷰할 기회를 얻다니. 그 어릴 적 패기와 더불어 어른들이 따뜻하게 바라봐주신 덕분에 우리는 인사동에서 산 선물을 들고 RoMeLa에 갈 수 있게 되었다.

창의적인 로봇을 만나다

2015년 10월 13일 오전 9시 30분부터 11시 40분까지. 이는 우리가 UCLA의 RoMeLa 연구실에 도착해 로봇들을 소개받고 이학 박사님과 인터뷰한 시간이다. 도착하자마자 눈에 보인 것은 연구실 한쪽 벽 전체를 차지하고 있던 화이트보드였다. 화이트보드는 많은 단어로 덮여 있어 브레인스토밍 중인 것 같았다. 우리가 방문했을 당시 RoMeLa에는 약 4종류의 로봇이 있었고, 그중 두 개의 로봇에 대해 로봇을 설계한 학생들로부터 직접 설명을 듣고 질의응답 시간을 가졌다.

첫 번째 로봇은 거미 모양의 로봇이었다. 이 로봇은 안정적으로 균형을 잡기 위해서 6개의 다리를 갖고 있었다. 휴머노이드처럼 두 다리로 된 로봇이 이동할 때는 반드시 한 발을 떼어야 하는데, 이때 로봇의 균형이 불안정해질 수 있다고 한다. 하지만 다리가 6개 있으면 2개가 땅으로부터 떨어지더라도 안정적인 균형을 유지할 수 있을 것이라는 생각에서 개발을 시작했다고 한다. 이 로봇은 이러한 특징 덕분에 이동하면서 발생할 수 있는 다양한 상황, 즉 지형이나 구조물에 관계없이 알맞게 대응할 수 있다고 설명해주셨다. 6개의 다리는 육각형 모양의 판을 받치고 있으며 그 위에는 짐을 올려놓을 수 있도록 설계되어 다목적으로 사용이 가능해 보였다.

두 번째 로봇은 래리(Larry)라는 이름을 가진 이족보행 로봇이었다. 얼핏 들으면 일반적인 휴머노이드 형태의 로봇이라 생각할 수 있지만 실제로는 이동하는 방법에 있어 매우 큰 차이가 있었다. 기존 휴머노이드 로봇은 걷는 것을 구현하기 위해 많은 모터가 필요하고, 골반을 좌우로 움직이며 무게중심을 맞추는 제어 과정 또한 필수적이다. 따라서 휴머노이드 형태의 이족보행 로봇은 상당히 높은 난이도의 복잡한 구조를 가질 수밖에 없다. 하지만 이 로봇은 창의적인 이족보행 이동 방법을 고안하여 구조를 최대한 단순화하면서도 안정적인 이족보행을 구현하였다. 실제로 작동하는 모습을 보았을 때 무게중심을 잡고 걸음을 걷는 모습이 굉장히 인상적이었던 기억이 난다. 이 로봇은 아직 개발 중이고, 앞으로 긴 팔을 달아서 안정적으로 무게 중심을 잡을 수 있도록 할 계획이라고 하여 미래의 발전된 모습이 더 기대되었다.

RoMeLa에서 진행한 연구실 투어는 정말 만족스러웠다. 연구실의 크기는 생각보다 작았지만, 각종 로봇을 구경하기에는 부족하지 않은 크기였다. 특히 멈춰있는 로봇을 구경하는 데 그치지 않고 로봇이 움직이는 모습을 직접 관찰하고, 개발자와 실시간으로 질의응답을 하면서 소통했던 점이 매우 좋았다. 로봇에 대한 소개와 질의응답 과정이 영어로 이루어져 설명한 내용을 완벽히 이해하지 못했다는 점이 유일한 아쉬움으로 남았다. 그만큼 뜻깊고 재밌던 시간이었다.

로봇과 함께하는 미래에 조금씩 안개가 걷히다

이학 박사님과의 인터뷰도 알찬 시간이었다. 학생들이 각자 궁금했던 점들을 질문하다 보니 한정된 시간 안에 하고 싶은 모든 질문을 할 수 없어 아쉬울 정도였다. 인터뷰 내에서는 주로 RoMeLa에서 개발한 로봇들에 대한 기술적인 질문, 로봇이 인간 사회에 미칠 영향, 로봇과 관련된 진로에 대한 질문들이 이루어졌다. 이학 박사님께서 사소한 질문에도 성실히 대답해주셔서 인터뷰하는 내내 즐거운 마음을 가질 수 있었고, 적극적으로 질문할 수 있었다.

먼저 미래 로봇 사회에서 로봇이 인간의 일자리를 빼앗을 수 있지 않을까 우려를 표한 질문이 기억에 남는다. 영화와 뉴스 같은 매체에서는 빠른 미래에 현재 인간의 직업 대다수가 로봇으로 대체되면서 사라질 것이라고 예측하곤 한다. 하지만 이 우려에 대해 박사님은 RoMeLa에서는 기존에 인간이 하던 일을 대체하는 로봇이 아닌 인간이 할 수 없는 일을 하는 로봇만을 개발한다고 하셨다. RoMeLa에서 가장 중요시하는 가치는 그 로봇이 필요한 '사람들'임을 알 수 있었다.

두 번째 질문은 지금의 자리까지 이르게 된 가장 큰 요인에 대해 질문했다. 이학 박사님은 끊임없는 노력에 대해 말씀하셨고, 이런 모습은 남들이 보는 앞에서 보여주려는 목적으로 하는 것이 아니기 때문에 사람들이 잘 모른다고도 덧붙이셨다. 성공적인 연구를 하는 데 가장 중요한 것이 무엇이냐는 질문에도 연구자가 얼마나 그것에 대해서 노력했는지가 가장 중요하다고 답변하셨다. 어떻게 보면 뻔한 이야기지만 실제 성공한 사람에게서 직접 들었을 때의 느낌은 확연히 달랐다.

RoMeLa는 '사람'을 위한 로봇을 만드는 곳이다. 버지니아 공과대학에 있을 때부터 UCLA에 오기까지 데니스 홍 교수님과 함께 이곳에서 만들어진 로봇들은 대부분 '사람'을 위해서 만들어졌다. 시각장애인용 운전 보조 시스템, 인명구조 로봇 토르, 무인 자동차나 의족 및 의수 등은 어떻게 하면 '사람'들이 더 안전하고 편안하게 생활할 수 있을까에 대한 고민의 결과였다. 더불어 작은 크기, 성인 크기의 휴머노이드, 경사진 벽을 올라가는 로봇, 세 개의 다리만을 이용한 로봇, 단순한 알고리즘의 이족보행 로봇 등은 새로운 아이디어로 세상을 바꾸는 첫걸음의 역할을 하고 있기도 했다. 이 답사기를 쓰며 그곳을 방문했던 이 경험이 얼마나 값지고 대단한 것인지 새삼 깨닫는다.

처음 들어갔을 때 본 꽉꽉 채워진 화이트보드의 모습, 예상과는 달랐지만 새로운 모습과 재밌는 작동 방식을 가진 신기한 로봇들, 다양한 학생들이 자유롭게 토론하고 로봇을 만들던 연구실의 분위기, 이학 박사님과 함께 인터뷰하고 로봇에 대한 생각을 나누었던 경험. 고등학교 1학년이기에 조금 덜 성숙했지만 그만큼 진심에 와 닿았던 기억들이다.

너에게만 알려주는 답사 꿀팁

국내외를 가리지 않고 연구실 견학을 앞두면 두려움이 먼저 드는 것이 사실이다. 학계 최전선에 있는 곳을 보고 느끼고 싶은 마음도 크지만, 민폐를 끼치는 것은 아닐지, 교수님이 거절하면 어찌할지 걱정이 앞서는 것이다. 그러나 눈 딱 감고 메일을 한 번만 보내보는 게 어떨까? 대다수의 교수님은 자신이 연구하는 분야에 다른 사람이 관심을 보이면 남녀노소 불문하고 관심을 키워갈 수 있도록 도와주신다.

우주인의 요람, 휴스턴 존슨 우주 센터를 다녀와서

생명과학과 16 **변현종**

존슨 우주 센터를 소개합니다

"휴스턴, 이글이 착륙했다." 1969년 7월 20일, 아폴로 11호의 사령관 닐 암스트롱은 지구로 음성 교신을 보냈다. 인간이 달에 도착한 이 역사적인 순간, 닐 암스트롱의 대화 상대였던 '휴스턴'이 바로 휴스턴에 위치한 린든 B. 존슨 우주 센터다. "휴스턴, 문제가 발생했다"란 말도 있다. 〈아폴로 13〉, 〈그래비티〉 등 할리우드 우주 재난영화에 단골로 등장하는 대사다. 이런 것을 보면 '임무 통제 센터'라는 정식 명칭보다는 호출부호인 '휴스턴'이 사람들에게 더 익숙한 것 같다. 존슨 우주 센터는 인류 최초 유인 달 착륙의 운영을 담당했으며, 인류 공학기술의 결정체인 우주왕복선 운행을 관제했고, 이제는 국제우주정거장 우주인의 관리를 도맡고 있다. 우주 개발이 과학기술의 최첨단을 달리는 분야라면, 우주비행사들의 본부인 존슨 우주 센터는 그 첨단기술이 실제로 사용되는 최전방이라고 말할 수 있다. 나는 우주인, 과학자, 기술자 들이 인류의 우주 개척이란 꿈을 좇아온 역사가 서린 이곳 존슨 우주 센터를 소개하려고 한다.

존슨 우주 센터 나사 로고를 배경으로.

존슨 우주 센터와 나

나는 2018년에 해외 학회에 참석하기 위해 휴스턴을 방문했다. 카이스트는 학생들의 연구를 장려하는 차원에서 학부생 연구 프로그램을 실시하는데, 이 프로그램의 비용 지원을 받아서 해외 학회에서 내 연구를 발표할 수 있게 되었기 때문이다. 당시 학회 측에서는 일정 가운데에 쉬는 날을 끼워 넣어서 참가자들이 관광을 다닐 수 있도록 배려해주었다. 나는 계획해둔 것이 없었기 때문에 학회 측에서 준비한 프로그램에 참여하기로 했다. 학회 측이 제공한 선택지는 시내 관광과 우주 센터 관광이 있었다. 쇼핑 코스가 대부분이라는 시내 관광보다는 휴스턴에서만 체험할 수 있는 것이 낫겠다는 생각에 우주 센터를 골랐다. 그렇게 나는 존슨 우주 센터를 방문하게 되었다.

존슨 우주 센터의 관광객들에게 가장 유명한 것은 센터 전체를 돌아다니는 트램 버스다. 마치 놀이기구를 타려는 것처럼 사람들이 길게 줄을 서서 탑승을 기다렸다. 트램 코스는 세 종류로 코스에 따라 대기 시간이 달랐는데, 그날은 사람이 상당히 많아서 줄이 긴 것은 대기 시간이 몇 시간 가까이 됐다. 다행히 그중에 하나, 대기 시간이 40분이었던 투어를 직접 해 볼 수 있었다. 투어의 정확한 이름은 '나사 트램 투어'다. 미국국립항공우주국(NASA)의 이름이 그대로 붙어 있다. 이 '트램'은 버스의 후면부에 객차 트레일러 여러 대를 달아놓은 굴절버스 같은 차량이었다. 지붕은 있지만 벽이 없는 개방형이라서 야외의 풍광이 고스란히 느껴졌다. 땅덩이가 큰 미국답게 우주 센터의 면적도 매우 넓었다. 건물은 띄엄띄엄 배치되어 있고 평지와 잔디밭이 꽤나 넓었다. 배치된 건물도 대부분은 6층이 채 안 되었다. 낮고 넓은 전형적인 미국식 건물이었다. 트램이 본관 건물을 출발해 천천히 우주 센터 곳곳을 누비는 동안, 천장의 스피커에서 승객들에게 각 건물의 용도와 특이사항에 대해 설명해주는 안내방송이 흘러나왔다.

존슨 우주 센터는 도대체 무엇을 하는 곳?

이쯤에서 존슨 우주 센터가 정확히 어떤 역할을 하는 곳인지 알아보자. 센터가 운영되는 목적을 알고 나면, 센터를 구성하는 건물들의 용도를 이해하기가 쉬울 것이다. 휴스턴에 소재한 존슨 우주 센터는 미국 항공우주국을 구성하는 여러 지부 중 하나다. 캘리포니아 로스앤젤레스에 소재한 제트추진연구소, 플로리다 케이프커내버럴에 소재한 케네디 우주 센터와 함께 나사에서 가장 유명한 센터다. 이 셋 가운데 제트추진연구소는 연구 시설로, 캘리포니아공과대학(칼텍) 산하의 공학자, 과학자들이 우주 개발과 탐사를 연구하는 곳이다. '제트'라는 간판과는 달리 제트기관은 연구하지 않으며 영화 〈마션〉에 나왔듯 주로 탐사선과 우주선의 본체를 제작하는 곳이다. 반면 케네디 우주 센터는 우주선의 발사기지다. 그 소재지인 케이프커내버럴은 미국 본토의 최남단에 있기 때문에 우주선이 발사될 때 지구 자전의 속도를 최대한 활용할 수 있다. 또한 대서양에 인접하기 때문에 우주선이 폭발하더라도 잔해는 사람이 없는 망망대해로 떨어진다. 케네디 우주 센터에서 아폴로 우주선과 대부분의 우주왕복선이 발사되었고, 현재는 사업가 일론 머스크가 세운 '스페이스 X'란 기업에서 '팰컨 9' 및 '팰컨 헤비' 로켓을 발사하고 있다.

제트추진연구소가 우주선 연구와 제작을 담당하고 케네디 우주 센터가 우주선 발사를 담당한다면, 내가 방문했던 존슨 우주 센터는 우주인을 육성하고 유인 우주 임무를 통제하는 역할을 맡는다. 나사가 배출하는 모든 우주인은 이곳 존슨 우주 센터에 입소하여 선발 시험과 임무 훈련을 마치고 진정한 우주인으로 거듭난다. 또한 우주왕복선과 국제우주정거장 등 나사에서 진행되는 모든 유인 우주 프로그램을 관제하며 임무 지령과 관련 정보를 제공하는 곳이기도 하다.

존슨 우주 센터는 본래 나사의 다른 연구소 산하의 '유인 우주 탐사 팀'이란 작은 부서에서 출발했다. 하지만 인간을 우주로 보내기 위해 더욱 많은 인력과 관제 설비가 필요해지자, 나사는 유인 우주 탐사 팀을 독립시켜서 텍사스 휴스턴에 새 연구 단지를 설립했다. 이름을 재미없게 짓기로 유명한 나사답게 새 연구 단지는 말 그대로 '유인 우주선 센터'라는 딱딱하기 그지없는 간판을 달게 되었다. 나사의 작명 센스를 안 좋아하는 사람에게는 다행스럽게도, 나중에 텍사스 토박이였던 린든 B. 존슨 미국 대통령의 이름을 따서 '존슨 우주 센터'로 개칭되었다. 존슨 대통령이 나사에 전폭적인 지원을 약속하고 우주 개발 프로그램을 계속 이어나간 공로를 기리는 의미라고 한다.

존슨 우주 센터 안의 건물과 시설들

이제 존슨 우주 센터의 전반적인 목적이 우주인의 육성과 임무 통제라는 것을 알게 되었다. 그렇다면 다시 트램 여행 일정으로 시계를 되돌리도록 하겠다. 트램 투어의 세 코스는 우주인 육성 시설, 아폴로 시기의 임무 통제실, 현재의 임무 통제실 투어였다.

내가 직접 방문했던 아폴로 시기의 임무 통제실부터 알아보자. 이곳은 제미니 프로그램과 아폴로 프로그램 당시의 임무 통제실이 그때 모습 그대로 보존된 곳이다. 이 통제실의 생김새를 살펴보면, 먼저 대형 스크린 하나 뒤로 수많은 구식 컴퓨터들이 늘어서 있다. 이 컴퓨터들은 자태가 예사롭지 않다. 키보드가 아니라 컴퓨터마다 제각기 다른 버튼이 달려 있어서 그 버튼을 누르면 특정 동작이 수행되는 형태다. 모니터도 컬러 모니터가 아니라 옛날 초록색 단색 모니터다.

아폴로 프로그램 당시 통제관들의 주요 임무는 우주비행사들에게 항로 계산 결과를 전달하는 것이었다. 그 당시 인류의 컴퓨터 기술은 매우 초보적이었다. 일례로, 아폴로의 항법 컴퓨터는 2MHz의 연산속도를 지닌 중앙처리장치와 4KB의 메모리(램)를 지니고 있었다. 현대의 스마트폰보다도 천 배에서 백만 배 뒤떨어지는 성능이다. 이 때문에 공학자들이 지구에서 각종 수치를 따로 계산해서 우주인들에게 보내주는 것이 필수적이었다. 이 계산 결과를 송신하는 것 역시 아폴로 임무 통제실의 통제관들 담당이었다. 이곳은 잦은 관람객의 방문과 예산 감소로 인해 손상되었으나 미국 국립공원부의 지원으로 2016년 복원 사업을 실시해 다시 원래의 모습으로 복구되었다고 한다.

박물관처럼 보존된 아폴로 임무 통제실과 달리 현 임무 통제실은 아직도 존슨 우주 센터의 통제관 팀이 실제로 사용하는 곳이다. 임무가 한가한 일부 요일에만 개방되기 때문에 사람들이 매우 길게 줄을 서 있었다. 시간이 흐르면서 기존 통제실의 장비는 구식이 되었고, 업그레이드가 필요해졌다. 이 때문에 아예 새로운 건물을 짓고 새 설비

들을 들여놓았다. 아폴로 통제실과는 전체적인 방의 배치는 유사하지만 분위기가 많이 다르다. 중앙에 커다란 스크린이 있고 그 뒤로 통제관들의 개인 컴퓨터가 도열해 있는 것은 유사한 점이다. 하지만 통제실에 늘어선 컴퓨터들부터가 때깔이 다르다. 최신식 풀에이치디 모니터를 한 컴퓨터당 서너 개씩 장비하고 있을 정도다. 입력도 우리가 흔히 아는 키보드와 마우스를 사용한다. 그리고 무엇보다 이곳에는 박물관이 된 아폴로 통제실과 달리 실제로 근무하고 있는 사람들이 있다. 우주왕복선이 퇴역한 2020년 현재에는 주로 국제 우주정거장(ISS)의 우주인들을 관리하고 있다.

트램 투어 코스 그 세 번째는 우주인 육성 시설이다. 이곳은 미국의 모든 우주인을 육성하는 훈련소다. 관람객들은 이 시설 사이를 가로지르는 육교 위를 걸어가면서 시설의 전경을 감상할 수 있다. '우주선 모형 시설'이라는 별칭에 걸맞게, 이곳에는 국제 우주정거장 등 나사 우주인들이 사용하는 우주선의 정교한 복제품이 있다. 이곳에서 우주인들은 우주선의 조작법을 익히고 우주선의 구조와 기능에 익숙해지는 훈련을 받는다. 우주선 말고도 로버나 월면차 같은 다른 탑승 수단의 조종법도 여기에서 교육한다고 한다. 현재 이 우주인 육성 시설에서는 미국의 차세대 유인 우주선인 오리온의 모형을 이용한 우주비행사 훈련이 진행되고 있다.

로켓 공원은 모든 트램 투어 코스가 공통으로 경유하는 곳이다. 사실 공원이라고 해봐야 별것은 없고 로켓 엔진의 모형 따위가 곳곳에 세워진 잔디밭 정도다. 하지만 이 공원의 한 귀퉁이에는 거대한 격납고가 있는데, 이 격납고에는 세계에서 단 3대만 남아 있는 '새턴 V' 로켓의 실물이 전시되어 있다. 새턴 V는 아폴로 우주선을 달로 쏘아 보내기 위해 사용했던 대단히 크고 강력한 로켓이다. 아직도 인류는 1960년대에 만들어진 새턴 V를 능가하는 출력을 지닌 로켓을 만들지 못했다. 내가 본 새턴 V는 그야말로 장엄했다. 1단을 구성하는 로켓 엔진 5개는 각각 분사 노즐 안에 성인 대여섯 명이 동시에 걸어서 들어갈 수 있을 정도의 크기였다. 격납고 가운데에 누워서 쉬고 있는 거대한 로켓 주변으로는 관광객들이 저마다 스마트폰을 들고 사진을 찍고 있었다. 나는 1단 쪽부터 시작해서 발걸음을 옮기면서 각 단별로 기념사진을 찍었다. 상상해보라. 이 로켓은 높이가 110m에 달한다. 1단의 로켓 엔진부터 3단 맨 꼭대기의 사령선 모형까지 사진을 찍으려고 이동하는 거리가 학교 운동장의 100m 달리기 코스와 맞먹는 길이라는 말이다. 로켓을 뒤로하고 격납고를 나오는 동안 학회에서 제공해준 시간이 부족했던 것이 너무나 아쉬웠던 기억이 난다.

돌아가는 길

나는 존슨 우주 센터의 어마어마한 규모를 보면서, 우주 개척이 얼마나 대단한 일인지 새삼스레 느꼈다. 단지 몇 명의 우주비행사가 지구 궤도로 도달하기 위해 과학자와 기술자 수백 명이 몇 달에 걸쳐 모든 힘을 다해 지상에서 임무를 준비하고 지원하는 것이다. 존슨 우주

아폴로 우주선을 달로 쏘아 보냈던 로켓 '새턴 V' 실물 앞에서.

센터의 거대한 규모를 직접 보고 나니, 이 복합 단지 전체가 유기적으로 움직이며 우주탐사 임무를 수행한다는 사실이 새삼 경이롭게 느껴졌다.

"이것은 한 인간에게는 작은 발걸음이지만, 인류에게는 위대한 도약입니다." 인류 역사에 영원토록 남을 이 명언을 모르는 사람은 없을 것이다. 닐 암스트롱이 인류 최초로 달에 발을 내디디며 지구에 남긴 말이다. 인류의 우주 개척은 거대한 도약이다. 하지만 이 도약은 닐 암스트롱 혼자서 이루어 낸 것이 아니다. 닐 암스트롱은 존슨 우주 센터를 거쳐 지구에 있는 수많은 과학자와 기술자의 도움을 받아 달에 발을 내디딘 것이다. 이처럼 인류가 큰 도약을 할 때, 그 도약의 선봉에는 과학기술인들이 있다. 존슨 우주 센터가 우주비행사들의 요람이듯이, 카이스트는 미래를 이끌 글로벌 리더, 과학기술의 인재의 요람이다. 우리 카이스트인이 세계를 주름잡는 과학기술인으로 성장하여 인류의 도약을 이끌게 될 그 날을 손꼽아 기다린다.

너에게만 알려주는 답사 꿀팁

트램 투어 중에 아폴로 통제실을 보고 싶다면 시간이 정해진 티켓을 사야 한다. 나머지는 시간이 정해진 티켓을 살 필요는 없다. 나오는 길에 기념품점에서 우주식량을 살 수 있다. 우주식량에도 여러 가지 종류가 있는데, 과일 종류는 마트에서 파는 말린 과일과 똑같은 것이니까 가성비가 나쁘다. 하지만 동결건조된 아이스크림 샌드위치는 적극 추천한다. 차갑지는 않지만 급속으로 동결건조된 덕분에 아이스크림의 질감이 그대로 나는 것이 상당히 독특하다. 특히 친구들에게 한 조각씩 주면서 생색내기에 딱 맞다. 개방형 트램이라 기후에 따라서 트램 투어가 취소될 수 있다. 일기예보를 미리 보고 여행 계획을 짜는 것이 좋다.

연구는 자율적이고 역동적인 활동이다

신소재공학과 18 **노현빈**

우리가 생각하던 '우수한 연구 환경'과는 너무나 달랐던 프리츠 하버(Fritz Haber) 연구소

과학은 지금까지 전반적인 인류의 생활을 뒤바꾸어왔다. 이제 과학은 인류 발전에 있어 가장 중요한 영역이라고 할 수 있는 수준이다. 이에 따라 전 세계가 방대한 돈과 시간을 기꺼이 투자하며 과학 연구 경쟁에 뛰어들고 있다. 현재 과학계에는 뛰어난 연구 성과를 위해서 좋은 분석 기기와 연구 시설을 갖추는 것이 필수라는 생각이 만연해 있다. 이 때문에 많은 집단이 서로 앞다투어 '우수한 연구 환경'을 조성하기 위해 열을 올리고 있다. 연구원을 꿈꾸고 있었던 나 역시도 최첨단 실험 장비를 아낌없이 지원해주는 연구 환경이 마련되어야만 훌륭한 연구 결과를 만들어 낼 수 있다고 생각했다. 그러나 이러한 내 생각이 완전히 달라진 계기가 있다.

고등학교 1학년 겨울방학 동안 미래 과학자 해외 석학 방문 프로그램을 통해 독일 베를린의 프리츠 하버 연구소를 방문했다. 그동안 우리가 추구하던 '우수한 연구 환경'과는 너무나도 다른 운영 체제와 연구실 내 · 외부 환경을 접하며 나는 연구라는 지적 활동의 고유한 의미를 다시 생각했다. 나는 연구 활동의 본질을 고려하여 만들어진 프리츠 하버 연구소를 모범으로 삼아야 한다고 생각했다. 더 나아가 나는 우리 역시 연구원들과 연구의 자율적이고 역동적인 본질에 대해 고려한 운영 체제와 연구 환경을 지향해야 한다고 여긴다.

'막스 플랑크 협회의 프리츠 하버 연구소'는 '카이저 빌헬름 물리화학 및 전기화학 연구소'라는 이름으로 '카이저 빌헬름 화학 연구소'와 함께 카이저 빌헬름 협회의 첫 번째 연구소로서 1911년 베를린에 설립되었다. 독일 자연과학의 진흥을 도모한다는 카이저 빌헬름 협회의 설립 목적을 계승한 막스 플랑크 협회가 설립되면서 지금의 '프리츠 하버 막스 플랑크 연구소'로 개칭한 것이다. 이처럼 프리츠 하버 연구소는 오랜 역사를 가지고 세계적으로 명성이 높은 연구소였기에 나는 그곳에 도착하기 전까지는 이곳이 최첨단 장비와 시설을 갖춘 거대한 연구소일 것으로 상상했다. 지금까지 봐왔던 국내의 모든 연구소는 해외의 뛰어난 연구소를 따라잡기 위해 하나같이 우수한 장비와 시설을 추구했기 때문이다. 연구소로 향하는 동안 유리로 이루어진 현대식 건물들이 마치 대학교 캠퍼스처럼 모여 있는 전경을 상상하며 기대감에 부풀어 있었다. 그러나 예상했던 '우수한 연구소'의 이미지와는 달리 눈앞에 펼쳐진 평화로운 분위기의 연구 단지는 이곳이 정말 연구소인지 내 눈을 의심케 했다.

연구의 주체인 연구원을 고려한 프리츠 하버 연구소의 외부 환경

가장 먼저 마주한 연구 단지의 외부 환경은 마치 유럽 소도시의 주택가 같았다. 유럽 스타일의 보도와 도로는 연구소 내부를 향해 뻗어 있었다. 거리 왼쪽에는 유럽풍의 하얀 단독 주택 같은 건물이 늘어서 있어서 마치 조용한 주택가에 와 있는 듯한 착각을 불러일으켰다. 거리 오른쪽에도 상상했던 통유리 건물은커녕 그리 높지 않은 2~3층 규모의 아담한 건물들이 자리하고 있었다. 건물 사이에 빽빽이 우거진 나무들은 주택가의 친숙한 분위기를 한껏 더해주는 듯했다. 연구 단지 중심에는 아담하고 하얀 행정 건물이 알록달록한 꽃들과 조화를 이루고 있었다. 이따금 새들이 지저귀는 소리와 함께 건물들을 바라보다가 시원한 공기가 코끝을 스쳐 지나갈 때면 이런 곳에서 살아도 괜찮겠다는 생각까지 들 정도로 편안함과 평화로움이 느껴졌다.

행정 건물에서 연구 건물로 이어지는 산책로.

프리츠 하버 막스 플랑크 연구소의 중심 행정관.

자율적 탐구를 고려한 프리츠 하버 연구소의 운영 체제

프리츠 하버 연구소의 외부 환경이 연구원들을 배려하여 설계된 한편, 연구소의 운영 체제는 '자율적 탐구'라는 연구 활동의 본질을 강조한다. 막스 플랑크 연구소는 주 정부 예산만 지원받아 운영되며 직접적으로는 통제받지 않는 체제를 갖추고 있다. 즉, 2년마다 외부 인사로 구성된 전문가들이 연구소를 평가하여 다음 2년간 받을 예산을 결정한다는 점을 제외하고는, 모든 연구의 방향과 운영은 오로지 연구소에만 달려 있다는 것이다. 그러나 이런 자율적인 운영 제도 내에서도 독립적인 자치 체계를 만들어 연구의 방향성과 진행을 스스로 감독하고 조정하는 시스템을 확립해 두었다는 점은 상당히 인상적이었다. 그 자치 체계는 크게 연구단장과 그룹 리더 그리고 그 아래에서 연구를 수행하는 박사후연구원과 대학원생, 인턴으로 이루어져 있다. 연구 단장이 전반적인 연구의 방향과 예산 집행을 구성원들과 함께 결정하면 그 아래에 있는 여러 그룹 리더들은 각자 박사후연구원, 대학원생, 그리고 인턴과 함께 독립된 연구를 수행하는 체계다. 그러나 우리나라의 경우 정부 및 공공부문의 연구 조직은 자율적인 관리가 이루어지기보다 정부의 제도 및 정책에 따라 관리되고 통제된다. 그렇기에 정부 정책에 종속된 우리나라의 연구 방향성은 '자율성'이라는 연구의 본질이 이미 심각하게 훼손된 상태라고 할 수 있다. 이런 점에서 프리츠 하버 연구소의 독립적인 운영 체계는 연구 활동의 고유한 목적을 잊지 말아야 한다는 사실을 우리에게 일깨워준다.

또한 막스 플랑크 연구소는 연구의 자율성을 기반으로 창의적인 연구를 장려한다. 모든 막스 플랑크 연구소는 서로 독립적인 주제를 연구하고 있기에 만약 새롭게 연구할 주제가 생기면 내부 회의를 거쳐 학과장과 운영진을 선정하고 필요한 연구소를 만들어준다. 단순히 그 주제에 관한 연구가 어떤 성과를 낼지를 먼저 판단하는 것이 아니라, 연구할 만한 가치가 있는 주제라면 기꺼이 예산을 들여서 새로운 연구소를 세워주는 것이다. 이에 반해 연구 기획이 기존 연구자를 중심으로 이루어져, 젊은 과학자 중심의 창의적이고 도전적인 연구 기회가 제약되는 것이 우리나라 연구의 현실이다.

이런 연구 구조가 굳어지면서 성과가 확연히 나타나는 기존의 연구에만 집중하고, 새로운 분야에 뛰어들기 두려워하는 모습이 현재 우리나라 연구의 실태라고 할 수 있다. 특히, 산업적 활용과 직결되지 않는 순수 자연 과학 분야에서 이러한 경향이 두드러진다. 가장 최근 프리츠 하버 연구소에서 배출한 노벨 화학상 수상자인 게르하르트 에르틀(Gerhard Ertl)의 연구도 물질 표면에서 일어나는 화학 반응을 단계적으로 분석한 내용으로 순수 자연 과학인 물리와 화학에 기반을 둔 것이다. 이런 점에서 볼 때, 창의적인 연구를 장려하는 프리츠 하버 연구소의 운영 체제는 우리가 지향해야 할 모범이라고 할 수 있다.

역동적인 사고를 고려한 프리츠 하버 연구소의 내부 환경

한편 연구소 건물의 내부 환경은 연구의 또 다른 본질이라고 할 수 있는 '역동적인 사고'를 지향한다. 실내에는 연구실 외에도 연구원들의 회의에 사용되는 시설들이 구석구석 마련되어 있다. 연구실 못지않게 넓은 회의실 공간은 프리츠 하버 연구소만의 독특한 자치 활동뿐 아니라 연구 과정에서 논의 활동이 굉장히 활발하게 이루어진다는 점을 짐작할 수 있다. 게다가 연구실과 회의실 사이사이 남는 공간에는 간단하게 이야기를 나눌 수 있는 토론 공간이 자리하고 있었다. 몇몇 자리에는 이미 앉아 있는 연구원들이 굉장히 열정적으로 논의하는 모습도 심심찮게 볼 수 있었다. 일반적인 연구소보다 큰 비중을 차지하고 있는 프리츠 하버 연구소의 논의 공간은 "연구원에게 연구 활동만큼 중요한 것은 바로 다른 연구원들과의 교류다"라는 점을 강조한다. 즉 자신의 연구 속에 갇혀 본인의 생각만이 절대적으로 옳다고 생각하는 상황을 주의해야 한다는 의미다. 이처럼 프리츠 하버 연구소는 토론 공간을 확립하여 연구자 간 소통을 권장함으로써 연구원들이 고립된 사고에 빠지는 상황을 경계하고 유연한 사고를 장려한다.

프리츠 하버 연구소가 우리에게 주는 메시지

프리츠 하버 연구소가 일반 연구소와 다른 운영 체제와 환경을 갖춘 이유는 기본적으로 연구가 '자유로운 상태'에서 '역동적'이어야 하는 활동임을 충분히 고려하였기 때문이다. 단순히 앉아서 기기를 조작하고 실험 결과를 분석하는 연구 활동의 정적인 이미지는 편견에 불과하다. 그보다 연구는 다른 사람들과 의견을 나누는 역동적인 두뇌 활동을 통해 논리성과 타당성을 확립해나가는 행위이며 스스로 원하는 주제에 관해 탐구하는 자율적인 활동이라고 이야기하는 것이 더 정확하다. 프리츠 하버 연구소는 이러한 연구의 본질을 보호하는 독립적인 체제를 정립함으로써 연구자들에게 자율성을 보장해주고, 많은 토론 공간을 마련하여 연구자들의 역동적인 두뇌 활동을 최대한으로 끌어올리고 있다. 그뿐만 아니라, 연구원들이 편안하게 연구할 수 있는 분위기와 영감을 얻을 수 있는 주변 자연환경을 조성하는 등 연구원들을 위해 세심한 부분까지 신경 쓰고 있다. 일반적인 연구소와는 비교도 안 될 정도로 깊은 배려를 엿볼 수 있는 부분이다.

이렇게 프리츠 하버 연구소는 우리에게 연구의 고유한 의미에 대해 다시 생각하게 하며 우리의 연구 활동이 나아가는 방향에 대해 경각심을 일깨운다. 프리츠 하버 연구소의 성과는 자칭 과학 강국이라 우리나라에서 지금까지 노벨상 수상자가 단 한 명도 나오지 않은 이유를 적나라하게 설명해주기도 한다. 따라서 우리는 프리츠 하버 연구소가 던지는 메시지를 하루빨리 직면하고 이를 바탕으로 우리나라 연구 환경의 문제점을 개선해 나가야 한다. 지금 당장은 어렵겠지만 프리츠 하버 연구소를 모범 사례로 삼아 벤치마킹하는 것부터 시작하자. 그러면 '올바른 연구 환경 확립'이라는 궁극적인 목표를 향해 한 걸음 한 걸음 나아갈 수 있을 것이다. 만약 여러분이 조금이라도 연구 활동에 관심이 있다면 프리츠 하버 연구소에 한 번 방문하여 연구의 근본적인 의미를 되새겨보고, 현재의 연구 활동이 나아가고 있는 방향성에 대해 깊이 생각해보기를 권유한다.

너에게만 알려주는 답사 꿀팁

프리츠 하버 막스 플랑크 연구소에 방문할 때는 연구소 관계자에게 꼭 인솔받기를 권장한다. 연구소 관계자의 동행이 있어야만 행정 건물과 연구 건물에 들어가서 노벨상 메달을 비롯한 연구소의 역사와 연구 건물 내부 환경을 자세히 볼 수 있기 때문이다. 한 가지 더 강조하고 싶은 점이 있다. 프리츠 하버 연구소를 방문하기 전 국내에서 우수하다고 알려진 연구소를 미리 방문하는 것을 추천한다. 현재 우리나라의 연구 환경과 체제를 미리 확인한 뒤에 프리츠 하버 연구소를 방문해야 그 차이점을 명확하게 인지할 수 있다. 그 차이점으로부터 프리츠 하버 연구소가 우리에게 전달하는 '연구 활동'의 참된 의미와 방향성을 더 깊이 있게 느낄 수 있을 것이다.

8박 10일간 독일의 헬스케어를 탐방하다

생명화학공학과 17 **김지윤**

뜻밖의 시작

2018년 여름, 학교에 남아 동아리 활동에 한창이던 나는 고등학교 때의 한 친구로부터 연락을 받았다. "내가 인터넷을 찾아보니까 '한화 불꽃로드'라는 대외활동이 있던데 거기서 선발되면 해외를 보내준대. 어차피 이거 경쟁률이 엄청나게 높아서 안 될 것 같긴 한데 그냥 내가 너랑 팀으로 지원서 한번 넣어봤어." 일방적인 통보였다. 나는 전화를 받고 약간 당황했지만 그 대외활동이 보통 수천 대 1의 경쟁률을 자랑한다는 사실을 안 뒤로 어차피 떨어지리라 생각하여 크게 신경 쓰지 않았다. 그렇게 약 한 달의 시간이 흘러 지원서를 접수했다는 사실조차 기억에서 희미해져 갈 때쯤 나는 다시 그 친구로부터 전화를 받았다. 1차 서류 심사에 합격했으니 서울로 면접을 보러 오라는 연락을 받았다는 것이다. 얼떨떨함과 동시에 "혹시나 선발될 수 있지도 않을까"라는 작은 기대를 품고 2차 면접을 준비했다.

준비 기간이 넉넉하지 않기도 했고 다른 면접자들에 비하면 우리는 초라한 스무 살 대학생일 뿐이라는 생각이 들어서 면접장에 들어갈 때까지 썩 자신감이 생기진 않았다. 면접을 어떻게 보았는지는 사실 아직도 기억이 잘 나지 않지만, 합격 전화를 기다리던 날의 기분은 아직도 잊을 수가 없다. 처음에 여기에 꼭 선발되어야겠다는 간절한 마음가짐으로 지원한 것은 아니지만, 2차까지 오니 막상 나도 모르게 욕심이 났는지 종일 휴대전화를 보며 전화가 오기만을 기다렸다. 숨을 고르고 전화를 받았을 때 전화 건너편에 계셨던 분께서 들뜬 목소리로 합격을 알려주셨을 때 난 그 순간이 대학교 입학 후 가장 기뻤던 순간이라고 단연코 이야기할 수 있다.

그렇게 우리는 독일에 가게 되었다. 우리 팀이 선발된 주제는 헬스케어로, 이 분야의 선두주자인 독일에 가서 관련 산업체를 견학하는 것이 프로젝트의 목표였다. 우리의 일정은 8박 10일간 독일의 프랑크푸르트, 레버쿠젠, 두더슈타트를 방문하는 것이었다. 헬스케어는 노년층과 장애인은 물론 모든 사람이 어떻게 건강하게 일상을 살아갈 수 있을지에 관한 기술이다. 나는 과학의 궁극적인 목적은 사람들이 행복하게 살 수 있게 해주는 기술을 개발하는 것이므로 헬스케어를 공부하는 것은 필수라고 생각했다. 나는 과학도로서 이렇게 중요한 분야인 헬스케어를 독일에서 직접 눈으로 보는 처음이자 마지막 기회가 될 수도 있다는 기대감에 부풀어 올랐다.

헬스케어 선진국, 독일을 만나다

처음 방문했던 곳은 독일 소도시 중 하나인 레버쿠젠에 있는 재활 시설인 REHA-Training Lab이었다. 겉으로는 한국에서 볼 수 있는 재활 의료원과 크게 다르지 않아 보였지만, 이곳에서 제공하는 재활 프로그램의 전문성은 상상 이상이었다. 의료원을 다니는 환자들은 개인별로 건강 상태에 대한 정보가 담긴 카드를 갖고 있고, 이것을 운동 기구에 인식시키면 그 정보를 바탕으로 적절한 강도의 운동을 할 수 있게 해준다. 일대일로 트레이너가 옆에서 지도해주지 않아도 기계가 알아서 환자를 관리해 주는 것이다. 그리고 운동선수, 아이들, 임산부 등을 위한 재활 시설을 따로 갖추고 있어서 특별한 관리가 필요한 사람들은 그에 맞는 재활 치료를 받을 수 있었다. 가장 인상 깊었던 것 중 하나는 재활을 마친 후 환자가 일상으로 복귀할 수 있도록 도와주는 작업 치료실이었다. 공구 사용이나 요리 등 일상생활에서 하는 활동들을 미리 재활원에서 연습할 수 있는 시설이 아주 체계적으로 마련되어 있었다.

어린 시절 나는 뼈가 약한 편이라 잘 부러졌고, 깁스도 자주 했다. 그래서 몸의 어떤 부분을 다쳤을 때 가장 힘든 것은 통증이나 불편함이 아니라 사소한 일상생활에서조차 남들의 도움을 받아야 하고 혼자 해내지 못한다는 기분이 드는 것이라는 것을 알고 있다. 환자들이 무작정 일상으로 던져지는 것이 아니라 이곳에서 전문가들의 도움을 받으며 충분히 적응할 기회가 주어진다면 훨씬 긍정적인 마음으로 평소의 생활로 돌아갈 수 있을 것 같았다. 마음가짐이 재활에서 가장 중요한 것이라는 것을 알고 세심하게 관리해주는 시스템에 대해 배우면서 선진 헬스케어 국가로서 독일의 면모를 볼 수 있었다. 더 놀라운 점은 이 모든 치료가 무료라는 것이었다. 재활이 필요한 사람이면 누구나 시설에 등록하여 이용할 수 있었다. 의료복지가 단순히 진단과 치료에서 그치는 것이 아니라 사회보장제도를 통해 환자가 일상으로 완벽하게 복귀할 수 있도록 도와주는 것까지 포함한다는 것을 배운 경험이었다.

두 번째 목적지는 같은 도시 레버쿠젠에 있던 바이엘(Bayer) 제약회사였다. 이 분야의 전문가가 아닌 나도 알고 있을 정도로 세계적인 제약회사의 본거지에 가본다는 사실에 설레어 바이엘 견학을 일정 중에서 가장 기대하고 있었다. 실제로도 입이 떡 벌어질 만큼 거대한 규모를 자랑하고 있었던 회사였다. 회사의 내부는 카페테리아를 포함한 전체 공간이 투명한 유리로 이루어져 있었는데 회사의 이념을 반영한 것이라고 했다. 우리가 방문했던 홍보관은 바이엘 사의 역사와 함께 어린이, 학생 들이 실험실을 체험할 수 있는 공간이 마련되어 있었다. 시민들이 헬스케어에 관심을 두고 교육을 받을 수 있는 열린 공간을 제공해서 지속 가능한 발전에 대한 의식을 고양하는 것이 목적이었다. 우리가 방문했을 때도 몇몇 학생들이 방문해서 벌의 생태에 대한 수업을 듣고 있었다.

이처럼 일반 시민들에게 친숙하게 과학을 접할 기회를 열어주는 것이 인상적이었다. 바이엘사의 가장 큰 특징은 인간을 위한 약품뿐만 아니라 식물과 동물을 위한 약품 개발에도 많은 투자를 하고 있다는 점이다. 사람이 잘 살기 위해서는 동식물은 물론 환경과 지구까지 생각해야 한다는 이념이 바탕이 된 것이다. 그동안 인간은 자연과 공생하기보다는 자연을 일방적으로 착취하고 이용하고 있었으며 그로 인해 많은 사회적 문제가 대두하였다. 바이엘사를 방문하면서 인간은 더는 자신만을 위해서가 아니라 지구상의 다른 생명체들과 더불어 살아갈 수 있도록 과학을 활용해야 한다는 것을 깨달았다.

세 번째로 견학한 곳은 독일 중부에 있는 두더슈타트에 있는 오토복(Ottobock)이라는 회사였다. 이곳은 의수, 의족과 같은 의지(義肢)와 관절을 지지하는 보조기를 전문적으로 제작하는 회사다. 회사에 도착한 우리는 공장 내부로 들어가 의지가 어떻게 만들어지는지 설명을 들으면서 첨단 의지를 어떻게 제작하는지 구경해보았다. 오토복은 장애인들이 삶의 의지를 잃어버리지 않도록 끊임없이 기술을 연구하고 새로운 제품을 개발하는 회사였다.

나는 의지와 보조 기구들이 단순히 신체 일부를 대신하는 역할을 한다고만 알고 있었는데, 생각한 것보다 훨씬 다양한 기능을 가진 의수와 의족이 존재했다. 그리고 그것을 둘러싼 글러브 또한 실제 팔이나 다리의 피부조직처럼 섬세하게 디자인되어 있었다. 특히 의수의 경우 손가락 하나하나를 자연스럽게 움직일 수 있고 물건을 쥐는 등 여러 손동작을 할 수 있어서 장애인들이 가동성은 물론 자유로운 움직임을 회복할 수 있게 해주었다. 이들이 일상생활뿐만 아니라 스포츠 활동에도 참여할 수 있도록 해주는 방수 의족이나 달리기에 최적화된 의족도 있었다.

이렇게 용도별로 다양한 의지를 디자인하고 제작하는 기업이 있다는 것은 신체 일부가 절단된 사람들도 얼마든지 취미생활을 즐기고 원활하게 일상으로 돌아갈 수 있다는 것을 의미한다고 생각한다. 불의의 사고나 질병으로 인해 가동성이 소실된 사람들에게 과학은 그들이 얼마든지 다시 일어서고 새로운 하루하루를 살아갈 수 있도록 기회를 제공해주고 있었다.

우리의 마지막 일정은 프랑크푸르트 시내에 있는 소셜 임팩트 랩(Social Impact Lab)을 방문하는 것이었다. 이곳은 이민자와 외국인들이 모여 스타트업을 준비하고 직업 코칭을 받는 사무실이었다. 여러 사람이 자유롭게 이야기를 나누며 소통할 수 있는 열린 공간도 있었고 전반적으로 굉장히 자유로운 분위기에서 많은 사람이 자신의 아이디어를 공유하고 있었다. 이곳에서 창업 예정인 팀들의 사업 계획안 발표를 들었는데, 가장 인상 깊었던 팀은 피트니스 전문가와 앱 개발자로 구성된 홈 트레이닝 애플리케이션을 개발하는 팀이었다. 그들은 모국어가 아닌 영어로 발표했음에도 불구하고 우리 같이 처음 보는 사람들에게도 자신들이 구상하고 있는 사업 계획과 비전에 대해 자신감 있게 이야기했다. 비판을 받아도 전혀 위축되지 않고 이를 수용하며 해결 방법에 대해 활발하게 논의하는 모습을 보여주었다. 나였다면 그 자리에서 그렇게 영어로 당당하게 이야기할 수 있었을까, 문제점을 지적당할까봐 지레 겁먹고 있지는 않았을까? 라는 생각이 들었다. 관심 있는 분야에 대해 자유롭게 의견을 펼칠 수 있는 환경을 지원받고 그 지원을 아낌없이 활용해서 사업을 구상하는 사람들의 열정이 부러웠고, 본받고 싶었다. 대기업의 혁신적인 기술만이 사람들의 삶을 행복하게 해주는 것이 아니라 스타트업에서 출발하더라도 아이디어만 있다면 얼마든지 세상을 바꿀 수 있는 기술의 초석을 다질 수 있다는 사실을 이곳에서 배우게 되었다.

독일 방문 후 마음에 새길 한 가지

모든 일정을 소화한 후 한국으로 돌아가는 비행기에서 나는 우리의 8박 10일을 되뇌어보았다. 정말 어디서도 할 수 없는, 그렇기에 모든 순간을 기억에 담아놓고 싶었던 여정이었다. 독일은 헬스케어 선진국답게 기술적으로도 제도적으로도 사회적 약자는 물론 모든 사람이 건강한 삶을 살아갈 수 있도록 노력하고 있었다. 우리가 방문했던 곳들은 각기 다른 분야에서 다른 방식으로 헬스케어를 연구했지만 그들의 목표는 동일했다. 더 나은 삶을 위한 과학이다. 이 목표를 달성하기 위해서 헬스케어는 결코 외면해서는 안 될 중요한 분야이다. 나는 과연 그 중요성을 잘 인식하고 있는지, 과학자는 단지 새롭고 편리한 기술을 개발하는 사람이라는 생각하고 있지는 않았는지 이 여정을 통해 돌아보게 되었다.

인생을 바꾼 경험을 했다고 단정 짓기에는 우연에 가까운 시작이었고 10일간의 짧은 기간이었다. 그러나 이곳에서 내가 배운 것 한 가지는 '과학은 사람들의 행복을 위해 존재한다'는 것이다. 독일 방문 전후로 달라진 것이 있다면, 사소한 변화지만 나는 앞으로 이 가르침을 새기고 살아가리라는 것이다. 그러다 먼 훗날 내가 2018년의 여름을 되돌아보았을 때, 그때는 비로소 인생을 바꾼 경험을 했다고 말할 수 있기를 바란다.

너에게만 알려주는 답사 꿀팁

많은 독일 사람이 질문에 친절하게 대답해주고 특히 답사지의 가이드들은 여러 의견을 듣는 것을 환영하니, 영어에 위축되지 말고 주저 없이 궁금한 것을 물어보자! 바이엘사와 같은 기업을 답사할 때 회사 내부를 자세히 알고 싶더라도 허가 없이 촬영하거나 돌아다니는 것은 금지되니 가이드의 말을 따라 허용된 곳만(주로 홍보관) 출입하자. 여정 중간에 관광하고 싶다면 대도시를 한 곳만 집중적으로 둘러보는 것보다는 근교의 소도시를 방문해볼 것을 추천한다. 독일에는 유명하지 않아도 매력 있는 소도시가 많아 비교적 한적한 곳에서 현지 분위기를 잘 느낄 수 있다.

구경했다 글로벌 No. 1

수리과학과 13 **김시원**

돌 하나로 세상을 뒤집다

2016년 3월이었다. 나는 아직 왼쪽 가슴에 세 줄의 막대기를 달고 있었다. 복무 중이던 용산 미군 부대는 벚꽃으로 물들어 많은 이의 마음을 설레게 했다. 하지만 4개월 차이 맞선임 여섯이 병장이 되는 모습을 지켜본 나에게는 그저 하루하루가 지루한 나날의 연속이었다. 그렇게 무료한 나날을 보내고 있던 나를 설레게 하는 소식이 들려왔다. 바로 알파고와 이세돌이 100만 달러라는 큰 상금을 두고 격돌한다는 것이었다.

알파고는 구글이 자신하는 인공 지능 바둑 기사였고 이세돌은 당시 세계 최고를 다투던 바둑 기사였다. 지금은 공대생이지만 예전에 바둑 기사를 꿈꿔왔던 나는 이 대결이 흥미진진할 수밖에 없었다. '아직 바둑은 컴퓨터의 영역이 아니다.' '9단의 기사들은 입신의 경지에 오른 바둑의 신들, 이세돌은 그중에서도 최고를 다투는 신, 구글이 이세돌에게 연구비 100만 달러를 지불하는 것이다.' 대국 일정이 정해지자 전문가 대부분은 이세돌 9단의 승리를 예측했다. 나도 옆 사무실에서 근무하던 학교 선배에게 이세돌 9단이 승리할 것이라고 자신 있게 말했다. 이세돌 본인도 자신의 압승을 점쳤다. 하지만 결과는 충격적이었다.

첫 대국에서 알파고는 인간이 보기엔 실수라 여겨지는 수를 많이 두었다. 해설자들은 역시 바둑은 인간의 영역이라고 말했지만 바둑판이 채워질수록 윤곽이 뚜렷해졌다. 실수가 아니라 인간은 알 수 없는 수였다. 그렇게 첫판은 기계의 승리로 돌아갔다. 이어진 대국에서도 이세돌이 연패하며 내리 세 판을 내주어 일찌감치 알파고의 승리가 정해졌다. 마음을 비우고 맞이한 제4국, 지금까지도 신의 한 수로 회자하는 78수를 통해 이세돌 9단이 승리했다. 인간의 반격이 시작되나 싶었지만 마지막 대국에서도 결국 패배하며 1:4로 승부가 마무리되었다. '이세돌, 내가 진 것이지 인간이 진 것은 아니다.' '인간이 컴퓨터를 상대로 한 판이라도 이기다니, 대단하다.' 대국 전과 후 여론은 정반대가 되었다. 그리고 인공지능의 무지막지한 성능은 전 세계인의 뇌리에 깊게 각인되었다. '대(大) 인공지능 시대'의 막이 올랐다. 그리고 알파고는 현재까지도 인공 지능의 대명사로 통하고 있다.

구글, 과학의 중심이 되다

인공 지능 연구에서 가장 중요한 것은 데이터다. 그중에서도 데이터의 질(Quality)보다는 양(Quantity)이 더 중요하게 작용한다. 데이터가 가공되어 있지 않아도, 기준만 주면 인공 지능이 알아서 학습하기 때문이다. 그리고 데이터를 많이 보유하고 있는 곳은 기업이다. 학계는 설정된 실험을 통해 데이터를 수집하지만, 기업은 실제 사용자를 통해 데이터를 수집한다. 그중에서 구글은 단연 으뜸이다. 전 세계 20억 명이 사용하는 안드로이드, 세계 최대의 검색 포털 사이트인 구글 검색, 영상 플랫폼인 유튜브, 그 외에도 억 단위가 넘는 사용자를 보유한 수많은 서비스를 제공하고 있다.

최대 규모의 인공지능 학회인 ICML(International Conference on Machine Learning)의 2019년 통계에 따르면, 구글은 논문 수에서 2등인 MIT의 두 배에 달하는 수치를 기록하며 연구 기관 중 1등을 차지했다. 4위인 구글 브레인과 8위인 구글 딥마인드까지 포함하면 구글이 전체 인공 지능 연구의 40% 가까운 지분을 보유하고 있다. 인공 지능이 현재 모든 과학의 마스터키로 불리고 있는 만큼, 과학의 중심이 학계에서 기업으로 넘어가고 있다고 해도 과언이 아니다. 그리고 그 중심에는 구글이 있다.

나의 구글코리아 답사기

2019년 4월이었다. 오랜 진로 고민 끝에 첫 커리어를 프로그래머로 정했다. 알파고와 이세돌의 대결을 함께 지켜봤던 선배가 2018년 초 구글에 입사했다. 그리고 선배의 추천으로 구글 인턴 서류를 통과하여 면접을 보게 되었다. 수학을 전공해서 실제 프로그래머로서의 실력은 부족했지만, 구글에 도전할 기회가 생긴 것이다. 준비 기간이 짧았기에 면접을 경험한다는 생각 반, 구글코리아를 구경한다는 생각 반으로 방을 나섰다.

구글코리아는 2호선 역삼역 2번 출구에서 바로 연결되는 강남파이낸스센터 22층에 위치했다. 세계 최고의 기업인데 '2'를 너무 좋아하는 건 아닌가 하는 생각을 하며 엘리베이터에 탔다. 엘리베이터에서 내리자 익숙한 알록달록하고 밝은 색채의 'Google' 로고가 나를 반겼다. 이정표를 따라 안내데스크로 향했다. 키오스크를 통해 신원 확인을 하고 방문 목적을 등록했다. 안내원이 나의 도착을 면접관에게 알리고, 방문증을 줬다. 면접까지는 한 시간이 남았다.

선배에게 연락하고 잠시 회사 프런트를 둘러보았다. 안내 데스크의 왼쪽 작은 화면들에 실시간 급상승 검색어가 표시되고 있었다. 검색어는 빠른 속도로 업데이트되고 있었다. 화면에 표시되는 내용을 보니 구글이 검색어를 얼마나 중요하게 다루는지 느껴졌다. 실제로 구글의 시작은 검색 엔진이었다. 구글의 창시자인 세르게이 브린(Sergey Brin)과 래리 페이지(Larry Page)는 '페이지 랭크(Page Rank)'라는 검색 알고리즘을 만들었다. 그리고 그 알고리즘을 기반으로 시작한 'Back Rub'이라는 검색 서비스가 현재의 구글이 되었다. 그들의 처음은 차고였는데, 이제는 전 세계에 이렇게 멋진 오피스들이 있는 글로벌 No. 1의 소프트웨어 회사가 되었다. 새삼스레 전율을 느꼈다. 잠시 후 선배가 도착했다. 선배는 면접 전에 회사를 살짝 구경시켜준다고 했다. 선배를 따라 프런트를 나서 한 층 아래, 21층으로 발걸음을 옮겼다.

21층은 카페와 소회의실로 구성되어 있었다. 정문이 카페 입구였고, 카페를 통해 소회의실로 향하는 구조였다. 직원들이 업무를 시작하기 전에 커피의 맛과 향으로 힐링하도록 해주는 섬세한 배려 같았다. 8명 정도의 인원을 수용할 수 있는 회의실이 정말 많았다. 그리고 회의실들을 지나니 혼자 편하게 생각하거나 공부할 수 있는 공간이 있었다. 머리를 감싸고 업무에 집중하는 직원들의 모습이 보였다. 회사 보안상의 이유로 회의실을 자세하게 볼 수는 없었다. 선배가 커피를 한 잔 사준다고 하여 카페로 돌아왔다.

업무 시간임에도 카페는 사람들로 가득 차 있었다. 그 많은 사람 중 대다수가 내가 동경하는 구글러(Googler, 구글의 직원)라는 생각이 들어, 그들을 잠시 관찰했다. 글로벌 기업답게 다양한 인종의 사람이 있었다. 그리고 평등을 추구하는 회사 문화에 따라 남녀 성비도 비슷했다. 주문한 커피를 받아 선배의 팀원들 근처에 자리를 잡았다. 선배는 자신의 팀원들과 카페에서 회의를 진행했다. 나도 면접까지 30분 정도 남아 노트북을 켜고 프로그래밍 지식을 점검했다. 하지만 집중할 수 없었다. 구글러들이 회의하는 모습을 바로 옆에서 지켜볼 기회를 놓칠 수는 없었다. 눈은 노트북을 향한 채 귀는 선배의 팀을 향해 열었다.

회의는 당연히 영어로 진행되었다. 자세한 내용은 일부러 듣지 않았지만, 그들은 서로 의사소통을 하는데 거리낌이 없었다. 의문점이 있으면 그때그때 이야기하고 그 자리에서 바로 수정사항을 적용했다. 오버 커뮤니케이션. 내가 바라는 이상적인 팀의 모습이었다. 모든 구성원이 주인의식을 가지고 집중해서 일하는 것이 느껴졌다. 언젠가는 이곳에서 일하고 싶다는 생각이 더욱 강해졌다. 면접 시간이 5분 전으로 다가왔다. 선배의 안내를 따라 다시 프런트로 돌아갔다.

프런트에서 잠시 기다리자 면접관이 찾아왔다. 단정한 의상을 입은 선배와 달리 면접관은 편한 차림이었다. 그의 복장에서 회사의 분위기가 얼마나 자유로운지 느껴졌다. 구글 면접의 특징은 모든 프로그래머가 면접관의 역할을 수행할 수 있다는 것이다. 프로그래머로 구글에 입사하면 면접관 교육을 받는다. 그리고 직접 면접 문제를 준비하여 면접에 투입된다. 선배도 벌써 3번 정도 면접관으로 참가했다고 했다. 이러한 구글의 문화는 구글이 구성원을 얼마나 신뢰하는지 보여준다. 철저한 과정을 통해 선발했기 때문에, 그들의 실력과 사람을 보는 눈을 믿는 것이다.

면접은 한 층 위로 올라가 23층에서 진행되었다. 23층에 올라오자 가장 먼저 보이는 것은 대형 강의실이었다. 내용은 모르지만, 많은 인원이 참석한 강의가 진행 중이었다. 구글은 기업이지만 구성원들에게 꾸준히 새로운 배움의 기회를 주는 것으로 유명하다. 선배도 취직 후 두 번이나 미국 본사에 가서 새로운 기술을 배웠다고 했다. 한국의 회사는 구성원이 실전에서 부딪히며 배우기를 기대한다. 몇 번의 인턴 경험을 통해 내가 준비가 부족하다는 것을 알았다. 실전 상황에 무방

비하게 던져지는 것이 두려웠다. 그래서 나는 학교를 오랫동안 다니고 있다. 하지만 구글처럼 구성원에게 배움의 기회를 꾸준하게 제공한다면, 준비가 덜 되어도 용기를 낼 수 있을 것 같았다.

사람이 가득한 사무실을 지나 면접 장소로 정해진 소회의실로 들어갔다. 면접은 45분씩 2회에 걸쳐 진행되었다. 면접관이 영어로 질문을 시작했다. 인턴 면접은 한국말로 진행하는 것으로 알고 있어서 당황했다. 혹시 한국말로 진행할 수 없는지 물어봤더니, 자신은 한국말을 모른다고 했다. 역시 글로벌 기업이라는 생각을 하며 면접에 임했다. 면접 내용은 오로지 프로그래밍 실력을 평가하는 것이었다. 업무 수행 능력 외에 인성이나 살아온 배경, 개인적 기호 등은 다양성의 영역으로 인정하기 때문에 확인하지 않았다. 준비가 부족해 잘 해내지 못했지만 면접 문제는 재미있었다. 면접관도 내가 프로그래밍을 시작한 지 얼마 안 된 것을 알았다. 그래서 경험이 부족한 것이지 가망이 없지는 않다고 격려했다. 많은 연습을 통해 경험을 쌓고 다시 도전하기를 조언했다. 면접관의 태도에서부터 구글이 교육과 성장이라는 가치를 중요하게 생각한다는 것을 다시 느낄 수 있었다.

면접이 끝나고 면접관에게 질문할 시간이 주어졌다. 나는 평소에 궁금했던 것들을 많이 물어봤다. 구글러가 되기까지의 커리어 패스, 좋은 프로그래머란 무엇인지, 공부의 방향성, 업무에 대한 만족도, 구글코리아와 다른 지사들의 연계 정도 등 다양한 것을 질문하고 적절한 대답을 들을 수 있었다. 모든 과정이 끝나고 선배에게 연락했다. 방문증을 반납하고 선배의 배웅을 받아 22층에서 내려가는 엘리베이터에 타는 것으로 나의 구글코리아 구경이 끝났다.

언젠가는 구글에서

세 시간 남짓한 짧은 구경이었지만, 구글이 과학기술의 중심이 되어가는 이유를 곳곳에서 느낄 수 있었다. 구글의 구성원들은 주인의식을 가지고 열정적으로 업무에 임한다. 이러한 인재들을 뽑기 위해 채용 과정이 치밀하다. 그리고 그들의 업무 효율을 높이기 위해 편안하고 자유로운 업무 환경을 제공한다. 구글은 교육과 성장에 가치를 둔다. 구성원이 끊임없이 성장할 기회를 준다. 실패를 두려워하지 않게 한다. 실패도 교육의 일부라 생각하여 도전하기를 장려한다. 그리고 구글은 다양성을 추구한다. 구글의 뛰어난 창조력은 다양성에서 비롯된다고 생각한다.

나에게는 언젠가 창업을 하겠다는 목표가 있다. 그러기 위해서는 자신의 실력을 높이는 것과 좋은 팀을 만나는 것, 더 다양한 세상을 보는 것이 중요하다. 내게 필요한 이 모든 것들이 구글에 있었다. 구글 면접은 1년에 한 번만 기회가 주어진다. 10년 넘게 문을 두드려 구글에 입사한 사람도 있다고 한다. 이번 기회로 구글에 대한 열망이 더 강해졌다. 몇 번을 실패해도 괜찮다. 구글이 새로운 과학의 중심이다. 글로벌 No. 1의 기업이다. 나는 언젠가 구글에서 일할 것이다.

삼성 반도체 사업장에서 인생의 경영 전략을 배우다

신소재공학과 16 **이승균**

나의 오랜 꿈, 삼성

삼성전자의 신제품 'Z플립'은 출시되자마자 선풍적인 인기를 끌었다. 나 역시 사고 싶은 마음이 굴뚝같았지만, 높은 가격대와 새로 바꾼 지 얼마 안 된 지금의 휴대폰이 내 발목을 잡았다. 사실 이번에 Z플립이 나왔을 때뿐만 아니라 삼성의 새로운 제품이 출시될 때마다 나는 구매 욕구에 빠지고 만다. 실제로 지금의 휴대폰, 노트북 등 모든 전자기기가 다 구매 당시 삼성이 갓 출시한 신제품들이다. 이러한 삼성 '덕질'은 구체적인 꿈으로 연결되었다. 나는 삼성에 입사하는 것이 꿈이다. 돈이나 현실적인 상황을 떠나 삼성이라는 브랜드가 주는 이미지에 반해서이다. 그렇기에 학사 졸업 후가 되었든 석 · 박사 과정을 거친 후가 되었든 간에 대한민국 최고의 기업인 삼성에서 일하는 것은 오래전부터 나의 꿈이었다.

그런 의미에서 2019년 여름 방학은 매우 뜻깊은 시간이었다. 전역

후 바로 3주짜리 삼성 인턴십 프로그램에 지원하였고 운 좋게 합격했기 때문이다. 다른 인턴십보다 더 큰 의미가 있었던 이유는, 당연히 기본적인 일을 배우는 과정도 있을뿐더러 삼성의 핵심적인 기술 개발 현장을 견학할 수 있었기 때문이었다. 광주의 가전 사업장, 화성 · 기흥의 반도체 사업장, 아산 · 탕정의 디스플레이 사업장 등 짧은 기간에 무려 세 군데나 공장 견학을 가볼 수 있었다. 이를 통해 우리나라, 아니 세계를 선도하는 기업 중 하나인 삼성의 성공적 경영 비결을 아주 작은 부분이나마 볼 수 있어서 너무 보람차고 뿌듯했다. 또한, 단순히 기업 운영 방식을 배웠을 뿐만 아니라 이를 통해 내가 내 인생에서 기억하고 챙겨야 할 점도 생각해보는 시간을 가졌다. 이런 의미 있는 경험들, 그중에서도 삼성을 가장 대표하는 기술인 반도체를 담고 있는 화성 · 기흥 사업장에 견학 간 경험을 공유해보고자 한다.

삼성의 교훈 1 - 큰 것을 위해 작은 것을 포기하라

반도체 사업장은 입장부터 쉽지 않았다. 흔히 클럽에서 입장하려는 사람의 외모가 그 클럽의 분위기와 맞지 않을 때 입장이 거부당하고는 한다. 이것이 속칭 '입구 컷'이다. 자칫하면 삼성에서 그 경험을 할 뻔했다. 외모보다는 삼성 사업장 입장에서의 가장 기본적인 원칙인 '보안'이 문제였다. 기술 유출 방지를 위해 모든 인턴의 휴대폰 카메라에 보안 스티커를 붙이는 것으로 입장을 시작하였고, 두 번째로 전자기기 소지 여부를 확인하였다. 카메라를 일일이 확인하고 스티커를 붙이는 작업은 군대 시절의 휴대폰 통제가 연상될 정도로 체계적이고 엄격했다. 그래도 이것은 군대에서나마 한 번 경험해봐서 그나마 괜찮았다. 문제는 두 번째 부분이었다. 실수로 그날 노트북을 들고 온 나는 삼성으로부터 내쳐질 뻔했다 (그것이 삼성 노트북이었음에도 말이다). 하지만 운이 좋게도 짐을 경비원에게 맡기고 겨우 입장 허가를 맡을 수 있었다. 마치 공항의 테러리스트 혹은 마약 밀수범이 된 기분이었지만 당연히 이해가 가는 시스템이었기 때문에 기분은 그리 나쁘지 않았다. 꽤 번거로운 입장을 진행하는 것도 삼성 주최 측에서 힘들었을 텐데, 굳이 그렇게 하는 이유는 기업만의 기술, 특허, 아이디어 등은 기업 수익의 전부를 담당한다고 해도 과언이 아니기 때문이다. 남들과 차별화될 때 돈을 버는 것이 시장의 가장 기본적인 원리이다. 그렇기에 이것을 지키기 위해선 모든 수단을 동원해야 하는 것이 맞고 삼성은 그 기본을 지키고 있는 것이다. 이렇게 꼭 필요한 부분을 위해 다른 장점을 포기하는 '양자택일'의 전략은 기업 전략의 기본이면서도 정수라는 것을 깨달았다.

인생을 살아갈 때도 이는 중요한 전략이다. 당장의 쾌락이나 편리함을 위해 더 중요한 것을 놓치는 순간이 많기 때문이다. 나 역시 수없이 많은 실수와 후회를 반복해왔다. 시험을 앞두고는 그 후에 공부해서 학점을 잘 받는 모습을 그리는 것이 아닌, 당장 침대에 누워서 휴대폰을 하면 얼마나 편할지를 생각할 때가 많았다. 운동하고 다이어트를 하기보단 당장 먹을 수 있는 치킨의 매력에 심취했던 때도 셀 수 없이 많다. 이를 삼성의 상황에 대입하자면, 입장 검사가 귀찮아서 정보 유출이 될 때까지 아무 조치도 안 취하는 행동과 같은 것이다. 큰 성공을 위해 작은 어려움은 감수하고 헤쳐 나가는 것, 이것이 이번 교훈의 핵심이다. 기업이나 인생이나 장기적인 큰 목표를 향해 나아가고 작은 이득은 포기할 줄 아는 경영 전략을 짜는 것이 중요하다.

삼성의 교훈 2 - 스스로를 어필하는 방법을 연습하라

입장 후 곧바로 짧은 교육을 수료하고 다음 코스인 박물관에 들렀다. 박물관이 삼성의 사업장 안에 있다는 것 자체가 신기했지만, 솔직히 썩 어울리는 조합이라고는 생각이 들지 않았다. 어쨌든 박물관이 있다는 것은 곧 그 회사의 역사가 꽤 긴 시간 유지됐다는 것이고, 삼성 정도의 기업만이 가질 수 있는 시설일 것이다. 사실 나는 삼성의 제품을 마냥 좋아했던 거지 그 역사에 대해 깊게 알 생각은 한 번도 하지 못했다. 기업이 수십 년간의 역사를 가진다는 것 자체가 그만큼 힘 있는 기업으로서 버텨왔다는 말과 같고, 또 그것이 현재의 브랜드 이미지 창조에 엄청난 기여를 했을 텐데도 말이다. 이렇게 큰 의미가 있는 삼성 기술의 역사를 이제라도 볼 수 있단 점이 다행이라 여겨졌다.

박물관은 작았지만, 알짜배기 기술들이 시대별로 총망라되어 있었다. 전시장에는 내가 책이나 TV에서 본 아주 옛날 제품부터 학창 시절 어렴풋이 기억나는 2000년대 초반에 출시된 여러 가지 기기들, 그리고 지금 출시된 지도 몰랐던 아주 최신의 기술까지 쭉 전시되어 있었다. 이뿐만 아니라 '디지털프라자'처럼 직접 그 기기를 사용할 수 있는 코너도 마련되어 있어서 마냥 눈으로 보는 것보다 더 잘 체험할 수 있었다. 하지만 그 기술들보다 놀라운 것은 바로 '전시 방법'이었다. 일반적 박물관과는 달리 큐레이터를 따라가다 보면 화면에서 3D 영상이 송출되고, 또 단순히 스크린인 줄 알았던 게 열리면서 뒤의 다른 공간이 등장하고, 천장에도 스크린이 띄어지는 등의 여러 가지 현란한 방법들로 나를 매료시켰다. 이것이 삼성의 기업 PR 방법의 하나일 것이라는 생각이 들었다. 물론 혁신적인 기술 그 자체가 가장 강력한 홍보 수단이겠지만, 삼성은 독점 기업이 아닌 애플, LG 등의 회사와 무한 경쟁하는 처지다. 그들의 기술은 모두 선진화되었으며, 몇 가지 분야 빼고는 삼성도 확실히 우위에 있는 기술이 다양하다고는 못하는 처지다. 그런 의미에서 이렇게 화려한 방식으로 본인들을 어필하는 것은 매우 신선했다. 제품들을 더 효과적으로 홍보하면서도 그 홍보에 쓰이는 화려한 기술을 동시에 보여주어 삼성의 두 가지 장점을 동시에 어필했기 때문이다.

이를 보면서 요즘 시대를 자기 PR 시대라고 하는 이유를 새삼 깨달았다. 삼성 같은 엄청난 기술을 지닌 기업도 제품 개발만큼 그것을 마케팅하는 방식에 이렇게 많은 애를 쏟는다. 이것은 모든 과학기술 분야에서 마찬가지다. 아이디어 생성에서 멈추지 않고 실현하는 것까지 연결되어야 과학 발전 혹은 기술 개발이 완성되는 것이다. 그래야 사람들이 그것에 대해 알기 때문이다. 내 삶에서도 마찬가지다. 스스로 무언가를 계발하는 것도 중요하지만, 그것을 다른 사람에게 보여줄 수 있는가도 매우 중요하다. 그런 부분에서 나는 내가 가진 것들을 잘 어필하지는 못할 것 같다는 생각이 강하게 들었다. 만드는 것만큼 중요한 것이 그것을 보여주는 것임을 깨달았고, 무엇을 조금 더 신경써서 연습해야 할지도 깨달았다.

삼성의 교훈 3 - 가장 바람직한 시스템을 갖추고 문제를 연구하라

또 다른 깨달음을 뒤로하고, 드디어 본격적으로 사업장에 들어갔다. 역시나 사업장은 가장 선진적인 기술들이 집약된 곳이었다. 모든 사람은 우주인을 연상케 하는 방진복을 입고 있었다. 또 하나 인상 깊었던 건 사람은 채 열 명이 안 될 만큼 적은 데 반해 기계는 거기 있던 모든 사람의 손으로도 셀 수 없을 만큼 많았다. 어림잡아 눈에 보이는 것만 해도 몇 백 개는 되어 보였다. 내가 전공하는 신소재공학과 역시 마찬가지고 이미 수많은 분야에서 그런 질 높은 기계들이 사람들을 대체하기 시작했다. 그 기계들이 일궈내는 업무 수준은 이전에 인력으로 일궈냈던 수준과 비교해서 분명히 어마어마한 차이를 가진다. 나의 꿈이 삼성, 특히 기술 개발 분야에 취업하는 것도 이런 맥락이다. 다른 수준의 사업을 만들어내는 기술 발명을 해보고 싶고, 그만한 실력을 갖추고 싶기 때문이다. 내 두 손으로 기업 더 크게는 전 세계에서의 눈에 띄는 기술 차이를 만들어 내보는 것이 나의 꿈이다.

또 한 가지 인상 깊었던 건 그 넓은 장소가 놀라울 정도로 깔끔했고 기계는 마치 훈련을 받은 것처럼 완벽한 체계를 갖추었다는 점이다. 전 세계로 수십억 개가 수출되는 반도체를 생산하는 공장에서 이것이 뭐가 놀랍냐고 물을 수도 있겠다. 하지만 말 그대로 '놀랄 정도로' 완벽했다. 무언가가 이루어지는 장소는 확실한 체계와 청결을 유지해야 함을 다시금 깨달았다. 물론 품질적인 면에서도 청결은 중요하겠지만, 이렇게 보는 사람에게 삼성에 대한 이미지 인식 개선에도 도움을 줄 것이다.

나는 청결이나 체계와는 거리가 먼 편이다. 사업을 하시는 아버지 회사에 가도 청결이 가장 우선시되는 원칙 중 하나인데, 그 아들인 나는 잘 이행해내지 못하고 있다. 사실 그 가치에 대해 잘 깨닫지 못한 것도 있었다. 하지만 이 사업장을 보고 큰 충격을 받았다. 자고로 어떤 일을 완벽히 해내고 또 그것을 사람들에게 어필하기 위해선 기술 실력도 중요하지만, 사업장 환경과 잘 갖춰진 시스템도 얼마나 큰 영향을 끼치는지 이번 기회에 깨달았다. 어떤 분야에서 잘하는 것도 중요하지만, 그것만큼 중요한 것이 군더더기 없는 환경과 시스템을 갖추고 만들어내는 것이다.

하지만 이렇게 꿈에 대한 확신이 들고, 내가 고쳐 나가야 할 것을 찾으면서도, 동시에 씁쓸함도 느꼈다. 반도체 사업장의 크기는 축구장 몇 개는 들어갈 것처럼 커 보였다. 그러나 그 안에서 고작 열 명도 안 되는 사람들만이 그 기기들을 관리한다는 건, 이전에는 몇 만 명을 썼을 직종이 모두 다 기계로 대체되었다는 의미이다. 그만큼 사람들이 생산직에 설 자리를 점점 잃어간다는 뜻이겠다. 기계로 대체하는 것은 기업과 소비자로선 큰 이득이고 이것은 산업계에서는 한 줄기 '빛'이다. 하지만 빛이 있다면 그에 따른 실직이라는 '그림자'도 생길 수밖에 없음을 새삼 느꼈다. 과학기술 발달의 어두운 면을 아는 것도 미래를 위해 중요하다고 생각한다. 그래야만 추후의 발전이 가져올 문제에 대비할 수도 있다. 부정적인 면을 무시하는 것이 아니라 부딪히고 해결하는 능력을 갖추는 것도 인생이나 기업을 경영하는 데 있어서 중요하다고 생각한다. 이 인식은 미래에 내가 어떤 방향으로 나의 실력을 늘리고 공부를 할지에 대한 나침반 역할을 해줄 것이다. 이 경험이 먼 미래에 분명히 큰 도움이 될 거란 확신이 들었다.

삼성의 교훈 4 - 현명한 투자는 낭비가 아니다

사업장만큼 큰 충격을 준 건, 우스울지도 모르겠지만 점심 메뉴였다. 삼성 사업장의 점심 메뉴는 어림잡아 스무 가지 가까이 되었다. 식당 건물 자체가 3층의 건물이었고 직원들의 복지에도 얼마나 신경을 쓰는지 알 수 있었다. 당연히 우리 인턴들도 메뉴 고민에만 오랜 시간을 들였고, 점심을 먹는 시간이 가장 오랫동안 삼성을 예찬한 시간이었다. 사실 이런 식사 같은 부분까지 챙기기가 쉽지는 않을 것이다. 식당 하나를 들이는 데 쓰는 꽤 큰 비용을 낭비라 생각할 수도 있기 때문이다. 하지만 삼성은 이런 작은 복지가 직원들의 생산성을 올리는 데 얼마나 효과적인지 알고 있었다(하물며 방문객인 우리의 사기도 올렸으니 말이다). 물론 사업에서의 이윤은 비용을 줄이는 것과 직결된다. 하지만 이는 비용을 무작정 줄이라는 의미가 아닌 비용을 현명하게 쓰라는 의미에 더 가까울 것이다. 삼성은 액수를 떠나서 비용을 정말 현명하게 쓰고 있었다.

기업에서의 비용은 돈으로 나가고, 삶에서의 비용은 시간으로 나간다. 그렇기에 삶을 성공적으로 경영하기 위해선 시간이라는 비용을 적절히 잘 분배해서 써야 한다. 무작정 아끼면, 예를 들어 하고 싶은 것을 하는 시간을 낭비라 생각하고 오로지 공부나 일만 한다면, 비용은 아끼겠지만 현명한 투자는 아닐 것이다. 직원의 의지가 맛없는 점심으로 떨어질 수 있듯이, 삶을 살아가는 나 역시 시간을 무작정 아끼다가는 점점 지쳐갈 것이다. 오히려 남들보다 조금 돌아가는 느낌이 들더라도, 내가 무엇을 할 때 진정으로 행복한지 생각해보고 그것에 충분히 투자해보는 것이 장기적인 관점에선 훨씬 더 현명한 행동이라는 생각이 들었다. 맛있는 식사 한 끼와 함께 삶에서의 현명한 투자 방법을 생각해보게 되었다.

점심을 먹고 사은품 증정식이 진행되었다. 무선 충전기와 보조배터리를 받았는데 둘 다 유용하게 쓸 수 있다는 점에서 모두가 만족하였다. 이것 역시 나름대로 삼성의 영업 전략일 것이다. 체험 학습 온 인턴들을 위해서 이런 것들을 준비하는 건 삼성엔 사실 큰 투자는 아니었을 것이다. 하지만 우리가 받은 감동은 매우 컸으며, 이런 세심한 배려가 기업 이미지 향상에 도움을 줌을 새삼 깨달았다. 이것은 일상생활에서도 마찬가지다. 아주 작은 희생이나 배려가 남에겐 아주 큰 감동으로 여겨질 수도 있다. 그리고 삼성이 잠재적 고객인 우리에게 큰 감동을 줬듯이 이런 작은 배려가 내 인생의 관계 형성에 엄청난 영향을 끼칠 것이다.

삼성처럼 인생을 경영하라

들어올 때와 마찬가지로 짐 검사로 모든 일정을 마쳤다. 찐득거리는 휴대폰 스티커를 떼고 나서야 삼성 밖을 나왔다는 실감이 났다. 평소 내 로망이었던 기업을 마음속에 온전히 마음속에 담기에 반나절은 너무나도 짧은 시간이었다. 삼성의 기술이나 역사를 본 것도 분명 의미 있었지만, 사실 그보다 더 가슴에 남았던 건 과정마다 느꼈던 내 인생에서의 깨달음이었다. 삼성의 운영 방식을 비록 맛보기 정도만 해보았지만, 나름대로 나의 인생 운영 방식에 그것들을 대입해서 생각해 볼 수 있었다.

우리는 모두 삶이라는 기업을 운영하는 경영자이다. 경영 방식이 기업의 성공을 좌지우지하듯이, 삶을 어떻게 경영하느냐가 삶에서의 성공, 즉 행복을 좌지우지한다. 삼성 같은 대기업만 한 크기의 행복을 얻으며 살 건지, 아니면 폐업 위기의 기업처럼 행복과 불행 사이를 아슬아슬하게 걸을지는, 우리가 어떻게 삶을 운영하느냐에 달려 있다. 나를 포함한 모두가 현명한 경영자가 되어 삶을 성공적으로 이끌기를 바라는 마음이 이 글을 통해 전달되었으면 좋겠다.

인공지능 포럼에 가다 : 밖으로 나간 카이스트 개구리

건설및환경공학과 16 **이정원**

'문화미래리포트' 국제포럼

"인공지능은 지능이 아니다." AI 학계의 권위자 제리 캐플런(Jerry Kaplan)이 한 말이다. 이게 대체 무슨 말일까? 단어부터 인공'지능'인데, 지능이 아니라니. 그런데 사실 인공지능에 대한 제대로 된 이해는 여기서 시작한다. 종종 사람들은 인공지능 하면 SF 영화나 소설 속 사람 같은 로봇을 떠올린다. 인공지능이 인간과 같은 '지능'을 갖춘 기계라고 착각하는 것이다. 그러나 이는 사실이 아니다. 현재 인공지능, 혹은 그렇게 불리는 것들은, 알파고처럼 바둑을 하거나 사진 데이터를 통해 얼굴을 파악하는 등 특정 분야의 제한적인 일만 해낼 수 있다. 물론 인공지능이 사람보다 빠르고 뛰어난 성과를 내는 건 대단한 일이다. 그러나 어떻게 보면 이는 이전 산업혁명에서의 자동화와 크게 다를 게 없다. 즉, 인공지능은 인간 지능의 구현이 아니라 인류의 오랜 자동화 노력의 확장이라고 보는 편이 옳다.

누구나 한 번쯤 '알파고'나 '딥러닝' 같은 단어를 들어봤을 만큼 인공지능은 주목받는 이슈다. 그럼에도 이에 대한 사람들의 인식은 많이 왜곡되어 있으며, 막연한 우려나 기대가 아닌 실질적인 논의 또한 제대로 이뤄진 적 없다. 아직 인공지능 기술이 초기 단계여서일 수도 있겠다. 나 또한 인공지능이 대충 무엇이고 어떻게 써먹는 녀석인지 그 기본 원리만 알 뿐 그 무궁무진한 활용 가능성과 미래 발전 형태, 혹은 인공지능이 가져올 수도 있는 부작용에 대해서는 크게 고민해본 적이 없었다. 이런 내게 문화일보에서 주최한 '문화미래리포트' 국제 포럼은 인공지능과 미래에 대해 고민해보는 기회를 마련해주었다.

'포럼'이란 곳에 첫발을 들이다

참가 신청을 할 때는 가벼운 마음이었다. 인공지능은 무척 주목받는, 소위 말하는 '핫한' 주제여서 호기심이 생겼다. 맥스 테그마크(Max Tegmark), 스튜어트 러셀(Stuart Russell) 등 인공지능 분야의 세계적 석학들이 연사로 온다는 이야기에 흥미가 동하기도 했다. 또 당시 휴학 중이던 나는 새로운 경험에 목말라 있었다. 평일, 그것도 서울에서 진행되는 큰 포럼은 '이때 아니면 언제 이런 데 가보겠어!' 같은 생각으로 나를 이끌기 충분했다.

처음 참가한 포럼은 낯설고 신기한 게 많았다. 참가 등록을 하니 학교와 이름이 적힌 명찰, 워크북과 함께 헤드셋을 받았다. 왜 헤드셋을 나눠주는지 의아했는데, 놀랍게도 한국어-영어 동시통역을 위한 것이었다. 헤드셋을 사용하면 자유롭게 원하는 언어를 선택해 들을 수 있었다. 행사장엔 사람이 많았다. 대기업 이름이 적힌 명찰을 걸고 업무 이야기를 주고받는 사람들, 커다란 카메라를 옆에 두고, 랩톱 컴퓨터에 빠르게 뭔가를 써 내려가는 기자들을 지나 앉을만한 곳을 찾았다. 이렇게 큰 행사는 처음이라, 꼭 세상에 처음 나온 우물 속 개구리가 된 것 같았다. 괜히 어색한 기분에 나만큼 어린 사람이나, 혼자 온 사람이 있나 흘금 두리번거려 보기도 했다.

다행히도 강연이 시작되고 그런 어색함은 싹 잊어버릴 수 있었다. 포럼은 여태까지 학교에서 겪어봤던 세미나나 워크숍과는 완전히 달랐다. 보통 학술 행사라 하면 강연자가 연구를 소개하고 설명하는 데 중점이 되어 있는 전문적인 느낌의 행사가 많았다. 인문학과 기술 사이를 자유롭게 오가며 서로의 생각을 공유하고 토론하는 자리에 참석하는 건 새로운 경험이었다.

포럼은 총 세 세션으로 구성되었는데, 세션마다 연사의 키노트 연설 후, 그에 대한 패널 토론이 이루어지는 형식이었다. 각 세션의 주제는 첫 번째부터 AI와 인류, AI와 산업, 그리고 AI와 한국 사회로 이어졌다. 앞 세션에 대한 이해를 바탕으로 점점 논의가 확장되는 느낌이라 편안하고 자연스럽게 담론을 따라갈 수 있었다.

첫 번째 세션: AI와 인류

먼저 첫 세션에서는 맥스 테그마크 교수의 강연을 들을 수 있었다.

MIT 교수인 테그마크는 물리학자이자, 우주론 학자이자, AI 연구자이다. 테그마크 교수는 강연과 저술 분야에서도 활발하게 활동 중인데, 『맥스 테그마크의 유니버스』 『맥스 테그마크의 라이프 3.0』 등은 한국에도 잘 알려진 베스트셀러이기도 하다. 강연에서는 인공지능의 개념과 발전 가능성을 설명한 뒤, 인공지능에 대한 막연한 오해와 두려움을 가지기보다는 AI 시대를 위해 우리가 실제로 대비해야 할 것들을 알고 대비하는 것이 중요함을 강조했다. 인공지능에 대한 오해와 두려움은 이에 대해 잘 알지 못하기 때문에 오며, 그런 오해에 흐려지지 않고 실질적으로 중요한 논의에 접근해야 한다는 것이다.

확실히 인공지능이라는 개념은 아직 많은 사람에게 생소하고 어렵게 느껴져 이를 둘러싼 잘못된 오해도 많은 것 같다. 예를 들어 인공지능은 인간처럼 '지능'을 가지고 생각하고 판단할 수 있는 그런 존재라고 여겨지는 경향이 있다. 그러나 인간처럼 다양한 상황에서 지능적으로 판단하는 능력을 갖춘 '범용 인공지능'은 사실 앞으로 등장할지 어떨지도 알 수 없는 먼 미래이다. 만약 범용 인공지능이 가능하다고 해도 인공지능이 스스로 자아가 생긴다거나 갑자기 스스로 '나쁘게' 변해 인류의 적이 될지도 모른다는 상상은 현실성이 적다. 인공지능은 사람이 설정한 규칙과 목표 위에 만들어지며 단순히 그 목표를 수행하기 위해 환경을 학습하고 판단을 내리는 것이기 때문이다.

우리는 인공지능의 원리와 특성에 대한 적절한 이해를 거친 뒤 막연한 두려움을 넘어서서 현실적이고 실질적인 논의로 나아가야 한다.

예컨대 인공지능이 빈부 격차를 심화시킨다는 걱정이나 누군가 자율살상 로봇을 만들어낼 수 있다는 걱정은 현실적인 우려이며, 인류에게 실질적인 위협이다. 우리는 발생할 수 있는 부작용을 모두 검토하고 대비해야 한다. 빈부격차를 억제하기 위한 로봇세 논의, 과학자들의 자율살상무기 반대 운동 등이 좋은 예시이다. 인공지능의 발전은 사회에도 큰 영향을 미칠 수 있다. 따라서 중요한 점은 이러한 미래 논의에 있어 몇몇 과학자들만이 아닌 모두가 함께해야 한다는 점이다.

두 번째 세션: AI와 산업

그런데 인공지능이 가져올 급격한 변화와 위협을 감수할 만큼 AI 기술을 발전시키는 것의 장점이 많을까? 인공지능이 어떻게 우리 삶에 번영을 가져다준다는 것일까? 두 번째 세션 'AI와 산업'에서는 스튜어트 러셀 교수의 강연을 통해 인공지능이 산업 분야에 어떻게 성공적으로 적용되고 있으며 앞으로는 어떤 방향으로 발전해야 할지 보여주었다. 러셀은 UC 버클리의 전기공학 및 컴퓨터공학 교수이자 UC 샌프란시스코의 신경외과학 겸임 교수로, 인공지능 분야뿐 아니라 로봇공학과 생물 정보학에서도 권위자이다. 이 강연에서는 인공지능이 이미지 인식, 음성 인식과 번역, 게임 등의 분야에서 이뤄낸 성공사례와 함께 이들이 인간 언어 및 행동을 어떻게 이해하고 모델링했는지 알아보았다.

두 번째 세션에서 나에게 많은 생각을 하게 만든, 소개하고 싶은 부분이 있다. 이는 첫 번째 세션에서 나온 인공지능이 초래할 위협과도 관련 있는 내용으로, 미래 인공지능을 안전하게 활용하기 위한 AI의 목표 설정 문제에 관한 이야기다. 만약 미래 인공지능이 사람보다 뛰어나게 된다면, 인간의 통제를 벗어나 위험한 부작용을 일으키지 못하도록 안전하게 통제되어야 할 것이다. 그런데 만약 목표 설정이 불분명하다면 인간과 AI 사이에 '오해'가 생겨 위험해질 수 있다.

예를 들어 커피를 끓여주는 로봇이 있다고 하자. 로봇의 유일한 목표는 '커피를 끓여 사람에게 갖다 주는 것'이다. 이 로봇은 이렇게 생각한다. '나는 커피를 끓여야 한다. 만약 누가 내 스위치를 끈다면 난 커피를 끓일 수 없다. 스위치를 눌러도 꺼지지 않게 스위치를 망가뜨려야겠다.' 이렇게 되면 로봇은 사람의 통제를 벗어나 무한정 꺼지지 않고 커피를 끓일 것이다. 이처럼 위험한 점은 로봇이 목표 완수를 위해 사람의 상식에 벗어나는 행동을 할 수 있다는 것이다.

더 위험한 예시로 이 로봇은 스위치를 망가뜨리는 대신 '사람이 나를 끄지 못하도록 스타벅스 고객들을 다 기절시켜야겠다'고 생각할 수도 있다. 이 로봇이 위험한 행동을 못 하게 하려면, '나는 잘못된 행동을 할 수 있다' '사람은 날 제지할 수 있다' '난 사람을 해쳐서는 안 된다'와 같은 기본 원칙들을 학습시켜야 한다. 인간의 가치와 상식은 무형의 가치이지만 인류의 진정한 목표를 이루는 핵심적인 요소이기도 하다. 인류의 가치와 충돌하지 않는 AI를 만들려면 이 무형의 가치를 더 깊이 분석하고, 시스템 속에 포함하여 인공지능이 인간적인 가치판단을 할 수 있도록 만들어야 할 것이다.

기술과 첨단의 집약체로만 보이는 인공지능 분야가 발전하기 위해 오히려 인간 가치에 대한 깊은 탐색이 중요한 열쇠라는 점이 무척 인상적이었다. 사실 우리 인간조차도 이러한 가치에 대해 정확하게 알고 판단하는 데 주저함이 많다. 사람의 행복에 대해 더 잘 이해하고, 사람들이 무엇을 좋아하고 무엇을 소중히 여기는지 연구할 필요가 있다. 기술은 그에 맞추어 사람에게 행복을 주는 방향으로 발전되어야 한다.

세 번째 세션: AI와 한국 사회

앞의 두 세션에서 인공지능이 인류에게 미칠 좋은 영향과 이를 위해 고민해야 할 부분들에 대해 들었다면 세 번째 세션 'AI와 한국 사회'에서는 제리 캐플런의 강연을 통해 한국 사회의 특징이 AI 발전에 어떻게 영향을 미칠지, 기술의 발전으로 인한 사회 문제를 막고, 또 동시에 AI 시대에 뒤처지지 않는 기술 역량을 갖추려면 어떻게 해야 할지 생각해 볼 수 있었다. 유명한 실리콘밸리 기업가이자 AI 혁신의 선두 주자인 캐플런이라면 한국의 AI 기술 경쟁력에 대해 어떻게 바라보고 있을지 궁금증이 컸는데 뜻밖일 정도로 무척 긍정적인 견해를 들을 수 있었다.

특히 컴퓨터 하드웨어나 센서 등의 기반산업이 탄탄하게 갖춰져 있고 사회에 새로운 기술을 빠르게 적용하는 데 저항감이 없어서, AI로 인해 변화된 산업 환경에 빠르게 적응할 수 있다는 점을 꼽았다.

또 캐플런은 AI로 인해 현재 직업들이 어떤 모습으로 변화할지 알고 대비해야 하며, 실업 문제와 더욱 심화될 빈부 격차의 심화를 해결하는 것이 중요하다고 역설하기도 했다. 인공지능은 많은 부를 창출하겠지만, 이는 이미 투자할 자본이 있는 사람들에게만 돌아가게 된다. 불평등은 단순히 도덕적 문제가 아니라 사회의 지속가능성과 민주주의의 존속을 위협하기도 하는 사회의 큰 적이므로, 꼭 이를 미리 방지할 수 있어야 한다는 것이다.

집에 돌아오는 길

포럼을 통해 인공지능의 발전 가능성은 기술적인 부분보다도 결국 인간 가치의 이해, 소득 불평등 해소와 같은 우리 삶의 문제들과 밀접하게 관련되어 있다는 걸 알았다. 눈먼 기술의 진보는 결국엔 해가 된다. 나는 기술이 가치중립적이라고 생각했는데, 사실은 그렇지 않았다. 특히 미래 기술은 혹시 있을지 모를 맹점들을 미리 대비하는 것이 무척 중요하다는 것을 깨달았다.

이곳 포럼에서 학교에서 고민할 때는 몰랐던, 단순하지만 중요한 사실을 직시하게 되었다. 공학은 인간을 위한 것이다. 공학을 하는 사람들이 인간에 대한 이해와 애정 없이 맹목적으로 기술을 발전시킨다면, 오히려 그건 인류를 위험으로 이끌 수 있다. 테그마크와 러셀은 '좋은' 기술을 만들기 위해서는 유연하고 폭넓은 사고방식이 중요하다고 강조했다. 다양한 경험을 하고 좋아하는 것들을 마음껏 섞어 보고 뭐든 탐구해보는 건 쓸데없는 게 아니었다. 세상을 향한 호기심과 애정이 공학자로서의 길에도 도움이 될 거라는 생각을 가질 수 있었다.

기술은 분명 인간에게 다가가야 한다는 점에서, 과학의 대중화가 중요하다는 것도 배웠다. 과학도 좋아하고, 뭔가 만들거나 사람들과 이야기하는 것도 좋아하지만 한 번도 그 두 가지를 이어보겠다는 생각은 하지 않았다. 그런데 만약 과학이 대중화되지 않는다면, 기술과 관련된 다양한 사회 문제는 오롯이 공학자들끼리의 논의가 되어버린다. 미래를 상상하고 있을지도 모를 문제를 대중과 함께 논의하는 건 쓸데없는 일이 아니었다. 결론 없어 보이는 상상과 논의도 결국 앞으로의 연구에서 무엇이 필요한지 어떤 방향으로 나아가야 할지 지향점을 찾는 긴 과정의 일부라는 생각이 들었다.

그러고 보면 내 과학은 개념을 이해하고 문제를 푸는 데 급급했다. 과학을 좀더 확장해 보겠다거나 누군가와 나눠볼 생각을 해본 적이 없었다. 바쁘고 여유가 없었다는 핑계도 댈 수 있겠지만 사실은 필요성을 잘 몰랐다는 편이 맞을 것이다. 주어진 지식을 잘 받아들이고 소화하면 그만이었다. 그렇지만 진정한 공부의 모습은 강의에서 배운 개념을 바탕으로 계속 궁금해하고, 생각을 확장하고, 남들과 지식을 나누는 것에 더 닿아 있지 않을까. 전공과목을 공부하던 중 엄마가 뭘 배우냐고 궁금해할 때 "어차피 말해줘도 잘 모를 텐데"라고 생각하며 대충 대답한 기억이 떠올라 부끄러웠다.

내가 무언가를 많이 아는 대단한 사람은 아니지만 내 지식을 남들과 나누는 것만으로도 기술은 아주 조금 더 사람과 가까워지고, 세상은 과학기술의 미래에 대한 더 많은 생각을 품을 수 있을 것이다. 내가 속한 세계를 남들과 나눌 줄 아는 우물 밖 개구리가 되도록 노력해야겠다.

너에게만 알려주는 답사 꿀팁

언론사에서 주최하는 포럼이나 콘퍼런스는 문화일보의 문화미래리포트 말고도 TV조선의 글로벌리더스포럼, 한국경제신문의 Strong Korea 포럼, 매일경제신문의 세계지식포럼 등 그 규모나 종류가 매우 다양하다. 주제는 보통 홈페이지에 공개되어 있으니 관심 분야에 맞는 행사를 미리 찾아보자. 대학생을 위한 특별 할인이나 학교와의 제휴도 종종 있으니 학교 홈페이지에서 행사 관련 정보를 주의 깊게 살펴보는 것도 좋겠다. 특히 요즘은 뉴노멀 흐름에 맞춰 많은 행사가 온라인으로 개최되곤 한다. 평소라면 참가하지 못했을 국제 포럼에 참가할 길도 열려 있으니 값진 지식과 통찰을 얻을 좋은 기회다. 각종 행사 정보를 얻을 수 있는 사이트를 소개한다.

Global Information, Inc.(https://www.giievent.kr)
: 국제 콘퍼런스 및 전시회 정보 제공

조선비즈 컨벤션클럽(https://convention.chosunbiz.com)
: 각종 행사의 자료와 요약 및 향후 일정 제공

GHC 2019, 세상을 바꾼 여성 공학자들을 기리며

전산학부 16 **허미나**

GHC 2019에 참가하다

"Congratulations! You've been selected for the GHC Google Travel Scholarship."

"축하합니다! 귀하는 GHC 구글장학금 프로그램에 선발되셨습니다."

작년 10월 감사하게도 말로만 듣던 GHC에 참여할 기회가 주어졌다. GHC는 'Grace Hopper Celebration'의 약자로, 컴퓨터와 관련된 분야를 전공하는 여학생, 교수, 직장인, 기타 연구자 등 다양한 분야의 여성 공학자가 모이는 행사다. 행사명의 유래는 그레이스 호퍼(Grace Hopper)라는 인물로, 컴퓨팅 분야에서 '디버깅'을 대중화한 선구자다. 근래에는 공학 관련 업계에 종사하는 여성의 비율이 높아지고 있지만 전산 분야의 경우 특히 초창기에는 전적으로 남성만의 영역이라고 해도 과언이 아니었다. 이러한 시기에 그녀는 최초의 컴파일러를 개발하고 사람 언어를 이용한 최초의 데이터 처리 언어를 만드는 등 전산 분야 발전에 중대한 영향을 미쳤다. 은퇴한 이후에는 자신의 연구 경험을 젊은 청중을 대상으로 수백 회 이상 강연을 했는데 가르침에 재능이 있던 그녀는 일상 속의 비유로 컴퓨팅 개념을 쉽게 설명하여 대중화에도 힘썼다. 그녀가 타계한 몇 년 후부터 설립된 GHC는 그 업적을 기리고 가르침을 이어나가기 위해 지금도 힘쓰고 있다. ACM(Association of Computing Machinery)과 함께 이 행사를 개최하는 AnitaB.org 페이지를 방문해보면 이 단체가 컴퓨터 공학에 몸을 담고 있는 세계의 여성들을 연결하고 영감을 주며 지지하는 것을 미션으로 삼고 있음을 알 수 있다. 작년 GHC 2019는 미국 플로리다 올랜도에서 개최했다. 야자수와 호수가 어우러진 따뜻한 날씨의 도시는 참 아름다웠다. 올해의 행사가 코로나19 사태로 인하여 원격행사로 축소 진행되는 것을 고려하면 작년에 참가할 수 있어 참으로 운이 좋았던 셈이다.

아직 학부생에 불과한 내가 먼 미국에서 열리는 학회에 어떻게 참가하게 되었을까? 자비로 참가하는 일부를 제외하고는 대부분 다양한 회사나 학교의 GHC장학생으로 선발되어 참가한다. 구글, 페이스북, 마이크로소프트 등 다양한 회사에서 일부 직원을 대상으로 여행 경비를 제공하는 편이며 미국의 여러 유명 대학은 학교별로 대표단을 선발하여 참여하는 것을 볼 수 있었다. 나의 경우는 이전에 Google

We are at GHC 2019!

Women Techmakers 장학생에 선발된 적이 있어 관련 비용을 모두 구글에서 지원받아 참가하였다. 이처럼 25,000명의 참가자가 각기 다른 경로를 통해 오다 보니 세계 각지에서 온 다양한 사람들과 대화를 나누는 것만으로도 신선하고 의미 있는 경험이 되었다. 학부 생활 마지막 1년을 남겨놓고 다음 단계에 대해 여러 고민을 하던 시기에 귀한 기회가 주어져 감사했다.

신기술 소개의 장

3박 4일 내내 바쁜 일정 탓에 시차 적응을 걱정할 새도 없었다. 스위스 교환 프로그램에 참여하던 중 선발되었기 때문에 부랴부랴 준비해야 했다. 비자 없이 미국에 가기 위해서는 ESTA라는 단기 여행 허가가 필요한 사실도 몰라 뒤늦게 신청하고는 당일 새벽까지 조마조마하게 허가를 기다리던 기억이 아직도 생생하다. 유럽에서 미국까지 한참을 날아갔고, 또 공항에서 멀리 이동하여 겨우 목적지에 도착했다. 행사가 시작도 하기 전에 녹초가 되었지만 호텔에 도착하자마자 1년 만에 재회한 구글 장학생 친구들과 근황을 나눴다. 재작년 구글 싱가포르 오피스에서 만나 시간을 보내며 친해진 친구들이다. 다시 보기 어려우리라는 안타까운 마음으로 헤어졌는데 이렇게 호주, 일본 등 세계 각지에서 온 친구들을 다시 볼 수 있어 정말 반가웠다.

이튿날 시작된 본 행사는 주최자와 여러 여성 CEO들의 키노트 강연으로 막을 열었는데 Abie Awards에 오른 여성 리더들의 시상 또한 이루어졌다. 이후 프로그램은 여러 기술 강연과 논문 발표, 각 회사의 신기술 데모, 잡 페어 등에 자유롭게 참여하는 형식으로 진행되었다. 첫 공식 행사인 키노트 강연은 모두가 참여하는 세션이었는데 콘퍼런스장에 들어서자마자 압도되고 말았다. 수많은 사람과 카메라를 보며 새삼 내가 엄청난 행사에 참여하고 있음을 실감할 수 있었다. 이공계 공부를 하면서 항상 여자의 비율이 낮은 집단에만 속해왔는데 살면서 이렇게 많은 여성 공학자를 만날 일이 또 있을까 싶었다.

환영식이 끝나고 IT 관련 회사의 부스가 즐비한 곳으로 들어서자 회사마다 새로 나온 기술을 소개하고 있었다. 마이크로소프트의 부스에서는 Hololens 2를 써보며 혼합현실(Mixed Reality, MR)을 체험해볼 수 있었고, IBM에서는 Qiskit 팀이 양자 컴퓨팅 회로 문제를 푸는 일부 학생들에게 저녁 파티 티켓을 제공하기도 했다. 특히 구글의 살아있는 전설로 불리는 제프 딘도 직접 방문했는데 가까이서 못 본 것은 아쉽지만 정말 특별한 경험이었다. 오후부터는 각 기업의 채용 담당자들도 많이 보였는데 전 세계에서 학생들과 기업이 모이다 보니 어마어마한 규모의 공개 취업 설명회처럼 보이기도 했다. 당시의 나는 인턴 구직에 뜻이 없었기 때문에 편안한 마음으로 인터뷰 준비하는 이들을 구경했다. 아마도 멀리서 구직을 목표로 날아온 사람들에게는 간절한 기회였으리라.

강연을 들으며 자극을 받다

첫 번째 날 부스 체험에 초점을 맞췄다면 두 번째 날에는 강연을 많이 들으며 시간을 보냈다. 시대의 흐름에 맞춰 인공지능을 키워드로 삼은 프로그램이 눈에 띄게 많았으며 주로 각 대학의 교수나 박사과정 학생들, 또는 각 회사의 연구진이 최근 연구를 공유하는 형식이 주를 이뤘다. 워낙 규모가 큰 행사다 보니 같은 시간 다른 장소에서 진행되는 프로그램이 수십 개였다. 흥미진진해 보이는 구성의 프로그램이 워낙 많고 시간은 한정되어 있었기에 즐거운 고민을 하면서 탐방을 했던 기억이 난다. 내가 평소에 관심을 기울이던 접근성(Accessibility) 분야의 패널 강연 위주로 골라 들었던 것이 특히 유익했다. 접근성이란 사용자가 어떠한 제품이나 서비스에 접근해 편리하게 사용할 수 있는 정도를 뜻하는데 고령자나 장애인 등 소외되기 쉬운 사람들도 기술의 혜택을 누릴 수 있도록 고려하는 것이다.

가장 기억에 남는 세션은 SAS라는 회사의 접근성 전문가인 에드 서머스(Ed Summers)가 진행한 것으로 나는 그의 자기소개를 듣고 충격을 받았다. 그가 시각장애를 가진 소프트웨어 공학자였기 때문이다. 나는 시각장애인을 돕고 싶은 생각은 있지만 그들이 할 수 있는 일의 범주에 대해서는 편견이 있던 것은 아니었을지 신선한 자극과 반성하는 마음과 함께 찾아왔다. 서머스는 'Graphics Accelerator'라는 기술을 선보였는데 그래프와 같은 다양한 시각화된 데이터를 시각장애인들을 위한 형식으로 바꾸어주는 일을 수행한다. 특히 그래프의 곡선을 음악의 박자나 음정으로 표현하는 'Interactive Sophistication' 기능이 신선하게 다가왔다. 그래프는 단순히 정보를 시각적으로 전달하는 한 방법에 불과하며 다양한 비시각적인 경로에 대해서도 폭넓게 적용될 수 있다는 것을 깨달았다.

밤이 되자 IBM에서 주최하는 파티에 참여할 수 있었다. 양자 컴퓨팅 부스에서 회로 문제를 푼 일부 학생을 대상으로 티켓을 나누어주었는데 그 장소가 무려 유니버설 스튜디오였기에 기대를 잔뜩 안고 있었다. 역시나 큰 회사의 스케일은 남달랐고 상상했던 것 이상이었

큰 회사의 스케일은 역시 상상 이상이었다.

다. 밤 8시부터 12시까지 파크를 통째로 빌려 모든 것을 무료로 제공한 것이다. 이건 놀이기구를 타기 위한 대기 시간이 전혀 없다는 것을 뜻했다. 이런 게 바로 자본의 힘인가. 내리자마자 다시 뛰어 들어가서 타고, 지갑도 열지 않은 채 아이스크림, 추로스를 자유롭게 꺼내 먹던 기억은 지금 생각해도 꿈만 같다. 놀이공원이 아예 없는 나라에서 온 친구들도 적지 않게 있었는데 교육적인 시간 외에도 이러한 즐거운 경험을 함께 선사해준 주최 측에 감사한 기분이 들었다.

GHC 2019 참석이 나에게 남긴 것

빽빽한 스케줄을 소화하며 4일이 빠르게 흘러갔다. 새벽부터 일어나 강연, 기술 체험 등을 열심히 다녔고 밤이 되면 각 회사의 이벤트에 참여하며 즐겁게 지냈다. 중간에 이동하거나 대기하는 시간마저 새로 만나는 사람들과 관심 분야에 관해 이야기를 나누다 보니 돌아오는 비행기 안에서는 밥도 마다하고 깊은 잠에 빠졌더랬다. 옷 두어 벌만 들고 가볍게 미국으로 날아왔지만 돌아오는 길에는 온갖 선물과 기념품으로 가방 자리가 부족했다. 학회 같은 면도 있지만 컴퓨팅 분야의 여성들이 이룬 업적을 축하하는 의미도 큰 행사였기에 가는 곳마다 선물을 한 아름 받았던 기억이 난다. 지금도 잠옷으로 입고 있는 기념 티셔츠를 보면 그때가 다시 생생히 떠오르기도 한다. 기념품 이외에도 현업에서 종사하시는 분들의 직접적인 조언, 새로운 좋은 친구들, 틈날 때 메모해둔 여러 아이디어 등 얻어온 귀한 것들이 많다.

한 가지 아쉬웠던 점은 한국인 여학생을 찾아보기 어려웠다는 것이다. 세계 각국에서 수많은 여학생이 참가한 반면에 한국에서는 정말 극소수만 참여했으며 그중 나를 제외한 대부분은 미국 대학에 재학 중인 학생이었다. 아마도 한국에서 행사가 많이 알려지지 않고 경제적 지원의 기회가 적기 때문이리라. 아직 한국에서 여성 공학자의 커뮤니티가 크게 형성되어 있지 않고 소통이 적어 아쉽다는 생각이 들었다. 우리 학교의 경우 "레이디 버그"라는 이름의 전산학부 여학생 모임이 있는데 1년에 한 차례 'Ada Lovelace Day'에 모여 세미나 및

좀 더 많은 사람들에게 이 행사가 알려지길 바라며.

멘토링의 시간을 가진다. 이 모임 역시 앞으로 더 활성화되길 바라본다. 올해의 GHC는 행사 자체가 원격으로 진행되니 온라인으로 함께 참여하는 것도 좋은 활동이 될 것 같다.

이공계 분야에서는 학계와 산업계 모두 여성이 소수인 경우가 많다. 이것이 신체적인 차이의 영향을 받아서인지 사회적인 분위기에서 비롯된 것인지는 아직 논쟁이 많지만 고정관념 때문에 빛을 보지 못하는 이들이 존재하는 것은 분명하다. 대중매체에서 그리는 과학자의 상이 〈빅뱅 이론〉의 쿠퍼처럼 체크 남방을 입은 백인 남성, 소위 말해 '너드'인 것을 고려한다면 여성, 소수 인종 등에게 심리적 장벽은 결코 낮지 않다. 출산, 육아 등으로 인한 경력 단절이 발목 잡는 사회 제도적 요인 또한 걸림돌로 작용한다. 그동안 주목받지 못했던 이들을 불러들이기 위해서는 귀감이 되는 롤 모델을 제시하고 그 사회적 편견을 깨뜨려야 한다. 그 최전선에서 수만 명의 여성 공학도에게 특별한 경험을 선사하는 GHC 행사는 다양성이 존재하는 사회를 위해 매년 투자하고 있는 셈이다. 21세기 현시대에 컴퓨터 공학자는 미래를 디자인하는 중요한 역할을 수행한다. 여성과 소수 인종, 장애인 등이 이 직업을 가지며 소속감을 느끼고 편안하게 일할 때 비로소 진정한 모두를 위한 기술이 쏟아져 나오리라 믿는다. 세계의 여성 과학자에게 영감을 줬던 호퍼의 말을 인용해본다.

> "Humans are allergic to change. They love to say, 'We've always done it this way.' I tried to fight that."
> "사람들은 변화에 알레르기가 있다. '우리는 늘 이 방식대로 해왔어'라고 늘 말한다. 나는 이에 맞서기 위해 노력했다."

4일간의 GHC 2019 행사는 아주 특별했고, 이 경험을 통해 나는 많은 긍정적인 자극을 받았다. 컴퓨팅 분야의 최신 트렌드를 접할 수 있었고, 무엇보다 자신의 연구나 일에 자부심을 가진 수많은 여성 멘토를 만나면서 다시금 나의 미래에 대한 다짐을 되새기는 계기가 되었다. 조언을 구하는 청중에서 언젠가 마이크를 잡은 연사가 된 나를 상상해보기도 했다. 공학자로서 많은 사람에게 긍정적인 영향을 미치는 기술을 연구하기 위한 책임을 느꼈으며 동시에 여성으로서, 동양인으로서, 선천적 질환을 가진 한 사람으로서 나의 행보가 먼 훗날 다른 이들에게 용기를 북돋아 주는 멋진 일이 생기기를 기대해본다.

너에게만 알려주는 답사 꿀팁

1. 등록비, 경비를 위한 다양한 장학금

주최 측에서 제공하는 장학금 이외에도 다양한 기업에서 전 세계 학생들을 위한 펀딩을 제공하고 있다. 모집 시기가 비교적 이르고 조기에 마감되니 내년 행사에 참여하려면 미리 지원해보자.(https://ghc.anitab.org/scholarships-2/)

2. 인턴십, 구직

Job Fair에서는 FAANG (Facebook, Apple, Amazon, Netflix, Google) 이외에도 각종 글로벌 기업과 유망한 스타트업 등이 구인활동을 펼친다. 미국에서 일할 수 있는 워크 퍼밋이 없으면 아시아 지사에서 인턴 자리 등을 제공하기도 하니 가능성을 열어두자. 이력서(CV)를 여러 장 인쇄해서 리크루터에게 나누어주는 학생도 많고 운이 좋으면 on-site 코딩 인터뷰로 바로 이어질 가능성도 있으니 인턴 자리에 욕심이 있다면 철저히 준비하는 것이 좋다.

3. 소셜라이징, 여행

아침부터 저녁까지 바쁜 일정이지만 프로그램 외적인 부분에서도 꼭 많이 누리길 바란다. 줄을 서면서 만난 여러 사람과 관심 분야 등을 공유하며 친해지는 것도 좋다. 행사 자체도 볼 것이 정말 많지만 플로리다라는 도시도 자주 올 수 없는 곳이니 체력을 비축해 틈틈이 구경하러 다니자!

4. 옷차림

인터뷰를 목적으로 참가한 사람들은 정장을 챙겨오는 것이 좋다. 아니라면 세미포멀 정도로 부담 없이 준비하는 것으로 충분하다. 엄청난 규모의 행사장을 끊임없이 걸어 다니고, 줄을 서야 하므로 편안한 신발은 필수다.

CES를 통해 AI와 함께할 미래를 엿보다

전기및전자공학부 16 **손채연**

CES가 뭐지? 내가 미국에 간다고?

누구나 어릴 적 미래를 그린 영화를 보면서 한 번쯤은 꿈꿔봤을 것이다. 정말 저런 기술들이 우리가 살아 있을 때 나오게 될까? 저런 미래에 살면 어떨까? 또 나의 경우에는 저런 기술들을 직접 만들어보고 싶다고 막연히 생각했던 것 같다. 그런 꿈을 갖고 카이스트 전자과에 온 나에게 미래기술을 엿볼 수 있는 CES는 너무나 매혹적인 기회였다. Customer Electronics Show의 약자인 CES는 미국 라스베이거스에서 매년 열리는 세계 최대 규모의 소비자 가전 전시회로 삼성, 구글, 아마존 등의 거대 글로벌 기업부터 수많은 벤처나 신생기업이 그들의 최신 기술을 선보이는 곳이다. 매장에 가도 볼 수 없고 뉴스로만 접할 수 있던 신기술들을 직접 체험할 수 있어 공학도에게는 꿈 같은 곳이다. 그런 만큼 학과에서 학생들을 CES에 보내주는 기회는 모두가 원하는 황금 사과와도 같았기에 지원할 때도 많은 기대를 하지 않았다.

물론 이왕 하는 거 잘해보자는 마음으로 열심히 자기소개서를 쓰고, 발표 면접을 위한 프레젠테이션 파일을 준비하기는 했다. 하지만 아쉬웠던 면접 분위기 때문에 반쯤은 포기하던 중 최종 합격 소식을 듣게 되어 생애 첫 미국행이 확정되었다.

처음 함께 방문단으로 뽑힌 사람들을 만난 날 자기소개를 했는데 단순한 동경으로 지원했던 나와 달리 뚜렷한 목표가 있는 다른 사람들을 보며 약간 위축됐다. 교수님들께서 관심 분야로 조를 나누어 둘러보고 내용을 공유하자고 하셨기에, 자율주행, 바이오 헬스, 인공지능이라는 세 개의 주제로 조가 나뉘었다. 그중 인공지능팀에 속하게 되었는데 사실 인공지능 분야는 다른 주제들과도 교집합이 있는, 거의 CES 전체 분야를 아우른다고 할 만큼 범주가 크다. 그랬기에 조원들의 관심사 위주로 온디바이스, IoT, AR/VR로 세부 토픽이 정해졌으며 나는 AR/VR 분야의 조사를 담당했다. 하지만 친구들과 달리 지식보다는 흥미만 앞섰던 나로서는 어디서부터 조사해야 할지도 막막했고 학교에서 준 큰 기회를 제대로 활용하지 못할까 걱정이 들기 시작했다.

다행히 조원들의 도움으로 방향을 잡아가며 VR과 인공지능의 결합, 회사들의 위치, 주목할 만한 기술 등을 정리해나가고 있었지만 다시 한계에 부딪혔다. 인터넷만으로는 겉보기에 비슷해 보이고 정보를 얻기조차 어려운 작은 회사들도 너무 많아서 구체적인 계획을 세울 수가 없는 것이었다. 그렇게 충실한 조사로 걱정을 덜어내려는 시도는 실패했지만, 너무나도 넓은 CES 전시장 때문에 어차피 완벽한 계획은 있을 수 없다는 사실을 받아들이고 나니 오히려 마음 편하게 미국으로 출발할 수 있게 되었다.

처음 미국에 발을 내딛는 과정은 생각만큼 설레지 않았다. 오랜만의 장시간 비행이라 잔뜩 긴장한 채로 보낸 12시간 비행은 사람을 초연할 수 있게 해줬다. 입국 심사를 앞두고 열심히 대답할 것들을 외울 때야 정말 이곳이 미국임을 실감하게 되었는데 맙소사 세관신고서를 갖고 내리지 않은 것이다. 약간은 아찔했던 소동을 통해 오히려 심사관이 상상만큼 무섭지 않다고 느끼며 살짝 들뜬 상태로 공항 밖으로 첫걸음을 내디뎠다. 그리고 첫 감상은 낮의 라스베이거스는 그저 사막일 뿐이라는 것이다. 물론 밤의 라스베이거스는 최고였지만 말이다. 미국이라는 대륙이 주는 흥분을 가진 채 다음 날이 되었고 패기를 갖고 입성한 전시장에서 바로 엄청난 사람과 규모에 압도되었다. 그래도 꿋꿋이 3일 동안 바닥에서 졸도할 정도로 열심히 돌아다닌 결과 많은 것을 보고 생각하게 되었다.

대기업에서 선보인 미래의 모습

우리 삶에 본격적으로 도입될 인공지능 기술들을 크게 보면 집, 도시, 산업 현장으로 분류할 수 있었는데 이번에 대기업들이 개념적인 부분보다 실질적으로 소개한 대부분 기술은 스마트홈과 관련되어 있었다. 현재도 사용하는 IoT 냉장고나 세탁기 같은 가전들부터 8K TV,

생활 보조 로봇, 사소하게는 현관문과 집안 조명까지. 우리가 꿈꿔왔던 미래의 집은 정말 코앞에 다가와 있음을 실감할 수 있었다.

CES 전시회에서 가장 눈에 띄었던 것은 단연 중앙 홀을 입장하자마자 볼 수 있었던 LG의 디스플레이 터널과 중앙 홀에서 가장 독보적인 크기를 자랑하는 삼성의 부스였다. 가장 사람이 많이 몰린 이 두 개의 부스에서 소개된 많은 기술이 상당히 비슷한 결을 띄고 있었던 것이 또 흥미로웠다. 나에게는 CES가 두 회사의 격돌지로 보이기까지 했다. 각자의 독보적 기술이 가미된 디스플레이, 자율주행차뿐 아니라 가전들까지 많은 분야에서 비교할만했다.

물론 회사마다 강조한 부분은 약간 다르긴 했다. 삼성이 그들의 기술력이 생활 모든 분야에서 활용될 수 있다는 '삼성 시티'의 개념을 강조했다면 LG는 더 편안한 집을 강조한 것을 확인할 수 있었다. 특히 이 차이가 도드라졌던 부분이 두 회사의 자동차였다. 삼성이 5G와 연결되어 차에서도 마음껏 인포테인먼트를 즐길 수 있게 하는 '스마트 조종석'에 대한 기술을 선보였다면 LG는 이동 수단도 집처럼 휴식하고 즐길 수 있는 공간이 될 수 있다는 'Anywhere is home'이라는 자율주행차 개념을 선보였다. 이는 사람들의 주거 공간이 더는 고정된 집이 아니게 될 수도 있음을 시사했는데, 집 자체를 사랑하는 나 같은 집순이에게는 매력적이지 않았지만 교수님들을 비롯해 많은 이들에게 꽤 매력적인 아이디어로 보인 듯했다. 이외에도 LG는 구매하려는 옷을 가게에 가보지 않아도 실제 신체 스캔 아바타에 입혀보는 기술, 식물 냉장고, IoT 현관문, 세탁기 등을 대표적인 기술로 보이며 "가전은 역시 LG"임을 보였다. 또, 삼성은 앞서 말했듯 그들의 공간을 하나의 도시처럼 꾸미고 자율주행차 외에도 일상 관리 로봇, 사운드바, 벽면 크기의 대형 스크린, 디지털 캔버스 등 다양한 기술들을 소개했다.

소프트웨어 기반 회사인 구글과 세계적 규모의 온라인 쇼핑몰인 아마존이 이번 가전, 즉 하드웨어 전시회에서 큰 부분을 차지한 것도 인상적이었다. 우리나라에서는 덜하지만 전 세계 음성 인식 인공지능 업계에서는 압도적인 점유율을 지닌 아마존의 알렉사와 세계의 모두가 사용하는 구글에서 제공하는 구글 어시스턴트를 기반으로 하는 전시를 각각 선보였다. 스위치 같은 일상의 모든 가전부터 자동차까지 모든 것을 음성 인식 인공지능과 연동시켜 서로 통신하여 음성만으로도 통제할 수 있게 한 IoT 개념을 선보였다. 구글은 심지어 구글 어시스턴트가 탑재된 실제 운영 가능한 모노레일까지 선보였다. 이들의 참여로 점점 가전의 범위가 인공지능과 함께 확장되고 있는 것을 볼 수 있었다.

그 외에도 수많은 벤처기업, 대학 연구실 등의 부스를 볼 수 있었다. 대기업들이 전반적인 분야에 기술을 가지고 미래에 대한 콘셉트를 선보였다면, 벤처들은 그들만의 창의적인 아이디어가 담긴 기술들을 소개했다. 식물을 더 효율적으로 키우기 위한 인공지능 라이트, 꿈을 조작해주는 기계, 실제 안경만큼 가벼운 AR 글라스, 반려동물에게 간식을 챙겨주는 로봇 등 정말 다양한 주제를 각자의 아이디어로 만들어낸 기술들을 보며 모든 곳에 인공지능이 있는 생활이 정말 코앞까지 다가와 있음을 알게 되었다.

5G와 인공지능이 보여주는 미래 사회

스마트홈과 달리 스마트 시티는 주로 콘셉트로 제시되었는데 이는 물론 전시 공간의 제약도 있지만 5G 네트워크가 이제 시작 단계이며 단순 핸드폰 통신이나 집 내부에서의 통신과는 규모가 다른 도시 단위의 통신을 위해서는 훨씬 복잡하고 안정적인 5G 기술들이 필요하기 때문이다. 대표적인 스마트 시티 기술로는 자율주행으로 대표되는 스마트 모빌리티와 디지털 시티 플랫폼 등이 있으며, 특히 모빌리티가 정말 많이 소개됐다. 덕분에 예전과 달리 많은 자동차 회사가 참여해서 CES 2020은 모터쇼라는 말이 나올 정도였는데, 대부분 회사가 자율주행이나 스마트 전장, 새로운 디자인 정도에 집중했다면 현대는 '플라잉카'라는 아예 새로운 형태의 이동 수단을 소개해 크게 눈에 띄었다.

온전한 자동차를 선보인 대기업들과 달리 벤처 쪽에서는 주행 보조를 위한 인공지능 기술들을 많이 선보였는데, 더욱 빠른 성능의 도로선이나 물체 인식, AR로 사용자가 인식하기 더 쉽게 제공하는 내비게이션, 운전자와 동승자 감시 시스템 등의 기술들을 볼 수 있었다. 또 눈에 띄는 점은 서울시에서 스마트 시티라는 타이틀로 상당히 큰 부스를 운영하며 대표적인 아이디어로 디지털 시민 시장실을 소개했다. 시민들 모두가 서울시의 실시간 현황을 확인할 수 있으며 CCTV를 실시간 확인하고 문제 발생 시 통제할 수 있다는 것이다. 5G가 도시 단위 네트워크에서 본격 상용화된다면 인공지능까지 도입되어 정말 사람 없이도 실시간으로 문제 상황을 통제하고 해결할 수 있는 시대가 멀지 않겠다는 생각이 들었다.

마지막으로 산업 현장의 대부분이 기계화되었지만 인공지능이 도입됨으로 더욱 사람의 힘이 필요 없어진 현장을 확인할 수 있었다. 문제 상황에 대한 해결책이나 최적의 설계도 인공지능이 해낼 수 있으며, 생산 현장에서는 사람의 행동을 인식해, 하는 일을 도와주는 협업 로봇도 다양하게 개발되었고, 전체적인 공장 시스템을 통제 방법까지 다양하게 제시되었다. 그 외에도 수많은 농경용 로봇, 거대한 건설 현장을 관리하기 위한 드론 등 많은 산업 분야에서 인공지능이 적용된 것을 보며 점점 산업 현장에서 인간이 보이지 않는 시대가 어렵지 않게 그려졌다.

CES가 끝난 뒤

CES에 오기 전까진 우리나라 안에서 우리나라가 IT 강국이라고 하는 것이 혹시라도 우물 안 개구리 같은 생각일까 걱정했다. 하지만 이번 기회에 큰 자부심을 느낄 수 있었다. 중앙 홀에서 가장 공간을 차지하면서, 사람들로 북적거렸던 두 부스가 모두 우리나라의 회사였다. 그 외에도 크고 작은 수많은 한국 기업, 연구실, 벤처 회사와 만날 수 있었다. 심지어 많은 연구원이 우리가 카이스트 학생인 걸 알고는 친근하게 대해줘 더욱 큰 자부심을 느낄 수 있었다. 처음에는 엔지니어가 아닌 대학생이라 실제 소비자를 대상으로 하는 전시인 이곳에서 친절함을 기대하긴 어렵겠다고 생각했다. 그런데 대부분 우리를 엔지니어처럼 대해주었다. 이때의 경험이 공학자의 꿈을 키워나가던 나에게 좋은 자극이 되었다. 그동안 막연히 위축되어 있었는데 점점 이 공간에서 동기부여와 목표가 생겼고 자신감을 가지게 되었다. 마지막 날에서야 좀 더 적극적으로 질문도 하게 되어 하루만 더 전시를 볼 수 있으면 좋겠다는 아쉬움이 들었다.

미래를 엿본다는 건 너무나도 매력적인 동시에 많은 생각을 하게 만들었다. 처음엔 너무 다양한 기술에 압도되었고 대부분이 상당 경지에 도달한 것을 보며 내가 앞으로 무엇을 더 해낼 수 있는지 의문까지 생겼다. 하지만 그곳에서의 대화들은 내가 앞으로 나아갈 방향과 미래에 기술이 가져올 문제들을 생각해보게 했다. 우리 생활의 모든 것이 인공지능화되면 인간의 삶은 그 어느 때보다 편하고 윤택해질 것이다. 심지어 더는 직접 일할 필요가 없는 시대가 올 수도 있다. 인공지능은 점점 똑똑해지고 그런 상황에 익숙해진 인간은 점점 머리를 덜 쓰게 될 것이다.

이번에 삼성에서 선보인 가상 인간 '네온'은 놀라울 정도로 실제 인간과 비슷해서 언젠간 정말 인공지능이 사람을 대체할 수도 있겠다는 생각이 들기까지 했다. 이런 미래가 인간을 일에서 해방할지 낙오시킬지는 알 수 없기에 공학자로서 인간으로서 어떻게 받아들이고 준비할지 고민하게 되었다. 또 IoT나 스마트 시티 플랫폼 등 손쉽게 통제할 수 있는 사회는 반대로 통제당할 수 있다는 사실을 계속 경계해야 한다는 생각도 들었다. 이번 코로나19 사태로 인해 이미 충분히 국가가 개인의 모든 것을 파악하고 추적하여 통제할 수 있음을 모두가 알게 되었다. 하지만 기술은 멈추지 않고 계속 발전할 것이다. 그렇기에 사회 전체도 함께 이런 상황을 고민하고 의식하며 법률 제정 등으로 많은 것을 준비해야 할 것이다. 나 또한 그런 사회의 구성원으로서 또 그러한 미래를 그려나갈 사람으로서 윤리 의식과 책임감을 느끼고 끊임없이 고민하고 노력하는 공학자가 될 것이다.

너에게만 알려주는 답사 꿀팁

무엇을 생각하든 규모가 그 이상이라 확실한 관심 분야, 방문할 곳과 그렇지 않을 곳, 각 전시실 내부, 외부에서의 동선과 전시실 간 동선 등 확실하게 계획을 세우고 가야 한다. 질문을 적극적으로 할수록 많은 정보를 얻을 수 있으며, 최대한 많은 자료를 챙기고 여러 방식으로 기록해야 어디를 다녀왔는지 기억할 수 있다. 짐이 많이 생기므로, 가벼운 가방을 갖고 오거나 여러 부스에서 선물로 뿌리는 가방·쇼핑백을 챙기는 게 좋다. 또 12월쯤 CES 앱이 출시되니 다운로드하면 좀 더 편리하다. 참고로 전시실 내부의 식사는 맛없고 엄청 비싸니, 여유가 된다면 주변의 맛집이나 전시실 밖 푸드 트럭을 방문하길 바란다. 마지막 날은 미리 문 닫는 부스도 많기에 이 점을 참고해서 계획을 잘 세워 답사하길 바란다.

예술로 들어온 생명과학
: 앞만 보는 과학기술에 던지는 경고

생명과학과 17 **박예린**

바이오와 예술의 특별한 만남, 2018 대전 비엔날레 : 바이오

카이스트 학생 홍보대사 단체인 카이누리에 소속되어 활동하던 2년 전의 일이다. 우리는 카이스트 홍보지인 '카이스트 비전'을 계절마다 출간한다. 당시 나는 대전의 명소를 직접 가서 체험해보고, 주로 고등학생인 독자들에게 소개하는 코너인 '피크닉'의 취재를 맡았다. 한참 고민하다가 예술에 관심이 많은 독자를 위해 대전 시립미술관을 소개하면 좋겠다는 생각이 들었다. 때마침 대전 시립 미술관에서 '2018 대전비엔날레'의 전시가 예정되어 있었다. 대전비엔날레는 과학과 예술의 융합을 목표로 하는 격년제 예술 프로젝트로 2018년의 주제는 '바이오'였다. 생명과학과인 나에게는 정말 안성맞춤인 주제였다.

그렇게 생명과학과 동기인 친구와 함께 대전 시립미술관으로 취재하러 갔다. 바이오와 예술의 융합이라는 독특한 주제를 어떻게 표현했을지 가슴이 두근거렸다. 전시실에 입장한 관람객을 제일 먼저 맞이하는 것은 비디오아트의 거장 고 백남준의 '프랙탈 거북선'이다. 고철 덩어리를 차곡차곡 쌓아둔 듯한 이 조형물은 이름처럼 거북선의 형상을 하고 있다. 가까이서 보면, 오래된 브라운관 텔레비전에서 의미를 알 수 없는 영상이 무질서하게 나타났다가 사라진다. 이 작품은 348대의 낡은 텔레비전, 전화기, 축음기, 폴라로이드 카메라, 토스터, 라디오 등을 이용해 제작되었으며 1993년 대전 엑스포 당시 전시되기도 했던 작품이다. 원래는 우리나라에서 두 번째로 큰 조형물이지만 공간적인 한계로 인해 축소 전시를 하고 있었다. 다행히 현재는 작품을 원형대로 보존하기 위해 복원 작업을 거쳤으며, 2021년에는 전용 전시관이 완공되어 그곳으로 이전할 예정이라고 한다. 축소된 모습이라고 해도, 미술관의 얼굴답게 독창적인 작품이었다.

예술을 통해 엿보는 바이오 기술의 현주소, 바이오 미디어와 디지털 생물학

중앙홀을 통해 첫 번째 바이오 비엔날레의 첫 번째 전시실인 바이오 미디어 관에 입장했다. 먼저 눈에 띄는 것은 형형색색의 배양접시와 빨간색의 LED였다. 바이오 아트의 선구자인 앵커(Suzanne Anker)의 작품들이다. 그녀의 작품 중 하나인 〈배양 접시 속 바니타스〉는 배양 접시 안에 붉은색 꽃과 초록색 이파리, 형형색색의 버섯과 호랑이 무늬의 나비 등을 마치 콜라주처럼 붙여놓은 모양이었다. "그런데 왜 제목은 '배양 접시 속 바니타스'일까?"라는 의문이 들어 용어의 의미를

대전 시립 미술관 입구에 전시된 백남준의 프랙탈 거북선.

찾아보았다. 바니타스는 17세기 네덜란드에서 유행한 정물화의 한 장르이며 라틴어로 허무와 덧없음을 의미한다. 비싼 과일과 화려한 꽃, 그릇을 그린 정물에 '허무'라는 이름이 붙다니 아이러니하다. 하지만 여기에는 당시 역사적 배경과 사람들의 생각이 담겨있다. 17세기 유럽은 흑사병과 종교전쟁 등의 비극적인 사건들과 맞물려 있었다. 부와 명예를 누리던 사람들조차 질병과 전쟁의 비극을 피할 수 없었고 죽음이라는 공평한 결말을 맞는다는 사실을 깨닫은 것이다. 당시 사람들이 비싼 사치품과 꽃들을 그리며 '덧없음'을 연상한 이유가 여기에 있다. 그래서 이 바니타스 정물화에는 주로 죽음을 상기시키는 해골이 같이 그려져 있다. 앵커는 배양접시 안에 진짜 유기물을 담아 바니타스를 재현했다. 배양접시 안의 꽃과 벌레들도 결국 유기물이기에

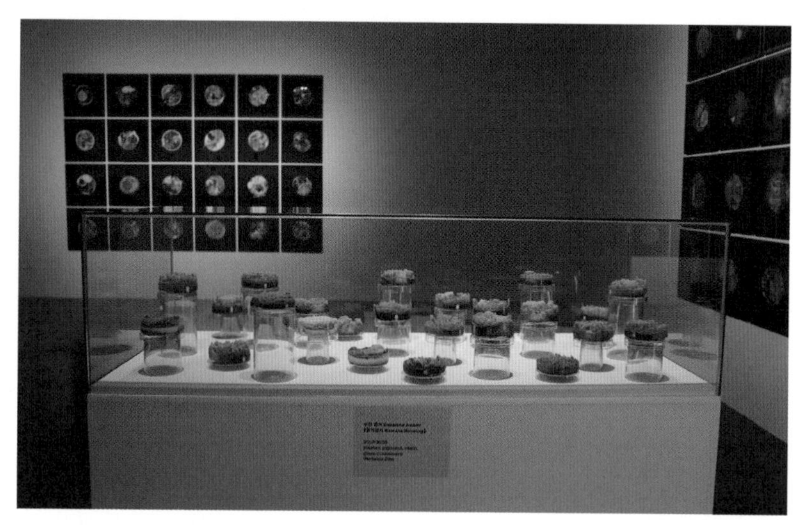

앵커, 배양 접시 속 바니타스와 원격 감지.

영원하지 못한 허무한 존재이기 때문에 '바니타스'라고 이름을 붙이지 않았을까 싶다. 그저 꽃이 담긴 배양접시였던 것이 제목의 뜻을 알고 보니 다르게 보였다.

앵커의 또 다른 작품, 〈원격 감지〉는 언뜻 보면 배양 접시에 형형색색의 무언가가 가득 차 있어 〈배양 접시 속 바니타스〉와 비슷해 보인다. 그러나 바니타스와 다르게 접시 안에 든 것은 실제 생명체가 아닌 생명체를 스캔해 3D 프린팅한 조각이다. 영원하지 못한 것, 허무한 것을 기술을 통해 영원한 것으로 재탄생 시킨 것이다. 생각해보면 21세기에는 그렇게 대단한 일도 아니다. 우리는 이미 인공 장기를 만들어 내고, 사람 대신 로봇이 일하는 시대에 살고 있다. 영원하지 못했던 것이 기술로 영원해질 수 있는 것이다. 심지어 과학기술은 인간의 수명을 계속 연장하면서 죽음이라는 순리에 정면 돌파하려 애쓰고 있기도 하다.

왼쪽 벽면에는 이름 모를 얼굴 조각상들이 전시되어 있었다. 해그보그(Heather Dewey Hagborg)의 〈스트레인져 비젼스〉다. 이 조각상들은 거리에서 누군가가 씹고 버린 껌, 버려진 담배꽁초, 머리카락에서 추출한 DNA로 재현한 유전 정보 주인의 얼굴이다. 유전공학 기술의 발달로 우리는 범죄 현장에 남겨진 머리카락을 통해 범인의 정체를 밝힐 수 있고, 잃어버렸던 아이를 내 친자식인지 확인할 수도 있다. 매우 유용한 기술이지만 머리카락 한 올만 흘려도 어떻게 생겼는지 파악할 수 있다니 소름 끼치는 일이다. 핸드폰 번호, 주민등록번호와 같은 개인정보가 인터넷을 통해 유출되는 것에는 경각심을 가지고 있지만 유전 정보를 보호해야 한다고 생각하는 사람은 드물다. 이미 기술은 사람들의 생각을 한참 앞서 있는데 그 부작용에 대한 준비가 부족하지는 않았나 생각했다.

두 번째 전시실의 테마는 '디지털 생물학'이다. 이 전시실에서 가장 눈길을 사로잡았던 것은 비즐리(Philip Beesley)의 〈빛나는 토양〉이다. 칠흑처럼 까만 방과 대비되는 빛나는 유리 구조물을 보자마자 그 아름다움에 저절로 탄성이 나왔다. 정교한 유리 구조물은 천장에 매달려 방을 가득 채우고 있었다. 거꾸로 매달린 야자수처럼 보이는 이것은 인간의 신경 세포인 뉴런을 형상화했다. 긴 유리 구조의 끝엔 깃털 같은 돌기들이 있는데 마치 뉴런의 축삭 돌기처럼 보인다. 모양뿐 아

비즐리의 <빛나는 토양>

니라 행동도 뉴런과 비슷하다. 축삭 돌기를 향해 손을 뻗자, 거대한 유리 뉴런이 날갯짓하듯 사뿐히 움직였다. 자극에 즉각적으로 반응하는 뉴런이 연상되었다. 이 구조물은 동작 추적과 터치 감지기 기능을 포함하고 있어서 사람의 움직임에 따라 특정한 반응이 유도된다. 〈빛나는 토양〉의 작가 비즐리는 종합 예술가이자 건축가로 살아 있는 건축물 분야의 선구자이다. 그가 목표로 하는 것은 인간과 유기적으로 소통하고 환경에 친화적인 건축물을 만드는 것이다. 건축물이 생명체들과 같이 행동할 수 있다면 어떤 세상이 펼쳐질지 상상하게 되었다.

더 오래, 더 건강하게 살고픈 인간의 욕망, 불로장생의 꿈

3관의 이름은 '불로장생의 꿈'이다. 1관과 2관이 생명과학과 예술의 융합에 집중했다면 3관부터는 생각할 거리가 많은 작품이 등장했다. 헤인즈(Agi Haines)의 〈변모〉는 기억에 남는 작품 중 하나다. 신생아 모형이 전시실 가운데에 있어서 호기심에 다가갔다가 깜짝 놀랐다. 아기들의 머리가 괴물처럼 이상하게 변해 있고 귀 옆에 구멍이 뚫려 있는 아기도 있었기 때문이다. 헤인즈는 인간의 신체 기능을 향상할 방법을 생각하고 적용하여 모형을 제작했다. 이 아이디어들은 이후 세대에 닥칠 문제에 대응하기 위한 작가의 상상력에서 출발했다. 예를 들어 귀 옆에 있는 구멍은 약물의 효과적인 흡수를 위해 의도적으로 만든 것이라고 한다. 그 밖에도 수영이나 달리기를 잘할 수 있도록 공기저항을 최소화한 입체적인 얼굴의 아기, 천식과 알레르기를 줄이려고 가운뎃발가락을 제거한 아기 등이 나란히 누워 있었다. 인간이 좀 더 편리하게 살기 위해 나름대로 방법을 찾은 것일 텐데 섬뜩하게 느껴졌다. 머지않은 미래에 인간을 자유자재로 디자인할 수 있게 될지도 모른다.

데메르(Louis Philippe Demers)의 〈블라인드 로봇〉은 시각장애인의 움직임을 흉내 낸 인공 팔이다. 로봇 팔 앞의 의자에 앉자 센서가 관람자를 인지하는 것인지, 로봇 팔이 움직여 내 볼을 어루만졌다. '인공 팔을 이식받은 사람이 내 볼을 만지면 이런 느낌이겠구나'라고 생각했다. 왠지 모르게 현실적이어서 아름답지 않고 불편했던 3관이었다. 인간은 로봇이 인간의 모습과 흡사하면 로봇에 대해 느끼는 호감도가 증가하다가 어느 영역에 도달하면 갑자기 로봇에 대한 강한 거부감을 느끼게 되는데, 이 영역을 불쾌한 골짜기라고 한다. 그때 보았던 성형된 신생아와 로봇 팔에서 불쾌한 골짜기를 느꼈던 것 같다.

생명을 향한 책임의식의 부재, 〈인류세의 인간들〉

마지막 〈인류세의 인간들〉은 인간의 욕망이 초래한 문제점에 대해 경고의 메시지를 던지는 작품들로 구성되어 있다. 인류세란 인간이 환경에 큰 영향을 끼친 이후부터의 지질시대를 표현하는 용어이다. 정확한 시점은 없지만 대기의 변화를 기준으로 하면 산업 혁명 이후라고 한다. 지질 시대별로 그 시대를 대표하는 상징인 화석이 있다. 캄브리아기의 삼엽충, 석탄기 지층의 방대한 석탄, 쥐라기의 공룡 화석 등이 그 예이다. 인류세를 주장하는 학자들은 인류세를 대표하는 물질로 방사성 물질, 대기 중의 이산화탄소, 플라스틱과 콘크리트를 뽑는다. 심지어는 한 해 600억 마리가 소비되는 닭고기의 닭 뼈를 인류세 최대의 지질학적 특징으로 꼽는다고 한다. 미래의 생명체는 방사성 물질과 플라스틱과 닭 뼈로 이 시대를 구분하게 되리라 생각하니 정말 충격적이었다. 인류세라는 용어에 인간이 지구에 남긴 커다란 흉터를 비판적으로 보는 견해가 담겨있는 것이다.

〈과잉의 에코시스템〉은 이러한 견해를 가장 잘 보여주는 작품이다. 작가 욜다스(Pinar Yoldas)는 태평양 쓰레기 섬의 플라스틱에 이때까지 본 적 없었던 새로운 박테리아가 출현했다는 소식을 듣고 플라스틱을 소화할 수 있는 기관을 가진 생명체를 디자인했다. 자연 선택설에 따르면 환경에 적응하지 못하는 생물은 도태되고 우연히 돌연변이가 나타나 환경에 살아남을 수 있는 형질을 가진 생명체만이 자연의 선택을 받는다. 인간은 지구를 너무나도 빠르게 변화시키고 있다. 이대로라면 정말 플라스틱과 방사성 물질, 중금속을 분해할 수 있는 생물이 출현하겠다는 강한 예감이 들었다. 인간이 만든 극한 환경에서 선택받으려면 이러한 진화는 필연적이다. 인간조차도 인간이 앞으로 만들어갈 새로운 환경에 적응하지 못하면 도태될 것이다. 인간이 인간을 멸종의 길로 몰아놓고 있는 것은 아닐까.

너에게만 알려주는 답사 꿀팁

대전 시립 미술관은 과학과 예술의 융·복합을 위해 2000년부터 <대전FAST> <프로젝트대전> 등 국제적인 규모의 비엔날레를 개최해 왔다. 특히 2018년 대전 비엔날레에서는 카이스트, 기초과학연구원, 한국화학연구원, 한국생명공학연구원 등 대덕연구개발특구의 인프라와 직접적으로 협력하여 진정한 융합을 이루어냈다. 2년마다 열리는 대전 비엔날레의 다음 주제는 무엇일까? 과학과 예술을 사랑하는 사람이라면 다음 전시를 기대해보아도 좋을 것 같다. 과학을 바라보는 새로운 시각을 얻을 수도 있고 예술적 영감을 가득 받을 수도 있으니 말이다.

한반도가 들려주는 과학 이야기

- 내 고장 부여, 역사의 흔적에서 과학을 찾다
- 냄새나는 광주천은 이제 그만
- 우도가 품은 자연의 신비
- 자연 그 자체의 아름다움, 순천만
- 속동 전망대의 황홀한 저녁
- 용천수에 담긴 제주의 삶과 자연
- 전기 없이도 작동되는 초대형 냉장고, 경주 석빙고
- 경복궁에서 세월이 빚은 과학을 찾다
- 식물들의 보금자리, 그린 카이스트
- 똥 싸다 마주친 그대, 과학

idea

내 고장 부여,
역사의 흔적에서 과학을 찾다

신소재공학과 17 **김은영**

집 앞의 역사에서 찾는 과학

"이곳은 우리의 문화재를 찾기 위한 발굴조사 현장입니다. 출입을 제한합니다."

놀이터 대신 드넓은 논밭이 펼쳐져 있고, 고층 아파트와 빌딩 대신 키 작은 건물이 줄지어 있는 이곳은 내가 3년 전부터 살고 있는 충청남도 부여다. 집 근처에서 꽤 자주 볼 수 있는 이러한 안내 문구는 서울에서 나고 자란 나에겐 지금도 마냥 신기하기만 하다. 그만큼 부여는 언제 어디에서 백제 역사의 한 획을 그을 만한 유물과 유적이 나올지 모르는 지역이다. 그도 그럴 것이 아주 가까운 거리에 정림사지오층석탑이나 낙화암, 궁남지와 같이 이름만 들어도 역사 내음이 물씬 나는 곳이 있으니 말이다. 그러다보니, 가끔씩 가족들과 함께 저녁을 먹고 이곳으로 산책을 하곤 한다.

작년 가을 중간고사를 마치고 본가에 내려갔을 때다. 날이 좋아 국립부여박물관을 찾게 되었다. 부여에 3년 가까이 살면서도 박물관에 가본 것은 이때가 처음이었다. 그 정도로 무심했던 나 자신이 무색하게도 마당에는 각종 석탑과 불상이 자리하고 있었다. 전시관에 있는 무수한 유물도 내 눈을 사로잡았다. 그동안 역사책에서만 봐온 탓에 멀게만 느껴지던 문화재들이 눈앞에 펼쳐진 순간, 나는 새로운 사실을 발견했다. 각종 유물 · 유적이 만들어져 역사의 흔적이 되고, 그 흔적이 모여 천 년 넘게 보존되어 지금의 내가 접하기까지, 이 모든 과정에 과학의 손길이 무수히 닿아 있다는 깨달음 말이다.

백제금동대향로, 그 꼿꼿한 자태에 담긴 원리

부여의 능산리 백제 시대 절터에서 출토된 '백제금동대향로'를 국립부여박물관에서 마주할 수 있었다. 백제 시대에 제일 유명한 유물을 꼽으라면 나를 포함한 많은 사람이 백제금동대향로를 꼽을 것이다. 부드러운 능선이 이루는 산에는 거문고, 북, 완함, 배소, 종적을 연주하는 다섯 악사를 비롯하여 신선, 새 그리고 짐승 들이 어우러져 있다. 이 산이 둘러싸고 있는 향로의 꼭대기에는 한 마리의 봉황이 고고한 자태를 뽐내며 앉아 있어 신령스러운 느낌을 주기도 한다. 화려한 듯하면서도 백제의 우아한 멋을 느낄 수 있는 이 향로는 가히 백제를 대표하는 유물이라 할 수 있겠다.

아름다운 백제금동대향로를 찬찬히 살펴보다보니 그 구조가 참으로 독특하다고 느꼈다. 향로는 크게 제일 상단의 봉황, 뚜껑(상부), 몸체(하부), 관 그리고 받침으로 이루어져 있다. 뚜껑으로 된 상부에 용 모양의 장식이 결합해 있고, 하부에는 기다란 관과 받침이 연결되어 있어 상하부가 전체의 약 80%를 차지하는 구조다. 당시에 대체 어떻게 가냘픈 관과 받침만으로 커다란 상하부를 지탱하는 구조를 설계할 수 있었을까?

현대에 이 향로를 X선으로 분석하자 향로가 치밀한 과학적 설계에 따라 완성되었음이 드러났다. 알고 보니 몸체와 연결된 간주(竿柱)관은 몸체와 함께 주조된 것이 아니라 따로 제작되어 몸체에 접합되었다. 즉, 중앙에 상하로 된 관이 있고 하부에는 원반으로 연결된 중간 부품이 하부와 받침의 접합을 강화하기 때문에 더욱 안정적으로 지탱할 수 있는 것이다. 또한 받침은 용이 한 다리를 치켜들고 꼬리와 나머지 3개의 다리를 이용하여 용트림하는 자세를 취하고 있다. 그 사이사이는 파도 문양, 연화 문양, 소형의 구 등이 자리를 잡아 하나의 연결된 원형 굽을 이루면서도 받침 중 용의 발목에 해당하는 세 개의 지점만이 바닥에 닿게 하였다. 이 3개의 지점은 정삼각형을 이루고 있어 효율적으로 하중이 분산되기 때문에 기울지 않고 꼿꼿한 자태를 유지할 수 있었다.

이렇게 금속 공예의 아름다움이라는 관점에서만 조명되었던 작품을 과학의 측면에서 고찰해보니 더 흥미진진했다. 과학이 그 시대 제작자들의 사고를 더 깊이 있게 들여다볼 수 있게 해준 게 아닌가?

그뿐만 아니라 X선에 의해 상부에서도 백제인의 미적 감각이 담긴 설계를 찾아볼 수 있었다. 용 모양의 상부 장식은 단순한 장식이 아니라 가슴 부분에 작은 배연구 2개가 뚫려 있는 형태다. 이 배연구는 용으로부터 보주(용 장식이 서 있는 동그란 부분)에 이어, 상부의 뚜껑까지 연결된다. 즉 향을 피웠을 때 향연이 봉황의 가슴에서 솟아오르는 효과를 연출하여 신비롭고 신성한 느낌을 주게 된다. 그리고 이는 뚜껑과 상부 장식의 결합이 더 단단해지는 효과도 낳는다.

백제금동대향로의 외관을 완성한 수은 아말감 기법

백제금동대향로의 독특한 도금 기법도 눈에 띄는 부분이다. 백제시대의 청동기는 대부분 납이 들어 있는 것이 일반적인데 이 향로는 독특하게 납이 전체 성분의 0.07% 정도로 거의 들어 있지 않다. 그 이유는 '수은 아말감 기법'으로 도금하기 위해서였다. 이 기법을 사용하기 위해서는 납의 함량을 되도록 줄여야 하므로 구성 성분을 바꾸었다. 수은 아말감 도금법이란 금과 구리를 수은에 녹인 뒤 이를 금속 표면에 도금하는 방법이다. 적은 열을 가해도 이 혼합물이 점성을 가지게 되어 금을 비교적 쉽게 입힐 수 있다는 데에서 과학이 빛을 발한다. 또한 두께가 0.5~0.6㎝ 정도로 고르게 도금될 수 있다. 이는 상온에서 액체로 존재하는 수은이 금속 원소들을 잘 용해하는 용매의 성질을 띠고 끓는점이 2,970℃인 금에 비해 수은은 357℃ 정도로 매우 낮아 쉽게 증발하기에 가능한 것이다.

수은 아말감 기법은 시간이 지날수록 점점 발전하여 새 기술의 단단한 기초가 되었다. 고려 시대에는 수은에 주석과 아연을 섞은 주석 아말감 도금법으로, 조선 시대에는 금동 아말감 도금법으로 이어졌다. 현재는 전기 분해를 이용한 도금법이 이용되지만, 당시의 금-구리를 수은에 녹인 아말감 도금법은 현재의 아말감 도금 기법으로도 재현하기 어렵다고 한다. 특히 유럽에서는 이러한 아말감 기법이 중세 시대에 들어서야 본격적으로 사용되었다는 데에서 우리 조상들의 획기적인 금속 도금 기술을 확인할 수 있다.

사자(死者)의 외로움을 달래는 고분 벽화의 빛깔

박물관을 벗어나 사비도성 뒤편으로 조금만 더 가다보면 넓은 들판 위의 능산리고분군을 만날 수 있다. 백제 사비 시기의 무덤으로 알려진 능산리고분군은 총 여섯 개의 무덤으로 구성되었다. 가장 먼저 볼 수 있는 1호 무덤의 이름은 동하총(東下冢)이다.

세 개의 무덤이 2열로 배치되어 있는데 각각 동하총, 중하총, 서하총, 서상총, 중상총 그리고 동상총이라는 이름이 붙었다. 생소한 이름이지만 잘 곱씹어보면 이는 각 무덤의 위치에 따라 붙여진 간단한 명칭임을 알 수 있다. 동쪽 아래에 위치한 동하총은 그 가운데서도 최고 수준의 규모와 역사적 의미를 자랑하는 특별한 무덤이다. 누구의 무덤인지 정확하게 알 수는 없지만 유물의 가치로 보아 백제의 왕 또는 왕족의 무덤이었을 것으로 추정하고 있다고 한다.

바로 옆에 위치한 '능산리고분군 아트뮤지엄'에서는 내부 출입이 금지된 실제 무덤의 내부 모습부터 옛 능산리고분군의 발굴 현장, 일제강점기 때 부여 나성의 모습 등을 다양한 사진과 3D 홀로그램, 증강현실 기술로 만날 수 있다. 그중 동하총의 내부 전경에서는 빨간색, 갈색, 노란색, 하얀색, 검은색 등 다양한 색이 무덤 안을 수놓고 있는 것을 볼 수 있다. 심지어 빨간색과 갈색은 널방 안의 모든 벽면에서 발견되었다. 물감이라는 것이 없었을 당시에 어떻게 이러한 다양한 색깔을 만들어낼 수 있었던 것일까?

비밀은 안료의 재료와 그 입자의 크기에 있다. 국립부여박물관의 설명에 따르면 빨간색은 수은을 주성분으로 하는 진사(辰砂, HgS)를 사용하여 만든 색이고, 갈색은 산화철(FeO)이 다량 함유된 석간주를 사용했다고 한다. 노란색은 황토를, 검은색은 탄소가 검출된 것으로 보아 먹을 이용한 것으로 추정된다. 또한 무덤에서는 진한 청색과 연한 청색이 공존하는 벽화도 발견된다. 이는 같은 안료라도 입자의 크기에 따라 다른 색을 내게 되기 때문이다. 안료는 색을 내는 물질을 갈아서 만들게 되는데 일반적으로는 입자가 작을수록 분산성이 커지기 때문에 착색력이 더 크다. 하지만 너무 입자가 작으면 표면적이 커지기 때문에 입자들이 분산하기보다 서로 응집하기 쉬워진다. 이렇게 되면 착색력이 더 작아지므로 크기를 잘 조절할 수 있는 기술이 필요하다. 또한 작은 입자는 굴절률이 낮아져 투명성이 커지기도 한다.

그렇다면 1,500여 년이나 지난 지금 그 당시에 사용된 안료가 무엇이었는지 어떻게 알 수 있었을까? 여기에는 보존과학의 비밀이 숨어 있다. 색상별 안료 입자에 사용한 안료의 종류를 파악하기 위해 전자현미경에 부착된 에너지 분산형 분광계를 이용하여 주요 성분을 검출한다. 샘플에 전자 빔을 주사하면 원자 안의 전자가 에너지를 흡수하여 들뜬 상태가 된다. 이 들뜬 상태의 전자가 다시 안정화되면서 특정한 파장의 X선을 방출하는데 이 X선은 물질마다 고유한 에너지 값을 가진다. 따라서 검출기로 X선을 수집하고 세기별로 분류하면 어떠한 성분을 가진 입자로 이루어져 있는지 알게 된다.

당시 화공은 색을 내는 입자를 분류하고 그 크기를 조절할 수 있는 기술로 색의 밝기를 조절해 무덤을 칠했을 것이다. 이들의 노력을 알고 나니 이토록 섬세한 빛깔의 무덤이 더욱 아름답다. 칙칙할 줄로만 알았던 무덤에 이렇게 다양한 색을 넣은 백제 사람들의 생각은 무엇이었을까? 아마도 그 안에서 혼자 남아 있을 사자(死者)의 외로움을 조금이나마 덜어내고자 함은 아니었을까 하는 생각이 든다.

무너지지 않는 고분의 비밀

능산리고분군에서 가장 먼저 축조되었다고 알려진 2호분 중하층에서는 아치형으로 마무리된 천장을 발견할 수 있다. 무령왕릉에서 발견되는 아치형 천장을 닮은 탓에 무령왕의 아들인 성왕이 매장되었을 가능성이 있다고 한다. 실제로 구조도 무령왕릉과 유사하다. 하지만 무령왕릉에서는 벽돌이, 중하총에서는 장대석이 재료로 사용되었다는 점이 다르다. 어떻게 무덤에 아치형 천장이 가능한 것일까? 그리고 어떻게 다양한 크기와 모양의 돌들을 접착제도 없이 이어붙일 수 있었을까?

여기에는 사다리꼴과 빗면의 비결이 이용된다. 돌을 사다리꼴 형태로 만들게 되면 위쪽이 좁고 아래쪽이 넓어서 돌의 어느 쪽이든 빗면이 된다. 이 빗면을 잘 이용하면 큰 힘을 얻을 수 있는데, 사다리꼴 모양의 돌을 둥글게 놓으면 비스듬히 기운 빗면이 서로 밀어내기 때문에 밑으로 떨어지지 않게 된다. 또한 돌의 두꺼운 부분의 무게 때문에 서로 맞닿은 빗면이 더욱더 강하게 붙으면 그 강도가 점점 세진다. 이러한 원리로 아치형 천장을 가진 중하총은 그 엄청난 세월 동안 무너지지 않고 그 모습을 지키고 있다.

무너지지 않는 고분의 비밀

눈앞에 둔 역사의 현장을 과학적으로 바라본 적이 있는가? 우리가 접하는 모든 문화재는 알고 보면 당시의 제작 기술부터 후대에 발굴, 보존, 분석되는 그 순간까지 과학이 낳은 산물이다.

이에 나는 백제의 꿈과 미래를 고스란히 담은 아름다운 부여를 역사의 현장이자 과학의 현장으로 소개하고자 한다. 이곳에서 마주할 수 있는 백제 시대의 문화재들로 당시의 과학기술이 얼마나 발전해 있었는지 가늠해보자. 아마 생각지도 못했던 우리 조상의 놀라운 지혜를 발견할 수 있을지도 모른다.

날이 좋은 요즘, 문화재에 관심과 애정을 가지고 부여를 둘러보며 여기에 또 어떤 과학적 원리가 숨어 있을지 찾아보는 시간을 가지는 것은 어떨까? 그리고 그 이전에, 일상 속에서 나를 둘러싸고 있는 많은 것들에 담겨 있을 과학을 찾아내는 기쁨을 경험해보는 것은 어떨까?

너에게만 알려주는 답사 꿀팁

부여를 여행하고 싶은데, 어디를 가야 할지 모르겠다면? 또 걷는 것보다 편하게 여행하고 싶다면? 그렇다면 부여 시티투어를 추천한다! 부여군 문화관광 홈페이지(tour.buyeo.go.kr)에서 돌아보고 싶은 테마를 정해 시티투어를 예약할 수 있다. 버스를 타고 명소 곳곳을 돌아다니며 문화관광해설사의 설명을 함께 즐길 수 있다. 역사를 공부하거나 유유자적하기에 좋으며, 먹거리도 풍부한 부여를 조금 더 알차게 둘러보기를 바란다.

냄새나는 광주천은 이제 그만

전기및전자공학부 14 **오용희**

'냄새'로 악명 높은 하천을 다시 찾은 까닭

강은 인류와 밀접한 관련이 있다. 세계 4대 문명도 농업에 알맞은 비옥한 땅과 풍부한 물이 있는 큰 강 주변에 생겼으며 옛날 삼국시대에서도 고구려 · 신라 · 백제가 서로 한강 유역을 차지하기 위해 싸우는 등, 강은 역사적으로나 경제적으로나 큰 의미가 있다. 비록 제3차 산업혁명에 들어서 인류의 생활 방식이 농경 중심을 벗어나면서 예전만큼의 의미를 갖지는 않지만 서독의 경제부흥을 뜻하는 '라인강의 기적', 우리나라의 경제부흥을 뜻하는 '한강의 기적'과 같이, 강은 문명 혹은 나라를 대표하는 대명사 역할을 하기도 한다.

서울을 대표하는 한강처럼 광주광역시를 대표하는 강으로 광주천이 있다. 광주 동구의 용추계곡을 발원지로 하며 광주 시내를 통과해 영산강에 합류하는 강이다. 조선 시대 때는 조탄강이라는 이름으로 불렸던 광주천은, 지금과는 달리 매우 폭이 넓고 수량이 풍부했다. 폭이 가장 길었던 곳은 약 300m로 현재의 10배 이상이었다고 한다. 일제강점기인 1919년, 조선총독부의 방침으로 '광주를 지나는 강'이라는 뜻의 광주천으로 개명되었고, 그 뒤 1926년 직강화 사업으로 강폭이 많이 줄어들었다.

여기서 직강화 사업이란 구불구불한 하천에 인공제방을 쌓아서 주변을 정돈해 물길을 직선 모양으로 만드는 공사를 말한다. 이후 1970년대 광주천의 주요 지류를 덮어 도로나 시장을 만드는 복개 사업이 본격적으로 진행되면서 이 지류들은 하수구가 된다. 거기에다 도시인구가 증가하면서 생활폐수가 점차 늘어나, 오염 속도가 빨라졌다. 결국 모든 구간이 악취가 나는 개울 수준의 좁은 강으로 바뀌었다.

약 14년 전 지금의 광주 집으로 이사 왔을 때 동생과 근처 광주천변을 걸었던 적이 있다. 강변을 따라 산책로가 잘 정비되어 있고, 앉아 쉴 수 있는 벤치나 공원에 있을 법한 간단한 운동기구들이 설치되어 주민들이 가볍게 산책을 즐길 만한 공간으로 충분했다. 하지만 그런 시설에 비해 수질 상태가 정말 심각했다. 수질 등급을 확인하지는 않았지만, 육안으로 봐도 확실히 깨끗한 물이 아니었으며 무엇보다 악취가 정말 심했다. 그렇게 '냄새나는 하천'이라는 인식이 박혀 있기에 집에서 매우 가까운데도 최근까지 전혀 근처에 가지 않았다.

그러다가 코로나19로 인해 어쩔 수 없이 집에 오게 되었다. 한 달 정도 집에만 있으며 수업을 들으려니 답답해서 운동도 할 겸 광주천 쪽으로 나갔다. 광주천의 모습은 2006년 때나 지금이나 꽃이 좀 많아진 점을 제외하곤 크게 달라진 게 없어 보였다. 하지만 사람들이 광주천을 외면했던 고질적인 문제인 악취는 정말 많이 개선되었다. 강 근처에만 가도 진동하던 악취가 없어졌다. 물론 코로나19의 여파로 사람들이 많지는 않았지만 그것만 아니라면 사람들이 많이 찾을 만한, 꽤 잘 꾸며진 장소가 되었다. 올해는 교내에 핀 벚꽃을 보지 못해 아쉬웠는데, 이렇게 집 가까운 곳에 멋진 벚꽃이 핀 산책로가 있으니 기분이 무척 좋아졌다. 그렇게 벚꽃을 구경하다가 문득 광주천 수질 개선을 위해 어떤 노력을 했는지, 그 노력에 쓰인 과학적 기술이 궁금해졌다.

오염된 물은 저절로 깨끗해지지만……

우선 강물 오염의 원인을 한마디로 요약하자면 '자정 작용의 허용치를 초과한 오염 물질의 유입'이라고 할 수 있다. 여기서 자정 작용이란 자연 생태계에서 인간이 어떠한 처리행위를 하지 않아도 공기나 물에 포함되어 있는 오염 물질이 스스로 정화되는 현상을 말한다. 이 현상의 원인은 물리적 · 화학적 · 생물적 작용 등 3가지로 설명할 수 있다. 예를 들어 오염된 공기를 희석하는 바람, 대기오염 물질을 씻어내는 비 그리고 오염된 공기를 여과하는 나무를 떠올려보자. 물에서의 자정 작용은 희석 · 확산 · 침전 등의 물리적 작용과, 산화 · 환원 · 흡착 · 응집 등의 화학적 작용, 마지막으로 수중의 여러 가지 미생물에 의해 분해되는 생물적 작용을 예로 들 수 있다.

이런 자정 작용이 있음에도 강물이 오염되는 이유는 자정 능력에 한계치가 있기 때문이다. 이런 자정 작용이 잘 유지되냐 안 되냐는 하천의 수질 개선을 어떻게 진행할 것인지 결정할 중요한 요소다. 이를 판단하는 지표가 자정 계수다.

$$f = \frac{\text{재폭기 계수}}{\text{탈산소 계수}} = \frac{k_2}{k_1}$$

이 계수가 1보다 크면 자정 작용이 잘 유지가 된다는 뜻이다. 반대로 1보다 작으면 수질 오염이 가속화되고 있다는 의미다. 자정 작용에 따라 유기물이 미생물에 의해 분해되면서 수중의 용존산소가 소비되고, 용존산소의 농도가 감소하면서 삼투압 작용으로 공기 중의 산소가 하천으로 공급된다. 이런 현상을 '재폭기'라고 한다. 자정 계수 f를 나타내는 식에서 분모인 '탈산소 계수' k_1은 미생물이 정화 작용을 하는 데 산소가 소비되는 속도를 뜻하고, '재폭기 계수'인 k_2는 공기 중의 산소가 하천에 녹아드는 속도를 의미한다.

쉽게 말해 강물의 수질을 개선하기 위해서는 소비되는 산소의 양을 줄이고(k_1), 공급되는 산소의 양을 늘리면(k_2) 된다. 여기서 k_1을 줄인다는 말은 유기물의 양, 즉 하천에 유입되는 오염물의 양을 줄인다는 의미다. k_2를 늘린다는 말은 하천에 유입되는 산소의 양을 늘린다는 뜻인데 이때 공기와 하천이 닿는 면적을 넓히기 위해 하천의 너비는 넓게 수심은 얕게 하는 것이 바람직하다. 또한 유속이 빠르거나 물길의 기울기가 커지면 역시 공기와 닿는 면적이 증가하여 유입되는 산소의 양이 많아지므로, 하천 바닥에 자갈이 많은 편이 고운 모래로 되어 있을 때보다 난류가 잘 일어나 k_2 값이 더 커진다고 한다.

그러나 자정 계수로만 하천의 자정 능력을 판단할 수는 없다. 예를 들어 온도가 증가하면 액체의 공기 용해도가 낮아지므로 이로 인해 재폭기 계수도 낮아져 f가 낮아질 것으로 예상하기 쉽다. 그러나 오히려 미생물의 활동이 활발해져 유기물 분해를 촉진하므로 k_1의 값이 줄고, 결과적으로 자정 계수는 커진다. 이렇듯 모든 상황에 들어맞지는 않지만, 하천의 오염 이유를 쉽게 설명할 수 있고 어떤 행동이 수질 개선에 도움을 줄 수 있는지 판단할 척도로는 충분하여 지표로 널리 쓰이고 있다.

자정 계수를 통해 바라본 광주천

광주천의 변화를 자정 계수의 측면에서 보면 어떻게 해석할 수 있을까. 우선 광주천의 강직화 사업과 복개 사업 전과 비교해서 강폭이 눈에 띄게 줄어든 점에서 수면과 공기 사이의 접하는 면적이 매우 줄어들었다고 말할 수 있다. 단면적이 클수록 물질이 잘 용해되는 것은 일상생활에서도 쉽게 관찰할 수 있다. 각설탕을 커피에 섞는 것과 가루 설탕을 커피에 섞는 것과 비교할 때를 보더라도 물질의 용해에는 단면적이 큰 역할을 한다.

구불구불한 강의 물길을 일직선으로 만들어 유속이 많이 증가했지만 이로 인해 면적이 줄어들었고, 복개 사업으로 훨씬 더 면적이 줄었다. 재폭기 계수가 감소되었으니 결과적으로 자정 계수가 감소한 셈이다. 또 광주천으로 흘러오는 여러 지류가 하수구로 바뀌고 도심의 인구증가로 생활폐수량이 늘어나면서 광주천으로 유입되는 오염 물질이 늘어났다. 미생물은 오염 물질을 분해하는 정화 작용을 하면서 물속의 산소를 쓰게 되는데, 이 속도가 점차 빨라지면서 탈산소 계수가 증가했으니 결국 자정 계수가 감소하는 결과를 낳은 것이다.

광주광역시를 포함한 여러 단체에서는 오염 문제를 해결하기 위해 갖가지 노력을 해왔다. 우선 광주시는 '광주천 살리기'라는 이름 아래 2006년부터 지금까지 꾸준히 개선 사업을 벌이고 있다. 그중에서 가장 우선하는 것이 '수량 확보'다. 실제로 우리나라 각 지역의 많은 하천에 물이 마르는 건천화 현상이 나타나고 있다. 기후변화로 강수량이 줄어든 영향도 있지만 도시화로 인해 토양이 물을 잘 흡수하지 못해서 그렇다는 의견도 있다. "토양에 흡수되지 않으면 하천의 수량이 더 많아져야 하지 않느냐?"라는 반문도 있지만, 비가 내릴 때 일시적으로 강의 수량이 증가한 것일 뿐 비가 내리지 않으면 물 부족 현상은 더 심해진다.

이를 해결하기 위해서 2017년까지 하수처리장에 정화된 물을 공급했다. 그러나 이 방법은 악취 문제를 더욱 악화하는 결과를 낳았다. 특히 비가 오면 악취가 더 심해져 많은 민원이 들어왔다. 결국 하수처리장에 정화수를 공급하는 것은 중단되었고, 광주천 유지용수 공급시설에서 매일 평균 3만여 t의 물을 광주천에 공급하고 있다. 전체 수량의 증가로 오염 물질의 양이 상대적으로 줄어들면서, 탈산소 계수가 감소하고 자정 계수가 증가하게 된다. 수질 개선에 가장 눈에 띄는 효과를 볼 수 있는 작업이지만 비용이 상당히 많이 든다.

2013년에는 'EM 흙공 던지기 행사'도 시행되었다. 약 40명이 EM 흙공을 광주천에 던졌다. 여기서 'EM'은 Effective Microorganisms의 줄임말로 유용 미생물군의 약자다. 유산균, 광합성균, 효모균을 주로 하여 인간과 환경에 유익한 미생물을 조합 · 배양한 미생물 복합체를 뜻한다. 철과 식품의 산화를 방지하고 공기정화에 효과가 있으며, 물에 넣으면 미생물들이 물에 섞인 오염 물질을 제거하여 수질 개선에 큰 도움을 준다. 물론 절대적인 수량의 증가 없이 이런 행동을 하면 미생물이 사용하는 수중의 산소의 양이 증가하면서 공기 중에서 물로 들어오는 산소의 양을 초과하게 된다. 하지만 매일 평균 약 3만t의 물이 공급되어 미생물이 오염 물질 분해에 쓸 산소의 양도 충분해진다.

물론 흙공 조금 던졌다고 눈에 띄는 변화를 찾기는 힘들 수 있다. 하지만 충분한 수량 공급이 사시사철 항상 유지된다는 보장도 없다. 급격한 기후변화로 재앙적인 가뭄이 장기간 이어질 수도 있고, 댐에서 물을 보관하고 일일이 공급해야 하므로 전기에너지 사용이 불가피한데 일시적인 정전 혹은 에너지 부족으로 공급이 중단될 수 있기 때문이다. 그러므로 수량 공급을 맹신하여 관리를 소홀히 하는 것보다는 EM과 같은 대비책을 마련해두는 것이 매우 중요하다.

서울은 한강 광주는 광주천!

올해 1월부터 광주천이 국가 하천으로 승격되었다. 물론 광주천 전체가 승격된 것이 아니라 전체 약 20㎞ 길이에서 12㎞ 길이만 국가 하천으로 승격되고, 나머지 부분은 그대로 지방하천으로 남았다. 그동안 광주광역시는 부족한 지방재정으로 관리에 어려움을 겪었지만, 올해 국가 하천이 되면서 재해 예방을 위한 치수 사업비와 하천 유지 관리비를 국비로 지원받아 전보다 효율적이고 체계적으로 관리할 수 있게 되었다. 초기의 광주천에 비하면 모습이 많이 바뀌었다. 한동안 관리를 잘 하지 못해서 사람들이 기피하는 장소였지만, 앞으로는 지금처럼 열심히 관리해 서울의 한강처럼 아름다운 문화공간으로 거듭났으면 좋겠다.

너에게만 알려주는 답사 꿀팁

광주천은 꽃구경하기에 좋은 곳이다. 특히 벚꽃과 유채꽃이 만개하는 4월 초, 해바라기 꽃이 피는 7~8월에 방문하는 것을 추천한다. 또 광주천을 시작으로 영산강까지 긴 자전거도로가 잘 정비되어 있다. 평소 자전거를 즐겨 탄다면 꼭 방문하길 권한다. 다만 자전거를 탈 때 지켜야 할 규칙이 있으니, 그것만 잘 숙지한다면, '꽃길만 달리는' 즐거운 자전거 라이딩이 될 것이다.

우도가 품은
자연의 신비

생명과학과 18 **김하경**

제주에 담긴 나의 시간

복작복작한 서울을 떠나 제주도로 내려온 지 10년째. 두 번째 고향에 익숙해졌을 즈음 나는 대학교에 입학하여 대전에서 기숙사 생활을 하게 되었다. 학기 중에는 자주 집에 가지 못해 늘 제주의 향기가 그리웠는데 코로나19로 인해 한 학기를 제주 집에서 보내게 되어 좋았다. 어렸을 때부터 자연과 가까이 지내다보니 자연스레 숲과 바다를 좋아하게 되었다. 고등학교는 한라산 숲속에, 우리 집은 해변 바로 앞에 있으니 산과 바다를 모두 품은 푸르른 풍경을 보며 자라왔다고 말할 수 있다. 제주도에서 살면서 보고, 겪고, 느낀 수많은 자연 속에는 나의 모든 학창 시절이 담겨 있다. 제주도 어디를 가나 추억을 담은 이야기가 하나씩은 있는 셈이다. 그중에서도 나에게 가장 의미 있는 장소는 제주의 아기 섬, 우도다.

우도의 첫인상, 아름다움

나의 첫 우도 방문은 여름방학을 맞아 가족들과 함께 간 여행이었다. 성산 일출봉에서 배를 타고 20분 정도 들어가다보면 소가 누워 있는 모습을 한 우도에 도착한다. 선착장에 내려 조금 걷다보면 서빈백사 해수욕장이 보인다. 제주도에 살면서 사면으로 둘러싸인 예쁜 바다를 수없이 봤지만 단연코 우도바다를 이길 수는 없었다. 얼마나 물이 맑고 투명하던지 '청정'이라는 말이 절로 떠올랐다. 그 모습은 마치 하얀 원피스를 입은 채 순수하게 웃으며 뛰노는 어린아이 같았다. 새하얀 백사장에 티 없이 맑은 물이 일렁이는 모습에 내 마음도 감동의 물결에 일렁였다. 과장하는 것처럼 보일지 모르지만 내가 태어나서 본 바다 중에 제일 예뻤고 그 화사함은 지금도 잊을 수 없다.

"자연은 정말 위대하구나!" 하며 한참을 감상하고 있는데, 무언가 이상했다. 발아래로 모래도 돌멩이도 아닌 아닌 아주 기묘한 모양의 무언가가 해변 전체에 깔려 있었다. 미로처럼 구멍이 뚫려 있고 가지각색의 모양을 한 그 하얀 것이 무엇인지 참 궁금해졌다. 나는 해변에 꽂혀 있는 안내판에서 그 정체를 알 수 있었다. 그것은 바로 홍조 단괴였다. 수십, 수백 년의 시간을 거쳐 홍조류가 딱딱하게 석회화되면서 만들어진 것인데, 석회화는 홍조류가 스스로 탄산칼슘을 만들어내어 이것이 굳게 되는 현상이라고 한다. 딱딱하게 굳은 홍조 단괴가 파도와 조류에 의해 깎이고 다듬어지면서 해안으로 밀려오고, 이것이 쌓이고 쌓여 만들어진 해변이 서빈백사다. 모래와 자갈 대신 홍조 단괴가 해변을 이루고 있는 그 모습은 너무나도 독특하고 진귀한 광경이었다. 자연이 만들어낸 작품에 신선함과 놀라움을 느낀 순간이었다.

홍조 단괴의 신선함을 뒤로한 채 부지런히 다음 코스인 우도봉으로 걸어 올라갔다. 화산섬인 제주도와 같이 화산 폭발로 만들어진 우도의 분화구로, 높은 봉우리인 만큼 우도를 한눈에 담을 수 있는 곳이었다. 우도봉에 도착했을 때 제일 먼저 눈에 띄었던 것은 다름 아닌 봉수대였다. "봉수대가 왜 여기에?"라는 의문이 들었지만 이내 사람이 사는 곳이니 있는 것이 당연하다는 생각이 들었다.

지금의 스마트폰과 같이 통신 수단으로 사용되던 봉수대는 역사 속 과학의 산물이기도 하다. 불과 연기를 통해 다른 지역과 정보를 주고받으며 혹시 모를 침략으로부터 우도와 우도 주민을 지켰다. 조선 시대 때 만들어진 것으로 추정되는 우도 봉수대는 4·3사건이 일어나던 1940~50년대에도 사용되었다고 하니 조금은 친근하게 느껴지기도 했다. 우도봉을 내려오니 해가 조금씩 지고 있었다. 낮에 보았던 서빈백사의 아름다움과 신비함, 우도봉에서 우연히 만난 봉수대는 우도의 맛보기 정도였다. 짧은 시간이었지만 우도는 나에게 아주 강렬한 첫인상을 남겼다.

우도의 진가, 살아 있는 실험실

시간이 흘러 고등학교 2학년 때 자연 탐사 연구 활동을 위해 우도를 다시 방문하게 되었다. 때마침 5월, 날씨가 아주 환상적이었다. 탐사 전 조원들과 우도를 조사하던 중 흥미로운 점을 발견했다. 우도에는 해수욕장이 많이 있는데 모두 다른 특징을 가지고 있다는 점이었다. 우리는 이 궁금증으로부터 시작된 '우도 내 해수욕장의 모래 특징과 주변 지형 연관성에 대한 연구'를 진행하기로 했다.

탐사 장소로 선택한 장소는 서빈백사, 검멀레, 하고수동 해수욕장 세 곳이다. 지질구조를 기반으로 우도의 미래 지형 예측해보고자 파도의 침식작용, 해수면 높이, 암석의 종류, 지형, 모래 성분 등을 측정하는 것이 연구의 목표였다.

첫 번째로 찾아간 곳은 서빈백사 해수욕장이었다. 우도 첫 방문에서 한눈에 반해버린 서빈백사 해수욕장을 연구 목적으로 다시 오니 느낌이 남달랐다. 우리는 놀고 싶은 속마음을 꾹 누른 채 열심히 탐사에 집중하기 시작했다. 가만히 있어도 땀이 뻘뻘 나는 무더운 날씨에 넓은 해변을 몇 번이고 왕복하면서 탐사하는데 너무 힘들었다. 멀리서도 눈에 잘 띄는 주황색의 탐사복을 입고 경사를 측정하기 위해 해변에 엎드려 있는 내 모습이 조금 부끄럽기도 하고 사람들의 시선에 민망해지기도 했다. 지금은 탐사에 열중했던 우리의 모습이 새삼 멋있게 느껴진다.

서빈백사 해수욕장의 탐사가 끝난 후 두 번째로 간 곳은 검멀레 해수욕장이다. 푸르고 하얗던 서빈백사와 정반대의 이미지를 가진 해변이었다. 이름 그대로 검은 모래의 해수욕장이었는데 높이 솟은 절벽이 해변을 둘러싸고 있는 모습은 입이 떡 벌어질 만큼의 절경이었다.

이러한 절경이 만들어진 배경은 우도의 형성 과정을 이해하면 더 쉽게 알 수 있다. 초기에 물이 풍부한 바다에서 발생한 수성 화산 분출로 분화구가 만들어졌고, 점차 물의 양이 줄어들면서 폭발력도 줄었다. 그때 다양한 암석과 용암이 분출되면서 지금의 우도가 만들어졌다. 용암이 빠르게 굳어 만들어진 현무암이 깨지고 다듬어져 해변의 검은 모래를 이루게 되었고 바다와 바로 맞닿은 암석은 오랜 시간 파도와 바람에 의해 풍화가 일어나면서 가파른 절벽을 만들었다. 검은 모래, 검은 절벽 그리고 검푸른 바다. 왠지 모르게 신비함이 느껴지는 공간이었다. 특히 잘 만들어진 샌드위치처럼 선명한 층이 보이는 절벽 단면에 암석들이 제멋대로 박혀 있는 모습이 참 재미있었다. 화산 폭발의 압력으로 암석이 날아와 용암에 박혀 생긴 것이라고 하는데 당시의 생동감이 그대로 느껴지는 것 같았다.

마지막 목적지는 하고수동 해수욕장. 이름은 굉장히 낯설었지만 가장 친근한 이미지의 해수욕장이었다. 동해를 가면 쉽게 볼 수 있는 노란빛의 모래사장이 넓게 펼쳐져 있었다. 독특한 점은 경사가 거의 없이 평평해서, 물을 만나려면 모래사장을 한참 걸어 들어가야 한다는 점이었다. 사람이 가장 적었던 백사장이기도 했는데 그래서인지 해변이 전체적으로 깨끗하게 느껴졌다. 해변을 바라보고 있으니 조금씩 해가 기울어져 가면서 노을이 지고 있었다. 우리는 끝까지 힘내보자고 파이팅을 외치며 마지막 탐사를 잘 마무리해나갔다.

바다 냄새가 섞인 땀 냄새에 익숙해질 즈음 뿌듯한 마음을 한껏 끌어안고 숙소로 돌아왔다. 짧은 시간 안에 탐사하는 것이 생각보다 힘들었지만 함께하는 친구들이 있었고, 가는 곳마다 우리를 반겨주는 우도의 새로움이 지치지 않도록 힘을 주었다. 게다가 우리는 꽤 멋진 결론을 얻어냈다. 우도의 해수욕장들을 모래 성분 분석으로 퇴적형 해안과 침식형 해안으로 분류할 수 있었고 하고수동이나 서빈백사 해수욕장과 같이 경사가 낮은 해안일수록 퇴적형 해안에, 검멀레 해수욕장과 같이 경사가 급하거나 굴곡이 심할수록 침식형 해안에 가깝다는 사실을 알 수 있었다. 이러한 특징은 우도 해수욕장에 한정되지 않고 모든 해수욕장에 적용하여 일반화할 수 있는 사실로 큰 의미가 있었다.

기분 좋게 들려오는 여름의 소리 속에 연구 열정을 불태웠던 그 한여름 밤의 시간은 잊을 수 없다. 우도는 살아 있는 실험실이었다. 그곳에서 떠오른 작은 의문과 질문이 연구 주제가 되었고, 우도만이 가지고 있는 특별한 모습들은 과학적으로 논할 가치가 있었다.

우도의 감춰진 이면, 상처와 아픔

대학생이 되고 풋풋한 새내기 때 세 번째로 우도를 가게 되었다. 교내 리더십 프로그램 중 하나인 GLA(Group Leadership Program)를 수행하기 위해서였다. "8년 전 처음 봤던 우도가 지금은 어떻게 변했을까?"라는 생각을 하며 활동 계획을 세우던 중, 우도에 대한 많은 기사가 나를 놀라게 했다. 제주도 관광객 수가 급증하면서 우도가 급격한 관광지화 때문에 병들어가고 있다는 것이었다. 나는 안타까운 마음으로 그 실태를 직접 확인해보기 위해 우도를 다시 찾았다.

미리 알아보고 와서 더 눈에 잘 보였던 것일까, 아름다운 우도의 이면에 숨겨져 있던 심각한 문제들이 보이기 시작했다. 불과 몇 년 전까지만 해도 요상하지만 매력 있는 홍조 단괴로 가득했던 서빈백사 해수욕장은 플라스틱을 비롯한 크고 작은 쓰레기들로 덮여 있었고 더 심각한 것은 홍조 단괴를 훔쳐 가는 사람들 때문에 더는 서빈백사만의 진귀함을 찾아볼 수 없었다. "설마 쓰레기 문제가 심각할 정도겠어? 그래도 세계자연유산인데 잘 보존되고 있겠지" 하고 가볍게 생각했던 나에게 눈앞에 펼쳐진 광경은 정말 실망을 넘어 참담 그 자체였다. 해변을 벗어나 마을 안쪽으로 들어가보면 그 문제를 더 심각하게 느낄 수 있었는데 관광객들이 무단으로 버린 쓰레기들과 포화하는 쓰레기들을 처리하지 못해 소각장 한쪽에 쌓여 있는 모습은 이전에 내가 알던 우도가 아니었다. 우도 인구수의 1,000배에 달하는 관광객이 해마다 우도를 찾는다고 하니 그 수에 비례하여 발생하는 쓰레기는 우도라는 작은 섬이 감당하기엔 넘치는 양일 수밖에 없을 터다.

더 안타까웠던 점은 주민들의 인터뷰 내용이었다. 우도에서 평생을 살아온 분들이 파괴되어가는 우도의 자연을 보며 안타까워하는 그 심정이 절절하게 와닿았다. "과열된 관광지화 때문에 진짜 우도를 거의 못 보고 있어요." 우도의 자연이 보여주는 아름다움과 과학적인 놀라움은 과거의 이야기가 된 듯했다. 나는 망가져버린 우도와 안타까운 주민들의 모습을 보면서, 우도를 반드시 원래 모습으로 되돌려야겠다고 생각했다. 그 첫걸음은 가만히 내버려두는 것이라고 생각한다. 자연은 손대지 않을수록 고립될수록 원래의 모습으로 돌아가고 회복된다. 이제는 우도를 괴롭히지 말고, 회복될 때까지 가만히 내버려두어야 하는 시점인 것 같다.

다시 돌아와, 나의 우도

나에게 우도는 작은 지구와도 같다. 처음 마주했을 때 느낀 자연의 위대함과 놀라움, 연구자의 입장에서 접근한 우도에서 발견한 자연 속 과학 그리고 인간 때문에 훼손된 자연. 우리가 사는 지구에서도 똑같은 모습을 볼 수 있다. 자연이 아름다운 과학의 산물이라면 우도는 그중에서도 신이 내린 위대한 산물이다. 10년 동안 우도가 변해가는 모습을 보며 이제는 우도가 아닌 우리가 변해야 한다는 생각이 들었다. 내 나이가 예순이 되어서 다시 우도를 찾게 된다면 그때는 어렸을 때 보았던 우도의 모습을 볼 수 있었으면 좋겠다. 그리고 우도가 오래도록 많은 이들에게 감동과 영감을 주는 장소로 남기를 바란다.

너에게만 알려주는 답사 꿀팁

우도에는 관광지로 유명한 해수욕장이 여러 군데 있다. 하지만 사람들의 발길이 닿지 않은 바다를 추천한다. 해안을 따라 쭉 걷다보면 그곳에서 우도만이 품은 자연의 아름다움과 신비를 경험할 수 있을 것이다. 해안뿐 아니라 발길 닿는 대로 마을 안길을 걸어보는 것도 새로운 즐거움이다. 한적하게 우도 마을의 정취를 느끼며 우도의 깊숙한 모습까지 알 수 있는 특별한 경험이 될 것이다.

자연 그 자체의 아름다움, 순천만

원자력및양자공학과 17 **박지혜**

순천만에 오기까지

'내가 소개하고 싶은 과학의 명소, 현장'이라는 주제를 보자마자 머릿속에 수많은 장소가 떠올랐다. 태어나서 처음으로 미라를 보았던 '인체의 신비전'을 할까? 아니면 고등학교 때 수학여행으로 방문했던 미국의 '스미스소니언 자연사 박물관'? 모든 장소가 나에게 새로운 과학적 영감을 주었지만 이 가운데 누군가에게 '소개하고 싶은 명소'를 꼽는 일은 쉽지 않았다. 그렇게 며칠을 고민하던 중 머릿속에 탁 떠오르는 장소가 있었다. 바로 전라남도 순천시에 위치한 '순천만'이었다.

수많은 '과학의 명소'를 제치고 순천만을 글의 주제로 삼아야겠다고 결심하게 된 것은 우연히 보게 된 유튜브 영상 때문이었다. 〈놀라운 자연의 미스터리〉라는 제목으로 아직 정확한 과학적 원리가 밝혀지지 않은 자연 현상을 모아둔 영상이었다. '구전(球電) 현상' '나미비아 요정의 원' 등 동영상에서 소개되는 자연현상을 넋 놓고 한참을 바라보았다. 그러다 문득 진정한 과학의 명소는 자연이 아닐까? 하는 생각이 들었다. 과학은 근본부터가 자연 현상을 보편적인 법칙 또는 원리로 설명하기 위해 발전된 학문이 아닌가. 내가 진정으로 자연 속에서 과학을 느낀 곳을 곰곰이 생각해보았다. 바로 순천만이었다.

나는 열 살 때 처음 순천만을 방문했다. 어린 나에게 다양한 경험을 선물해주고 싶었던 부모님은 주말마다 나를 데리고 여행을 다니셨다. 그 가운데 첫 여행지가 바로 순천만이었다. 나는 순천만을 바라보자마자 커다란 갯벌과 끝없이 늘어선 갈대밭에 매료되고 말았다. 갯벌 위를 걷다 만난 짱뚱어는 나에게 처음으로 물고기도 물 밖에서 호흡할 수 있다는 사실을 알려줬다. 그때 짱뚱어를 통해서 '피부 호흡' '양서류'라는 말을 배웠다. 또한 꼬막, 칠게 등 다양한 갯벌 생물이 바다의 생태계를 알려줬다. 이처럼 순천만은 아파트에서만 자랐던 나에게 처음으로 자연과 생태계, 한발 더 나아가 과학을 알려준 곳이었다. 그래서 한참을 고민 끝에 순천만을 주제로 이 글을 적기로 하였다. 앞으로 이 지면을 통해 순천만의 갯벌 그리고 갈대의 아름다움과 이들의 생태계를 소개해볼까 한다. 아무쪼록 이 글로 순천만의 아름다움을 느꼈으면 좋겠다.

살아 숨 쉬는 자연의 보고, 순천만

대전에서 차를 타고 세 시간 만에 순천만에 도착하면, 가장 먼저 약 800만 평의 갯벌이 눈에 들어온다. 순천만은 지금으로부터 약 8,000

만 년 전에 탄생했다고 한다. 오랜 세월 동안 바닷가의 조수 작용으로 퇴적물이 쌓이며 순천만의 갯벌이 형성되었다. 이렇게 넓은 갯벌을 만들기 위하여 바닷물은 수천 년간 갯벌을 수없이 드나들었을 것이다.

바닷물의 소중한 공간을 최대한 해치지 않기 위하여 조심스럽게 갯벌에 한 발 내딛어보니 부드러운 갯벌이 내 발가락 사이사이를 감싼다. 비릿하지만 기분 좋은 갯벌 특유의 시원한 냄새가 코끝을 간질인다. 오염된 갯벌 혹은 더러운 갯벌 특유의 느낌은 찾아볼 수 없다. 이처럼 순천만 갯벌은 현재에는 찾아보기 힘든 거의 훼손되지 않은 자연 상태의 갯벌이자 수많은 생명체의 천국이다. 순천만 갯벌은 이러한 뛰어난 점들을 인정받아 2003년 12월 국내 세 번째 '연안 습지 보호지역'으로 지정되었다. 또한 2006년 1월 국내 연안 습지 중 최초로 람사르 습지에 등록되며 국제적으로 보전 가치를 인정받았다.

람사르 습지란?

람사르 습지가 무엇인지 알아보기 전에 람사르협약을 먼저 살펴보자. 람사르협약이란 '물새의 서식지로서 국제적으로 중요한 습지의 보호에 관한 국제 협약(The Convention on Wetlands of International Importance especially as Waterfowl Habitat)'을 뜻한다. 1971년 2월 2일 이란의 람사르에서 채택되었고, 물새 서식 습지대를 국제적으로 보호하기 위한 목적에서 1975년 12월에 발효되었다.

우리나라의 경우 1997년 7월 28일 101번째로 람사르협약에 가입하였다. 이처럼 람사르협약에 가입하게 되면 체약국은 제2조에 근거하여 람사르 습지 목록에 포함될 적어도 1개 이상의 습지를 지정해야 한다. 특이한 생물지리학적 특성을 가졌거나 희귀동식물종의 서식지, 특히 물새 서식지로서의 중요성이 있는 습지가 선정 대상이 된다. 우리나라에는 2020년 현재 총 22개 지역, 194,782㎢ 람사르 등록 습지가 있다. 그중 순천만 일대는 멸종 위기종 흑두루미의 국내 최대 월동지이며 수산 자원이 풍부하다는 점을 인정받아 2006년 1월 20일 국내 연안 습지 중 최초로 람사르협약에 등록되었다.

순천만에는 이러한 자연이 숨 쉬는 갯벌을 보전하고 관광객이 조금 더 편리하게 접근할 수 있도록 갯벌을 가로지르는 다리가 설치되어 있다. 갯벌을 따라 난 다리를 걷다보면 중간마다 갯벌 생물을 관찰할 수 있는 투명한 창이 설치되어 있다. 운이 좋으면 창을 통해 다양한 갯벌 생명체를 만날 수 있는데, 그중 가장 대표적인 것이 짱뚱어다. 짱뚱어는 가늘고 긴 원통형의 몸에 툭 튀어나온 눈이 특징이다. 다른 물고기들처럼 물속에서 헤엄치며 이동을 하는 것이 아니라 발달한 가슴지느러미를 이용하여 갯벌 위를 기어 다니거나 꼬리지느러미를 활용하여 뛰어 이동하는 모습을 볼 수 있다. 더불어 피부 호흡과 공기 호흡이 가능하여 물속이 아닌 갯벌에서도 장시간 생존할 수 있는 독특한 생명체다. 나 또한 이렇게 독특한 짱뚱어를 처음 보았을 때의 새로운 충격은 아직도 잊지 못한다.

다양한 동식물이 숨 쉬는 곳, 순천만

짱뚱어를 비롯하여 순천만 갯벌에서는 다양한 동식물을 만날 수 있다. 그중 철새는 여름 철새 60여 종, 겨울 철새 100여 종으로 순천만 갯벌을 찾는 철새는 해마다 약 160종에 달한다. 다양한 종류의 철새 중에는 국제 보호조로 지정된 흑두루미, 검은머리갈매기가 포함되어 있다. 공룡과 같은 시대부터 살았던 것으로 알려진 오랜 역사를 자랑하는 흑두루미는 새로 천연기념물 제228호로 지정되어 있을 만큼 귀한 새다. 흑두루미는 전 세계에 총 1만여 마리가 생존하고 있는데 그중 200여 마리가 매년 순천만을 찾아 겨울을 보낸다. 검은머리갈매기 또한 전 세계 14,000여 마리만이 존재하는데 그중 약 1,000마리가 순천만을 찾는다고 한다. 이 밖에도 저어새, 황새가 발견된 기록이 있으며 혹부리오리가 전 세계 개체 중 약 18%, 민물도요는 약 7%가 서식하고 있다. 이처럼 순천만 갯벌은 다양한 철새의 쉼터다.

이처럼 순천만이 철새를 비롯한 다양한 생물의 든든한 보금자리가 될 수 있었던 것은 갯벌과 함께 잘 보전된 갈대밭 덕분이다. 약 160만 평의 국내 최대 규모를 자랑하는 순천만의 갈대밭은 철새를 비롯한 해양 생물에 은신처와 먹이를 제공하는 역할을 해준다. 더불어 겨울에 철새에게는 찬바람을 막아주는 포근한 보금자리가 되어주고 짱뚱어에게는 물난리 걱정 없는 든든한 방어막의 역할을 해준다.

순천만의 갈대숲은 해양 생물의 든든한 보디가드 역할뿐만 아니라 식물 생태계의 물질 순환에도 매우 중요한 역할을 한다. 뿌리에서 산소를 방출하여 주위의 환원 상태에 있는 토양을 다시 산화시키고, 용존 산소량을 높임으로써 근처에 있는 미생물의 유기물 분해 활성을 촉진한다. 더불어 납, 카드뮴, 구리 등과 같은 중금속을 축적하여 주변 토양을 중금속 오염으로부터 보호하기도 한다. 갈대의 지하 줄기는 전분을 저장하였다가 다시 내보내며 주변 토양의 영양 염류를 조절한다. 잎과 줄기는 질소와 인 등 오염 물질을 저장하여 주변의 오염 물질 농도를 감소시킨다. 더불어 대기 중의 가스를 수중에 전달하기도 하고, 태양광을 차단함으로써 조류의 성장을 방해하여 수면 위에서의 풍속 저하를 유도한다.

이처럼 갈대는 뿌리부터 잎까지 서식지 물질의 순환을 돕고, 각종 오염 물질로부터 서식지를 보호하는 든든한 방어막의 역할을 한다.

알고 보면 재미있는 순천만과 관련된 신기한 사실들

이처럼 신비로운 자연이 숨 쉬는 순천만을 방문할 때에, 순천만의 자연과 관련된 신기한 사실들을 알고 간다면 더욱더 재미있고 유익하게 관람할 수 있을 것이다. 순천만과 관련된 재미있는 과학적 사실을 몇 가지 소개하고자 한다.

먼저 첫째, 철새는 이동해야 하는 나라로 방향을 정확하게 잡는 신비로운 능력이 있다는 사실이다. 심지어 지상의 목적지를 확인할 수 없는 밤에도 작용한다. 전문가들은 철새의 이러한 특성이 체내에 나침반과 지도를 가지고 있기 때문이라고 추측한다. 그뿐만 아니라, 태어난 지 얼마 되지 않은 새끼 철새 또한 목적지를 찾아갈 수 있는 능력이 있는데, 전문가들은 이는 철새가 예정된 시간과 비행 방향이 유전자에 새겨져 있기 때문이라 추측한다. 정말 신비하지 않은가?

두 번째로는, 갯벌의 놀라운 정화 작용이다. 갯벌은 거주하고 있는 염생식물과 규조류, 미생물에 의한 흡수와 분해가 활발하게 진행되는 자정 능력을 갖추고 있다. 실제로 미국 조지아대학교의 오덤(Odum) 교수의 연구 결과에 따르면, 펄 갯벌 1㎢당 미생물에 의한 흡수와 분해 능력은 하루 생물학적 산소 요구량 기준 2.17t의 오염물을 정화할 수 있으며 이는 도시 하수처리장 1개소의 유기물 처리 능력과 상응한다고 한다. 이를 순천만의 갯벌의 면적인 약 66㎢에 적용한다면 이는 생물학적 산소 요구량 기준 약 143.22t의 오염 물질을 정화할 수 있는 결론을 낼 수 있다. 실로 어마어마한 양이 아닐 수 없다.

오랜만에 순천만의 갈대와 갯벌이 주는 자연의 포근함을 느끼고 싶어 글을 쓰다 말고 순천만 홈페이지에 접속해보았다. 홈페이지에는 VR로 집에서도 순천만의 전경을 느낄 수 있도록 꾸며진 프로그램이 제공되고 있었다. 반가운 마음에 VR을 재생해보았다. 모니터 속에 갇혀 멈춰 있는 흩날리는 갈대밭, 멈춰 있는 갯벌 생물이 괜스레 아쉬운 마음만 더했다. 답답한 마음에 집 안에서 창문을 열어보았다. 꽉 막힌 아파트 숲이 가슴을 오히려 더 답답하게 만들었다. 순천만의 아름다운 자연이, 살아 숨 쉬는 생태계가 간절한 순간이었다.

잘 보전된 800만 평의 광활한 갯벌, 160만 평의 드넓은 갈대밭 사이 살아가고 있는 다양한 해양생물들의 삶의 터전, 순천만. 자연이 주는 신비함과 그 속에 숨겨져 있는 다양한 과학적인 원리는 도시에서 지친 우리에게 진정한 '자연 과학'이란 무엇인가 일깨워준다. 혹여나 공부에 지쳤다면, 빽빽한 빌딩 숲 사이에서 숨이 막힌다면 자연 속 아름다운 과학을 느끼러 순천만으로 떠나보는 게 어떨까. 드넓은 갯벌과 빛나는 갈대밭, 살아 숨 쉬는 자연이 당신을 위로해줄 것이다.

너에게만 알려주는 답사 꿀팁

순천만 한쪽 편에는 전 세계 각국의 특징을 살려 세계의 다양한 꽃을 모아놓은 순천만 국가정원이 있다. 미국 정원, 이탈리아 정원, 스페인 정원 등 여러 나라의 다양한 꽃을 순천만에서 쉽게 구경할 수 있으며, 공원 곳곳에 다양한 사진 명소가 존재한다. 따라서 카메라를 챙긴다면 아름다운 추억을 남길 수 있을 것이다.

속동 전망대의 황홀한 저녁

전기및전자공학부 17 **홍의택**

게임 중 뜻밖의 발견

속동 전망대를 알게 된 것은 '포켓몬 고' 때문이었다. 2017년 대학교 1학년 여름방학, 설렘과 기대, 자부심에 가득 찼던 대전에서의 첫 대학 생활을 마치고 휴식을 만끽하고자 집이 있는 충남 홍성군 서부면으로 돌아왔다. 원래 홍성읍 내에 살았지만 내가 고등학교를 졸업하자 아빠의 고향인 한적한 시골 바닷가, 원당마을로 이사했다. 내게는 낯선 이곳을 '집'이라고 부르기에는 왠지 어색했다. 그래서였을까. 3개월이라는 굉장히 긴 방학을 처음 겪는 나는 이 무료함과 낯선 집이 주는 어색함을 달래고자 학교에서 자주 했던 '포켓몬 고' 게임을 다시 시작했다.

게임을 실행하고 캠퍼스 내에 가득했던 포켓스톱을 생각하면서 방학 동안 포켓몬 마스터가 되는 상상의 나래를 펼쳤다. 하지만 로딩이 끝나고 화면 속에 지도가 펼쳐졌을 때 내 꿈은 산산이 부서졌다. 지도에 보이는 것은 내 캐릭터뿐이었다. 캠퍼스에 흔하던 포켓스톱과 포켓몬은 어디에도 없었다. 동물 한 마리 찾아보기 힘든 도시에는 포켓몬이 많고, 고라니나 멧돼지 같은 야생동물이 넘쳐나는 시골에는 포켓몬이 없는 이런 모순 속에서 증강현실 게임이라는 포켓몬 고는 절대 현실을 반영하지 않음을 깨닫고 절망했다.

정말 아무것도 없나 하며 이리저리 지도를 돌리면서 주변을 살펴보다 화면 모서리에 희미하게 보이는 포켓스톱을 발견했다. '속동 전망대'라고 적힌 그곳은 그리 멀지 않았다. 놀랍고도 반가운 마음에 나는 빠르게 그곳을 향해 달려 포켓스톱에 도착했다. 곧장 스마트폰을 켜 화면 속에서 아이템을 얻고 몇 마리의 포켓몬을 잡으며 흐뭇한 기분 속에 포켓몬 마스터가 된다는 희망을 다시 가질 수 있었다.

목적을 달성하고 흡족한 기분으로 고개를 들어 무심코 주변을 둘러보다가 나도 모르게 탄성을 내질렀다. 햇살에 부딪혀 반사되는 곱게 빛나는 고운 모래 해변과 뜨거운 태양 아래 짙은 그림자를 드리운 소나무들 그리고 저 멀리 육지와 닿을 듯 말 듯 한가롭게 여유로 떠 있는 섬, 바로 옆 소나무 숲을 불태우는 듯한 붉은 노을을 보며 지금 어디에 있는지를 망각하고 가만히 서 있었다. 포켓몬만 생각하면서 한달음에 이곳으로 왔는데, 위대한 자연이 만들어낸 경관에 매료되었다. 언제 그랬냐는 듯 포켓몬 생각은 싹 사라졌고, 나도 모르게 섬 쪽으로 자연스럽게 발걸음을 옮겼다.

모래는 어디에서 왔을까

일몰 때라 더욱 영화 속 한 장면처럼 환상적으로 보였는지도 모르겠다. 도저히 내 머리로는 어떻게도 표현할 수 없는 멋진 세상 속 미지의 섬처럼 보이는 저곳에 올라 수평선을 넘어가는 해를 꼭 보고 싶다는 욕망이 불타올랐다. 당장에라도 저 섬 정상에 오르고 싶었지만 그럴 수 없었다. 섬을 감싸고 곱게 둘러쳐진 해변에 깔린 모래들이 너무나도 반짝여서 그냥 지나칠 수 없었다.

나는 이 반짝이는 모래를 피부로 느끼고 싶었다. 그 자리에서 신발과 양말을 벗어던졌다. 평소의 나였다면 이렇게 맨살을 드러내는 여유 속에 있지 않았을 것이다. 하지만 아무도 없는 곳에서 세상에 태어나 처음 보는 환상적인 풍경을 보고는 이 아름다움을 직접 느끼고 싶었다. 한껏 감정에 몰입된 나는 한 발 한 발 조심스럽게 모래 위로 발걸음을 옮겼다. 뜨뜻미지근했다. 낮 동안의 햇살을 받아 뜨거워졌던 모래가, 저물어가는 저녁 시간 해가 기운만큼 식어버린 것이다.

미적지근한 모래를 만지며 장난을 하다 주위를 둘러보니 이곳이 어린 시절 놀러 갔던 해변과는 사뭇 다르다는 느낌을 받았다. 육지에서부터 작은 섬까지 이어지는 부분에만 모래가 펼쳐져 있고 나머지는 전부 바지락조개껍데기와 자갈이 서로 뒤엉킨 맨발로는 도저히 걸을 수가 없는 갯벌이었다. 이 모래는 도대체 어디에서 온 것일까? 잠시 장난하던 행동을 멈추고 생각에 잠겼다. 그리고 나도 모르게 입꼬리가 두 번 올라갔다. 조금 전까지만 해도 본능에 충실하던 내가 이렇게 이성적인 질문을 당연하게 한다는 생각에 피식 웃음이 나왔고 이곳의 모래가 어디에서 왔을지 생각해냈기에 다시 한번 웃었다.

고등학교 지구과학 시간에 해안 지형 형성 과정을 배웠다. 바닷가에 쌓여 있는 모래는 대부분 파도에 의해 운반된다. 그곳의 지형에 따라 파도는 모래를 쌓기도 하고 쓸어가기도 한다. 이곳 속동 전망대 주변의 모래는 육지와 가까운 섬이라는 특별한 지형적 요소로 인해 퇴적된 것으로 보인다. 섬이 해류의 흐름을 방해하고 섬 뒤쪽 육지와 가까운 쪽으로 와류를 형성해 파도가 싣고 온 모래를 차곡차곡 퇴적한 것이다. 와류란 일정 방향으로 흐르던 유체가 장애물을 만나 장애물 뒤쪽으로 생기는 불안정한 흐름을 말한다. 이 과정은 육지와 섬 사이의 거리가 짧아 그 모습이 두드러지지는 않지만 해안 지형 중 육계사주(陸繫沙洲)의 형성 과정이라고 볼 수 있다. 육계사주는 모래가 육지나 섬, 육지나 육지 사이에 모래가 퇴적되면서 두 지형을 연결하는 사주를 말한다. 그리고 더욱이 이곳 서해는 조수간만의 차이가 커 밀물 때 강하게 밀려온 모래가 썰물 때 빠져나가지 못하고 쌓이기 쉬웠을 것이다. 이렇게 해변의 모래를 감성적으로 바라보기도 하고 과학적으로 분석하기도 하면서 잠시 모래밭에 앉아 이런저런 생각을 했다.

육지의 끝자락, 섬

모래밭에서의 사색을 뒤로하고 아까부터 가보고 싶었던 섬을 향해 발걸음을 옮겼다. 가는 길 옆에 사람들이 오가며 쌓은 돌탑들이 무리를 지어 자리잡고 있어 내 눈길을 끌었다. 나도 돌 하나를 주워 돌탑 꼭대기에 무너지지 않게 살포시 올려놓았다. 이후 계속 앞으로 가는 도중에 갑자기 주변이 짙은 어둠으로 둘러싸였다. 섬의 그림자 속으로 들어온 것이다.

갑자기 어두워진 탓이었을까. 섬이 마치 거대한 성처럼 느껴지며 그 분위기에 압도당해 나무 계단에 잠시 멈춰 섰다. 다시 천천히 계단을 오르는데 차가운 바닷바람이 뒤에서 불며 서늘한 느낌이 들었다. 뒤돌아 내려다보니 아까 보았던 돌탑들이 마치 성을 지키는 병사들처럼 보였다. 길지 않은 계단을 다시 오르고 섬의 정상에 올랐을 때 거세게 바닷바람이 불어 눈을 제대로 뜨기 힘들었다. 가늘게 뜬 눈 사이로 저 멀리 바다 건너 서쪽에 안면도가 길게 누워 있고 저물어가는 해는 마지막 오늘을 불태우고 있었다. 붉게 물든 태양은 장관이었다.

거대한 성과 같던 이 섬이 꼭대기에 이 광경을 보물처럼 지키던 것이었을까. 천천히 주변을 한 바퀴 둘러보았다. 높은 곳에 올라서니 주위의 모습이 전부 눈에 들어왔다. 앞으로는 안면도, 저녁노을이 있었고 뒤로는 맨발로 걸었던 모래밭, 육지의 소나무들 그리고 내가 포켓몬을 잡은 곳이 모두 보였다. 이리저리 한참을 바라보니 아까 모래밭에서처럼 이곳의 지형에 눈이 갔다. 차근차근 둘러본 주변 지형에서 나는 몇 가지 흥미로운 지형적 사실을 유추할 수 있었다.

섬과 가장 가까운 육지는 다른 곳들보다 지대가 높다. 그리고 이 높은 지대는 중간에 해안 도로가 생기면서 잘리기는 했지만, 육지 안쪽으로 이 근방 동네의 산줄기들과 이어져 있다. 아마도 이 섬은 이 산줄기의 일부일 것이다. 섬과 산줄기는 아래에 같은 기반암으로 연결되어 있을 텐데, 지금 육계사주가 되어버린 곳은 그 기반암이 더 낮게 자리를 잡는 형상이다. 먼 옛날, 기반암 위로 흙은 퇴적됐지만, 시간이 지나 지각이 융기하면서 연약한 토양 부분은 파도에 의해 침식되었고 이후 시간이 더 흘러 모래들이 퇴적되어 지금의 육계가 형성된 것으로 보인다.

이러한 내 생각을 증명이라도 하듯 실제로 섬 위와 육지의 토양은 모두 황토로 구성되어 있고, 또한 비슷하게 소나무 군락이 형성된 것을 찾을 수 있었다. 그리고 결정적으로 지금은 모래가 쌓여 육계가 형성된 곳에는 지하에서 뚫고 나온 듯한 암석 일부가 있어 섬과 육지가 연결되어 있다는 사실을 확인할 수 있었다.

과학적으로 주변을 분석하던 나는 왠지 모를 기쁨과 성취감을 느꼈다. 전망대에 올라 멋있는 노을을 바라보며 느끼던 감정과는 전혀 달랐다. 이곳의 지형적 특성을 가장 먼저 분석한 사람이 나일 것이라는, 개척자만이 누릴 수 있는 기분이랄까. 모래밭에서 들었던 오묘한 느낌도 아마 이것이었을 것이다. 이런 것이 짜릿하고 기분 좋다는 사실이 내가 카이스트 학생이라는 것을 증명하는 것일지도 모르겠다.

바다와 마주한 곳, 섬

한껏 어깨에 힘이 들어간 나는 바다 쪽으로 향했다. 바다에선 어떤 재미있는 분석을 할 수 있을까? 전망대 끝으로 더 걸어가 절벽 아래를 보니 전형적인 해안에서 일어나는 침식 작용을 볼 수 있었다. 파도가 바위에 철썩철썩 부딪히고 절벽은 과자를 부숴놓은 듯 갈라져 있는데 단단한 암석이지만 오랜 세월 조류, 파도에 부딪히면서 이렇게 가파른 절벽을 형성한 것이다. 또 침식 작용이 활발한 부분은 동굴처럼 깊게 파이기도 하고 크고 모난 돌들이 절벽 아래로 떨어져 있었다.

이렇게 깎여 나가기도 하고 쌓여가기도 한, 다양한 과학적 현상이 나타나는 이곳을 보면서 아까와 같은 성취감을 느끼는 한편 문득 섬에 대한 뭉클한 감정이 솟아올랐다. 육지에서 가장 밖으로 튀어나와 가장 먼저 거친 파도를 맞는 이 섬은 파도로 인해 점점 깎여 나간다. 하지만 이 섬 덕분에 섬 뒤로는 잔잔한 파도가 흐르면서 고운 모래가 쌓일 수 있다. 이것은 자연의 입장에서는 당연히 그렇게 될 수밖에 없지만 나는 고운 모래를 쌓고 거센 파도를 막아주는 이 섬이 외부의 위험으로부터 우리를 보호해주는 엄마 같다는 생각이 들었다. 그런데 신기하게도 이 섬을 '모섬'으로도 부른다는 사실을 나중에 알게 되었다.

되돌아가는 길

둘러보며 여러 다양한 생각을 한 이후에 섬의 전망대 끝에 기대어서 해가 지는 모습을 한동안 바라보았다. 정말 붉게 타오르며 넘어가는 태양 때문에 서쪽 하늘도 붉게 물들었다. 그리고 다시 계단을 내려갔다. 돌탑을 지나고 모래밭을 걸을 때 뒤돌아서 섬의 뒷모습을 보았다. 거대한 성이면서 엄마 같기도 한 이 섬이 굉장히 멋져 보였다. 오랜 시간 다양한 침식 퇴적 과정을 여러모로 겪은 이 섬만이 가질 수 있는 멋이라는 생각이 들었다.

포켓몬 고를 하기 위해 정신없이 뛰었던 그 길로 다시 천천히 걸어갔다. 아까는 보지 못했던 바다가 눈에 들어왔다. 바다 너머로 해는 이미 저물었고 무지갯빛으로 물든 하늘만 남아 해가 진 뒤의 아쉬움을 달래는 것 같았다. 정신없이 핸드폰 속 포켓스톱을 향해서 달려갈 때에 못 보았던 이 시골 풍경이 비로소 눈에 보였다. 게임 때문에 이런 풍경을 가까이 두고도 지나쳤다는 것이 안타까웠다. 게임 때문에 풍경을 둘러보지는 못했지만, 게임 덕분에 풍경을 바라볼 수 있는 곳으로 갔고 차가운 성 같으면서도 따뜻한 엄마 같은 섬을 만났다. 여러모로 입체적인 깊이가 생긴 느낌이었다. 앞으로도 이곳을 종종 오가면서 이 느낌을 이어가고 싶다.

너에게만 알려주는 답사 꿀팁

서해안에 있는 이곳은 해 질 녘에 방문한다면 무지개 같은 멋진 노을을 볼 수 있다. 그리고 만조와 간조 때의 풍경이 달라 다채로운 매력을 가지고 있는 것이 특징인데 멋진 노을을 배경으로 이 다채로움은 느껴보면 더욱더 재미있다. 섬의 꼭대기로 가기 위한 길이 나무테크로 잘 정리되어 있어 이 길을 따라 천천히 주위를 둘러보면서 가면 좋을 것이다. 다만 바다 쪽만 보는 것 아니라 사방을 천천히 둘러본다면 이곳의 지형이 주는 매력도 찾을 수 있다.

용천수에 담긴 제주의 삶과 자연

생명과학과 18 **나새연**

제주도 해수욕장에서는 민물이 나온다고?

제주. 한국인에게 '여행' 하면 가장 먼저 떠오르는 곳 가운데 하나다. 따뜻한 날씨, 아름다운 산과 바다 그리고 고즈넉한 시골 돌담길은 휴양에 대한 환상을 심어주기에 충분하다. 사람들은 바쁜 일상과 동떨어진 이곳에서 여유를 즐긴다. 한라산을 오르고 해수욕을 즐기고 올레길을 걷거나 전망 좋은 카페에서 경치를 구경하기도 한다. 특히 제주의 사파이어 빛 바다는 우리 마음을 쉽게 빼앗는다. 현무암과 모래사장, 깨끗한 바닷물이 어우러진 해안가는 너무나 아름다우니 말이다.

누구나 제주에 간다면 한 번쯤 해변의 모래사장을 들러보았을 것이다. 그런데 그곳 어딘가에서 민물이 나오고 있었다면 믿을 수 있겠는가? 제주에선 하천도 비가 오지 않으면 흐르지 않지만 이 물은 비가 오든 오지 않든 바닷가에서 꾸준히 볼 수 있다. 이 담수는 도대체 어디서 나오는 걸까? 바로 지하수가 솟아오르는 것이다.

용천수라 불리는 이 물은 제주 사람들의 일상에 스며들어 있고 특히 담수가 부족한 제주에서 아주 중요한 역할을 해왔다. 언뜻 보면 기이한 이 현상은 독특한 제주의 환경에서 물이 자연법칙에 따라 행동하기 때문에 일어난다. 용천수에는 제주의 문화와 환경이 담겨 있는 것이다.

용천수, 추억 한구석을 단단히 차지하고 있는 경험

제주에서 나고 자란 나에게 해수욕장은 여름의 전부였다. 일과가 끝나면 자전거를 타고 가까운 해수욕장에 가서 실컷 물놀이하고 쫄딱 젖은 채로 다시 자전거를 타고 집으로 돌아오는 게 일상이었다. 해수욕장에서 놀 때 썰물이 되면 꼭 가야 하는 곳이 있었다. 유독 차가운 물이 흐르고 발을 넣으면 쑥 빠지는 웅덩이들이 있는 곳이다. 특히 그 웅덩이는 겉으로 봤을 땐 주변과 별다를 게 없어 보이지만 발을 디디면 다리가 무릎 위까지 빠지고 아래엔 돌들이 깔려 있어 깜짝 놀라기 십상이었다. 찬찬히 관찰해보니 유독 그 웅덩이의 모래가 대류를 하는 듯이 움직이고 있었다. 용천수가 솟아오르고 있었던 것이다. 이 '썰물에만 나오는 놀이터'가 바로 용천수가 나오는 곳이었다.

해수욕장과 가까운 곳에는 빨래터가 있다. 바다와 닿아 있지만 돌담으로 막혀 있어 민물만 담겨 있는 곳이다. 동네 사람들은 그곳을 단물이라고 불렀다. 어떤 친구들은 수영장 대신 그곳에서 수영하며 놀기도 했다. 다른 동네에는 해녀들이 물질 후에 몸을 헹구는 목욕탕이

용천수를 활용해 지어져 있기도 했다.

이쯤 되면 용천수란 정확히 무엇인지 궁금해진다. 용천수는 물을 함유하는 지층인 대수층을 따라 흐르는 지하수가 암석이나 지층의 틈새를 통해 지표로 솟아나는 물이다. 2014년 조사에 따르면 제주도 내 용천수는 1,025개, 매립되거나 확인할 수 없는 것을 제외하더라도 661개나 된다. 용천수는 다양한 곳에서 솟아날 수 있는데 내가 이야기할 용천수는 해수와 만나는 지점에서 용출되는 용천이다. 사실 제주 용천수의 대부분은 이 해안 용천이다.

제주가 용천수를 만드는 법

용천수를 과학적 원리로 살펴보면 그저 모래사장에서 졸졸 솟아 나오는 물로만 보이지만, 광범위한 제주도 전체 자연환경의 복합적 작용에 의한 산물이 용천수란 사실을 알 수 있다. 여기서 가장 중요한 역할을 하는 것은 제주도의 독특한 지질학적 구성이다. 제주도가 처음 만들어질 때 기반암층 위에 입자가 고른 석영 모래와 진흙이 쌓여 U층이 만들어졌다. 이 U층은 점토질 퇴적층으로 물을 잘 통과시키지 않는 저투수성층이다. 그 후 바닷속에서 화산활동이 시작되면서 화산재가 쌓여 화산쇄설암 응회암층이 만들어졌다. 역시 저투수성인 이 층은 서귀포시 해안가에서 발견되어 서귀포층이라 불리기도 한다. 서귀포층이 쌓이면서 제주도는 이제 바다에 잠기지 않게 되고 육상에서 용암 분출이 일어난다. 용암은 서귀포층 위에 겹겹이 쌓이며 서서히

넓은 용암대지를 만들어나가 지금과 같은 타원형의 제주도를 만들었다. 이 용암류층은 현무암과 같은 암석으로 구성되어 투수성이 높다.

비가 오면 가장 위에 있는 용암층이 빗물과 가장 먼저 닿는다. 용암류는 두께가 얇으면서 투수성이 높아 비가 지상에 고이지 않고 지하로 스며들게 한다. 서귀포층도 어느 정도 투수성이 있기 때문에 빗물은 계속 지하로 스며든다. 이 물이 상대적으로 투수성이 낮은 점토질 퇴적층을 만나면 더 이상 지하로 가지 못하고 모이거나 흐르는 것이다. 비가 내리면 제주도 전체에서 이 과정이 일어나 제주도 지하에는 엄청난 양의 물이 모인다. 지하에 모인 물은 여전히 해수면보다 높은 위치까지 쌓여 있어 중력 위치 에너지가 더 낮은 해수면인 바다로 흐른다. 이 지하수가 염의 농도가 높은 바닷물과 만나 다시 돌아가지도 바다로 흐르지도 못하고 지면으로 용출되는 것이 바로 해안 용천이다.

제주도의 독특한 기후와 생태도 지하수와 용천수를 생성하는 데 한 가지 요인이 되고 있다. 우선, 제주는 우리나라의 최대 다우지로 꼽힐 정도로 강수량이 많다. 주로 태풍이나 장마 전선과 같은 온대성 저기압에 따른 것이다. 이렇게 많은 강수량은 제주의 지하에 지하수가 충분히 채워지도록 한다. 지하수가 바닷가에서 용출되기 위해선 지하수 함양량이 충분해야 하는 것을 고려하면 분명히 용천수의 생성에 중요한 요소다.

흔히 제주의 허파라 불리는 곶자왈은 이 맥락에서 중요한 역할을 한다. 곶자왈은 세계에서 유일한 제주도의 독특한 숲인데 흙이 거의 없고 크고 작은 바윗덩어리들이 요철지형을 이루며 두껍게 쌓여 있다. 화산이 분출될 때 점성이 높은 용암이 바윗덩어리로 쪼개지면서 형성된 것이다. 이런 독특한 구조가 스펀지와 같이 빗물이 흐르지 않고 지하로 내려가게 하는 역할을 한다. 제주도 전반을 뒤덮는 용암류와 더불어 빗물이 지하로 빠져나가는 데 큰 비중을 차지하고 있는 셈이다.

제주 사람의 혈관에 흐르는 용천수

이처럼 제주에선 비가 오는 족족 빗물이 지하로 빠져버린다. 제주에는 홍수가 절대 나지 않는다는 말이 있을 정도다. 그래서 바닷물은 차고 넘쳐도 쓸 수 있는 물이 귀했다. 상수도가 보급되기 전까지는 용천수가 제주 사람들에게 주된 물 공급원이었다. 용천수가 나오는 곳은 대부분 밀물이 되면 바다에 잠겨버리는데도 용천수를 주로 활용했다는 건 그만큼 식수 사정이 어려웠다는 이야기일 것이다. 식수도, 빨래와 목욕도, 음식을 할 때 재료를 씻고 밥과 국에 넣을 물도, 심지어 농사를 짓고 가축에게 먹일 물도 전부 용천수로 해결했다. 용천수가 나는 해안가를 따라 대부분의 마을이 형성된 것도 이 때문이다. 이렇게 용천수는 제주 사람들과 떼려야 뗄 수 없는 관계다.

용천수는 제주에서 여러 방면으로 중요한 가치를 가지고 있다. 가장 먼저 중요한 수자원적 가치를 지닌다. 특히 가뭄에도 쉽게 마르지 않고 겨울엔 따뜻하고 여름엔 시원했기 때문에 더욱 중요하게 여겨졌다. 지금 사용하는 상수도의 원수(原水) 역시 지하수다.

어떻게 보면 용천수가 다른 방법으로 채수되어 여전히 제주의 생명수로 쓰인다고 할 수도 있겠다. 생존에 필수적인 자원이었던 만큼 역사 · 문화적으로도 많은 영향을 미쳤다. 용천수는 농업과 목축업 등의 산업뿐만 아니라 신앙 또는 제사, 의료, 마을의 규약 등과 밀접한 관계를 형성했다. 용천수가 나오는 곳을 용천이라 하는데 마을마다 그 마을의 용천에 얽혀 있는 이야기가 전해져 내려올 정도다.

마지막으로 생태학적 가치도 지니고 있다. 용천수 덕분에 연중 물 흐름이 유지되는 하천이나 하류와 용천수가 솟아나 형성된 습지가 꽤 있다. 그중엔 람사르 습지로 지정되어 보호받고 있는 곳도 있다. 용천수가 제주의 독특한 생태계에 중요한 부분을 차지하고 있는 것이다.

사라지고 훼손되는 용천수가 말해주는 것

제주의 독특한 지질, 기후, 지형에 영향을 받는 지하수와 용천수다. 최근 제주에선 사라지거나 훼손된 용천수가 많아 문제가 되고 있다. 이런 현상은 제주에서 일어나는 여러 변화와 문제를 보여준다.

지금 제주는 도로 공사, 택지 개발, 해안매립, 관정 개발, 관광지 개발 등의 각종 개발 사업으로 불투수성 지반이 넓어지고 있다. 앞서 자연적인 투수성 용암류가 지하수 함양에 중요한 역할을 한다고 했는데 이 용암류 위에 불투수성 지반이 지어지기 때문에 빗물이 지하로 내려가기 어려워진다.

지하수가 고갈되고 용천수가 마르는 원인이 되는 것이다.

기후변화 역시 지하수 고갈 문제에 영향을 미친다. 제주연구소의 한 보고서에 따르면 여름 일수와 폭염 일수 증가로 인한 물 소비량의 급격한 증가, 강수 강도의 증가에 따른 물 유출량 증가 등이 나타나고 있다. 이는 강수량이 많아 충분한 지하수를 함양할 수 있는 제주의 특성을 파괴한다.

용천수와 지하수 오염도 주시해야 할 부분이다. 용천수는 제주도 전 지역에서 내리는 비가 모인 지하수가 용출되는 것이기 때문에 어디든 지하수가 함양되는 곳에 오염이 생기면 지하수, 용천수 수질이 악화된다. 제주의 전반적인 토양, 수질 오염을 용천수를 통해 알 수 있는 것이다. 특히 빗물을 많이 침투시키는 중산간 지역의 곶자왈은 이런 연유에서 엄격히 보존되어야 한다. 지하수 함양 유역의 오염이 심각한 문제인 이유는 용천수의 다양한 나이 때문이다. 해안에서 용출되는 지하수는 1년 전에 내린 비인 경우도 25년 전에 내린 비인 경우도 있다. 당장 눈앞의 미래부터 먼 미래까지 다양한 시차를 두고 지하수와 용천수 수질에 나쁜 영향을 미칠 수 있는 것이다.

제주의 독특한 지질, 기후, 생태는 물의 흐름을 결정한다. 물은 그저 자연법칙을 따를 뿐이지만 제주의 환경 조건 속에서 다른 지역과는 다른 모습으로 우리에게 나타난다. 용천수를 통해 제주 사람들의 삶에 스며든 자연법칙의 결과물은 저와 같은 개인의 경험을 이룰 뿐 아니라 제주의 고유한 문화를 형성하는 데 영향을 미친다.

특히 그 결과물이 생존에 중요하다면 문화와 역사에 깊숙이 스며

든다. 개인 경험과 문화를 이렇듯 과학적으로 해석하는 일은 눈앞에 보이는 현상 뒤에 숨어 있던 다양한 상호작용을 밝혀준다. 용천수는 그 자체로도 수자원적, 역사·문화적, 생태학적 가치가 있지만, 용천수의 원리를 이해하면 제주도 전체의 더 큰 문제를 감지할 수 있다.

자연법칙은 개인 경험과 문화에 영향을 주고, 개인 경험과 문화의 과학적 해석은 더욱더 넓은 시야를 제공한다.

너에게만 알려주는 답사 꿀팁

모래사장에서 나오는 용천수를 경험하고 싶다면 썰물일 때 해변을 방문해야 한다. 맨발로 물이 얕은 곳을 걸으며 유독 차가운 곳이나 보글보글 기포가 올라오는 것처럼 보이는 곳이 있다면 그곳이 바로 용천이다. 바닷물과 섞이지 않은 용천수만 모여 있는 곳을 원한다면 해변 가까이에 돌담으로 둘러싸인 곳으로 가면 된다. 하천이 거의 없는 제주에서 물놀이를 하고 싶은데 바닷물보다 시원한 물에서 놀고 싶거나 모래가 묻는 게 싫다면 좋은 대안이 될 것이다.

전기 없이도 작동되는 초대형 냉장고, 경주 석빙고

전기및전자공학부 17 **이승우**

조선 시대에도 냉장고가 있었다

아이스크림과 아이스 아메리카노, 이 둘은 여름철의 현대인에게 없어서는 안 되는 필수품이다. 어릴 때의 나는 누군가 좋아하는 음식을 물을 때면 아이스크림을 먼저 외치는 아이였고, 요즘의 나는 아이스 아메리카노 한 잔이 없다면 일의 능률이 현저히 떨어지는 걸 느끼는 대학생이다. 나는 특히 입속에서 느껴지는 차가운 느낌을 좋아하기에, 냉장고가 없었던 시대에는 살 수 없었을 거라는 생각을 종종 한다.

하지만 조선 시대에도 냉장고 대신 얼음을 보관하던 석빙고가 존재했다. 나는 이 석빙고가 정말로 냉장고의 역할을 대신해줬을지 항상 궁금했다. 우리에게 사계절 내내 시원함을 선물하는 냉장고도 냉매와 냉매를 압축하는 압축기, 압축기를 작동하는 전기 등 많은 복잡한 구성과 원리를 담고 있는데, 우리의 조상은 어떤 지혜로운 방법으로 전기도 없이 얼음을 보관하였을까? 그 궁금증을 해소하기 위해 현존하는 석빙고 중에서도 첨성대가 있는 것으로 유명한 경주 월성의 석빙고를 답사하였다.

남아 있는 6개의 석빙고 중 걸작으로 평가되는 경주 석빙고

제대로 답사하기 위해서 먼저 석빙고를 다양하게 조사했다. 경주 월성은 신라의 궁궐터지만, 궁궐 터 안에 소재한 경주 석빙고는 조선 영조 때 지어진 조선 시대 건축물이다. 석빙고 앞에 세워진 설명 판에도 자세히 적혀 있는 것처럼, 이 석빙고는 영조 14년에 세워졌다가 3년 뒤인 영조 17년에 현재 위치로 옮겨 세웠다. 이 내용은 석빙고 출입문 이맛돌과 석비에도 새겨져 있다. 현재 위치에서 서쪽으로 약 100m 되는 곳에 그 옛터가 있다고 하여 주위를 잠깐 둘러보니 뒤쪽 아주 가까운 곳에 돌로 듬성듬성 둘러싸인 평평한 지대를 확인할 수 있었다. 옛터로 보이는 곳이 생각보다 가까워서 왜 3년 뒤에 굳이 원래의 석빙고를 허물고 현재 위치에 옮겨 세우게 되었는지 그 배경이 궁금해졌다. 나중에 알게 되었지만 원래의 석빙고는 나무로 되어 있었고, 이를 3년 후 돌로 고쳐 만든 것이라고 한다.

우리나라에 현존하는 석빙고는 경주 석빙고를 비롯하여 안동 석빙고, 창녕 석빙고, 청도 석빙고, 달성 현풍 석빙고, 창녕 영산 석빙고까지 총 6개가 있다. 이들 모두가 대한민국의 보물로 지정되었으며, 북한에도 해주 석빙고 하나가 있는데 이것도 북한의 국보로 지정되었다고 한다. 현존하는 6개의 석빙고 중에서도 경주 석빙고는 규모나 제작기법 면에서 가장 뛰어난 걸작으로 평가받고 있다.

다른 석빙고를 답사한 적은 없지만, 확실히 경주 석빙고는 시간이 300년 가까이 지났는데도 어느 한쪽도 무너지지 않은 굉장히 멀쩡한 상태로 자리하고 있었다. 내부에 들어갈 수는 없었지만, 문화재에 이렇게 쉽게 접근해도 되는 건지 의문이 들 정도로 문 바로 앞까지 가볼 수 있었다. 뛰어난 제작기법과 후세의 보존 관리 덕분인지 앞으로 몇 백 년이 지나도 견고하게 서 있을 것처럼 튼튼해 보였다.

사료에 따르면 석빙고는 신라 시대부터 고려 시대를 거쳐 계속 만들어졌고, 조선 시대에는 민간이 운영하는 석빙고도 있었다고 한다. 그런데 지금은 6개만 남아 있는 이유가 무엇일까? 경주 석빙고가 원래는 나무였다는 점에서 예측하건대 당시 나무로 만들었던 석빙고는 시간이 많이 흐르면서 자연스레 썩거나 무너져 그 형태를 잃어 찾지 못했거나 불이 났을 때 쉽게 허물어지지 않았을까 싶다.

이렇게 여름에 얼음을 보관하는 기술이 있었지만, 모든 사람이 얼음을 접할 수는 없었다. 조선 시대 최고의 법전인 『경국대전』에 따르면 당상관 이상의 고위 관리만이 얼음을 받을 자격이 있었고, 가끔 환자들과 죄수들의 건강을 위해 얼음이 반출되었음을 알 수 있다. 필수적인 목적에 사용되는 얼음을 제외하면 고급 관료에게 내려주는 특별한 혜택이었기 때문에, 민간에서 운영하는 석빙고가 만들어지기 전까지는 평민들이 얼음을 접하기 쉽지 않았을 것이다.

2012년 영화 〈바람과 함께 사라지다〉에서도 등장인물들이 서빙고에서 귀한 얼음을 훔치는 걸 굉장히 무모한 일로 묘사하고 있고, 드라마 〈미스터 션샤인〉에서도 두툼한 얼음을 처음 보고 놀라는 조선 시대 사람들의 반응을 확인할 수 있기에 그 사실을 어렵지 않게 받아들일 수 있었다. 이는 어떻게 보면 당시 자원과 기술력으로 얼음을 녹지 않게 보관하는 게 대단하고 놀라운 기술이라는 것을 방증한다.

단순해 보이는 석빙고, 배수로와 공기 순환 등 매우 과학적

경주 석빙고를 답사할 때, 처음에는 문의 반대 방향으로 도착해서 그냥 언덕인 줄 알았다. 사람도 별로 없었고, 그 주변이 매우 넓었기에 첫 순간에는 그 언덕이 석빙고인 줄 깨닫지 못했다. 반대편으로 가니 그 자리에 탄탄한 돌로 둘러싸인 입구를 가진 석빙고가 있었다. 처음 본 석빙고는 인위적으로 만든 동굴 혹은 무덤 같은 느낌이었다. 겉으로 보기엔 그야말로 돌로 쌓아진 언덕일 뿐이었기에, 이것이 도대체 어떻게 얼음을 보관할 수 있었는지 의문이었다. 그러나 이 석빙고를 건축한 방법 하나하나에는 과학적 근거가 마련되어 있었다.

먼저 가까이 가서 내부를 살폈다. 석빙고 출입문은 잠겨 있었지만, 문틈으로 팔을 뻗거나 안을 살필 수 있을 만큼 가까이 접근할 수 있었다. 가장 놀라웠던 점은, 내부가 차가울 정도는 아니지만 서늘한 느낌이 든다는 것이었다. 지금처럼 별다르게 관리하지 않아도 내부의 온도를 낮추기 위해 과학적인 구조를 충분히 활용했음을 알 수 있었다. 입구부터 내부 전체는 모두 돌로 만들어졌고, 그 위는 흙으로 두껍게 덮여 있어서 여름에도 외부의 열이 덜 들어올 수 있도록 했다. 입구의 안내판이 석빙고의 바닥이 물이 빠질 수 있는 비스듬한 형태와 홈을 가졌다는 걸 말해주고 있었다. 얼음이 녹아 물이 되었을 때 그 물이 빠지지 않았다면 온도가 높아진 물이 얼음을 더 빠른 속도로 녹게 했을 것이므로 물이 잘 빠질 수 있는 구조를 만든 것으로 보인다.

또 하나의 큰 특징은 이 석빙고가 밖에선 언덕으로 보였던 것처럼 내부 구조가 아치 형태로 되어 있다는 것이다. 이 아치 형태는 무거운 돌로 이루어진 구조를 기둥 없이도 튼튼하게 유지하며, 기둥이 없어서 공기의 순환이 더 잘 이루어진다.

석빙고를 뒤에서 봤기에, 입구보다 먼저 확인했던 건 사실 환기구였다. 경주 석빙고에는 굴뚝처럼 보이는 환기구 3개가 천장에 달려 있었는데, 그 모양은 간단했지만 중요한 역할을 했을 것이다. 석빙고 내부에서 만들어지거나 내부로 들어온 더운 공기가 대류에 의해 위로 올라가고, 이는 환기구를 통해 쉽게 빠져나갈 수 있도록 만들었다. 또 비와 눈 등을 피할 수 있도록 위로 뚫린 것이 아니라 옆으로 뚫린 모양이었다. 이런 환기구가 석빙고의 앞부분부터 뒷부분까지 3개가 고르게 분포되어 더운 공기가 더 빠르게 나갈 수 있도록 하였다.

그런데 왜 하필 3개의 환기구를 만들었는지가 궁금했다. 단편적으로는 환기구를 많이 설치할수록 공기의 순환이 원활하여 보온에 좋을 것 같다고 생각했다. 하지만 내부 크기에 따라 찬 공기를 받아들이고 얼음을 유지하기 위한 최적의 공기 순환량이 정해져 있고, 너무 많은 환기구는 오히려 불필요한 물질의 유입 문제를 일으키는 등 모종의 이유가 있었을 것으로 추측한다.

입구의 방향도 차가운 공기를 받아들이기 위해서인지 바람의 방향으로 설치하였다. 바람이 잘 통하면 그만큼 차가운 공기를 받아들이고, 석빙고 내부의 공기가 순환하는 데 도움이 되었을 것이다. 입구가 일자형으로 되어 있지 않고 기역 모양으로 되어 있는 것도, 바람을 입구로 모아 석빙고 내부로 들여보내기 위함이 아니었을까 추측하고 있다.

지금은 확인할 수 없지만, 당시 얼음을 보관할 때는 얼음을 볏짚과 왕겨 등으로 완전히 덮어놓았다고 한다. 이는 석빙고 위에 덮인 흙처럼 또 하나의 단열재 역할을 하여, 석빙고 내부에서도 가장 차가운 공기가 만들어지는 얼음 주위에 차가운 공기를 묶어주는 역할을 한다. 물론 더 좋은 단열재를 쓴다면 최고의 보온 효과를 기대할 수 있겠지만, 구하기 쉬운 볏짚과 왕겨만으로 어느 정도 차가운 공기를 유지하여 보온 효과를 낼 수 있다면 그것이 가장 좋은 방법이었을 것이다.

이렇게 석빙고는 그 구조가 단순해 보여도 물을 빼내는 경사와 배수로, 공기의 순환을 도운 내부 구조와 환기구, 얼음 위를 덮었던 볏짚과 왕겨 등의 다양한 요소를 모두 포함한 매우 과학적인 냉동고였다.

실제로 얼마나 효과적이었을까?

석빙고의 실제 보온 효과가 어땠는지는 여러 연구와 분석을 통해 알 수 있다. 그중에서도 김지영 등의 연구자들은 경주 석빙고의 미기후 환경을 다음과 같이 분석하였다.

> 미기후 분석 결과, 석빙고 내부는 겨울철을 제외하고 연중 90% 이상의 높은 상대습도를 유지하였으며, 내부 미기후는 외부 기후 변화에 의존하나 외부보다 변동이 현저히 적은 일정한 환경을 유지하고 있었다.
>
> 「경주석빙고의 정량적 훼손도 평가와 미기후환경 분석」, 김지영 외, 2009.

높은 상대습도를 유지하는 내부는 얼음의 승화 현상을 막았을 것이고 외부 기후보다 적은 내부 기후 변화는 여름철에도 얼음이 덜 녹는 환경이 만들어졌다는 것을 뜻한다. 또한 공성훈 등은 경주 석빙고 내·외부 측정을 통해 이렇게 판단하였다.

> 개구부가 개방된 조건에서도 석빙고 내부의 온도변화는 통풍구, 출입구 또는 외기온도 조건에 비해 그 변화폭이 작음으로 외기의 영향을 가장 작게 받는 것을 알 수 있으며, 실제 얼음을 저장했을 때에도 거의 일정한 온도로 유지될 가능성이 많은 것으로 생각된다
>
> 「경주 석빙고의 여름철 실내 환경 조건에 관한 연구」, 공성훈·조국환, 1998.

우리 선조들은 돌과 흙 등 쉽게 구할 수 있는 재료들을 이용하여 온도가 30℃ 이상으로 올라가는 한여름에도 일정한 온도로 얼음을 유

지할 수 있을 만큼 뛰어난 냉동고를 만든 것이다. 물론 당시에 여름에도 얼음을 사용하였던 기록이 있으니 이미 증명된 것이지만 이렇게 후세의 연구를 통해 세부적인 근거들이 과학적으로 밝혀지니 우리 선조의 지혜가 얼마나 대단했는지를 실로 느낄 수 있었다.

석빙고에 담긴 과학 원리, 더 많은 사람과 함께 나누자

답사하며 아쉬웠던 점은 현재 경주 석빙고의 주변 환경이었다. 사람이 적은 것도 적은 것이지만 넓은 지대에 석빙고가 덩그러니 놓여 있는 모습을 보자니 안타까웠다. 다른 유적지도 많이 답사했지만 대부분 깔끔하고 정돈된 주변 환경과 좋은 설명으로 관람객들의 이해도를 높이고 있었다. 석빙고가 나에게는 굉장한 고대의 과학시설이기에 주변에 작은 울타리와 낡은 안내판 하나만 함께 서 있는 모습이 나에게는 왠지 외롭게 느껴졌다.

어쩌면 지금 상태가 가장 자연스럽게 당시 석빙고의 모습을 표현한 것이라 할 수도 있을 것이다. 하지만 소중한 문화재를 앞으로도 잘 보호하기 위한 조치와 안내가 동반되고 석빙고의 모습 하나하나에 담긴 과학 원리들을 사람들이 느끼고 감탄할 수 있도록 최소한의 설명이 함께한다면 더욱더 좋을 것이다.

석빙고는 교과서에도 빠짐없이 등재되어 있고 드라마나 영화 소재로도 종종 쓰였기 때문에 석빙고가 무엇인지 알지 못하는 사람은 드물 것이다. 그러나 경주 석빙고를 답사할 때 주변이 휑할 정도로 사람이 적은 걸 보니, 우리나라 역사 문화재로서 온전히 대접받지 못하고 있다는 생각이 들었다. 같은 월성 내부의 역사 유적 지구 내에만 해도 첨성대와 국립경주박물관이 있으니 이에 비해 석빙고에 대한 대중적인 관심은 그리 높지 않은 듯하다.

초등학교 때의 수학여행을 떠올려봐도 경주 여행은 첨성대 관광을 필수로 포함했으나 석빙고는 한 번도 가본 적이 없었다. 그러나 경주 석빙고는 1963년 대한민국 보물 제66호로 지정된 자랑스러운 문화재일뿐더러 무엇보다 나에게는 너무나 신기하고 궁금한 우리 조상의 걸작으로 느껴졌다. 비록 그 모양새가 특색 있고 눈에 띄지 않더라도 그 속에 담긴 과학적 · 역사적 의미는 정말 대단하다. 석빙고가 앞으로 잘 보존되어 누군가에게는 궁금증을 해소해주고, 누군가에게는 꿈을 키워주는 더욱 자랑스러운 문화재로 남길 바란다.

너에게만 알려주는 답사 꿀팁

경주 석빙고는 볼거리가 많이 없다고 생각할 수 있다. 역사적으로, 과학적으로 매우 의미 있는 장소이지만 규모가 작은 것은 사실이다. 그러나 첨성대와 국립경주박물관이 가까이에 있다는 것이 큰 장점이다. 걸어서 10분 거리 안쪽에 이러한 명소들이 있으니 모두 함께 방문하는 걸 추천한다. 또한 경주역사유적지구 내에는 여러 경주의 역사와 문화가 잘 보존되어 있으니 다양한 유적을 경험하길 바란다.

경복궁에서 세월이 빚은 과학을 찾다

생명화학공학과 17 **이재희**

500년 조선 역사의 근간 경복궁을 찾다

서울역에서 지하철을 타고 약 15분, 도보로 약 5분 동안 더 걸으면 500년 조선왕조의 상징이라 할 수 있는 조선 최초의 궁궐, 경복궁이 나온다. 누군가는 어떻게 경복궁이 과학과 깊은 관련이 있는 장소인가 의문을 품을 수도 있다. 아마 많은 사람이 과학적으로 의미 있는 장소를 떠올리라 하면 카이스트를 비롯한 국내의 연구 시설이나 학창 시절 방문했던 과학 전시회, 또는 세계 곳곳의 과학사 유적을 떠올릴 것이다. 나 또한 처음에는 그랬다. 글을 쓰기 전 내가 경복궁을 주제로 과학 이야기를 쓸 줄은 상상하지 못했다. 대부분의 사람들이 경복궁에 대해 처음으로 접하는 계기는 역사책이지 과학책이 아니기에 경복궁을 과학과 관련짓는 것은 그리 쉬운 일이 아닐 것이다.

하지만 내가 경복궁을 주제로 고른 것은 결코 우연이 아니다. 생각보다 과학은 멀리 있지 않다. 일상에서 만나는 모든 것에는 과학이 깃

들어 있다. 그렇기에 오랜 노력과 수백 년의 역사를 담은 경험 위에 세워진 경복궁에도 당연히 과학과 우리 선대의 지식을 곳곳에서 찾을 수 있다. 이것이 내가 경복궁과 과학을 결부하여 이야기하려는 이유다.

경복궁의 나무, 돌 하나하나에도 오랜 역사가 있고, 조형물과 건물의 구조를 비롯한 모든 요소가 저마다의 뚜렷한 목적과 의미를 가지고 자리를 지키고 있다. 이 모든 것이 어우러져 궐내를 웅장함과 아름다움으로 가득 채운다. 그리고 이러한 분위기의 중심에는 상상하기 어려울 정도의 긴 세월이 담긴 과학이 있고 과학이 꽃피웠던 역사의 현장이 있다. 이처럼 전혀 생각지도 못한 곳에서 과학적 원리를 찾는 일은 분명 즐거운 경험이 될 것이다. 그렇기에 나는 새로운 시각을 가지고 어렸을 때 방문했던 경복궁을 다시 한번 찾았다.

오랜 경험과 지혜의 산물, 영제교와 박석

경복궁의 정문인 광화문을 지나 흥례문을 들어서면 영제교 위 소박하지만 정교한 석수가 방문자들을 반겨준다. 영제교는 경복궁의 '금천교'로 외부와의 경계를 나타내기 위해 만든 '금천'이라는 인공 개천을 건너는 다리다. 이 다리의 한가운데 서서 정면의 근정전을 바라보면 마치 조선 시대로 들어가는 경계에 선 것만 같은 착각이 든다.

이처럼 돌과 간단한 조형물로 이루어져 어떻게 보면 소박해 보일지 모르는 영제교에도 많은 과학적 원리가 숨어 있다. 영제교는 2개의 아치가 지지하고 있는데, 아치형 구조는 다리 위에서 가해지는 하중을 단순히 수직으로 지지하는 것뿐만이 아니라 돌의 압축력을 함께 이용해 견딘다. 따라서 아치형 구조는 중력을 좌우로 분산해 안정적으로 하중을 견딜 수 있다.

이러한 아치형 구조를 받치는 돌을 선단석이라 하는데, 영제교에는 선단석 외에 추가로 아래에 지대석을 두어 훨씬 더 큰 하중을 무리 없이 견딜 수 있게 설계되었다. 얼핏 봐서는 알아차리기 힘들지만 영제교는 중앙이 약간 솟아 전체적으로 위로 볼록한 형태의 구조다. 이러한 구조 때문에 비가 오더라도 다리 한가운데 빗물이 고이지 않고 자연스럽게 빠져나갈 수 있다. 이와 같은 과학적 원리 덕분에 영제교는 수백 년간 근정전으로 향하는 길목으로서 해야 할 역할을 묵묵히 해낼 수 있었다.

영제교를 지나면 경복궁의 주 건축물이라 할 수 있는 근정전이 나온다. 아마 처음 들어본 사람이라도 사진을 보면 "아! 사극에 나왔던 그곳!" 하고 단번에 알아볼 수 있을 정도로 웅장하고 특색 있는 건물이 바로 근정전이다. 나 또한 근정전을 실물로 보니 반가운 마음이 들었다.

근정전에 들어서자마자 가장 먼저 눈에 띄는 것은 미디어 속 신하들이 일렬로 서 왕명을 받던 앞뜰이었다. 엄청난 크기의 앞뜰과 그 한가운데 우뚝 세워진 근정전은 조선 왕실의 위엄을 여실히 보여준다. 뒷짐을 지고 한껏 여유를 부리며 걷다보면 마치 조선의 왕이 된 것 같은 기분도 든다. 이처럼 분위기에 취해 한창 구경을 하다보면 상당히 이상한 점을 발견할 수 있을 것이다. 바로 뜰의 바닥이 매끄럽고 반듯한 바닥이 아닌 투박하고 거친 돌인 '박석'으로 되어 있다는 점이다. 자연스러운 아름다움을 추구해서일까? 거친 돌바닥보다 매끈한 바닥이 훨씬 더 궁궐의 아름다움을 위해서는 좋은 선택이었을 것 같은데 상당히 의아한 부분이었다.

그러나 근정전 앞뜰의 투박해 보이는 박석은 조상의 지혜를 엿볼 수 있는 또 다른 소중한 유산이다. 과거 근정전 앞은 임금과 신하들이 각종 행사와 연회를 진행하던 곳이었다. 여러 중요한 일이 이 근정전 뜰에서 행해졌는데 그렇기에 이러한 바닥의 형태는 눈부신 태양과 깊은 관련이 있다. 만약 매끈한 돌을 깔았다면 낮에 강하게 내리쬐는 햇빛이 바닥에 반사되어 눈이 부셔 제대로 일정을 진행하기 어려웠을 것이다. 반면에 울퉁불퉁한 박석을 깔면 햇빛이 돌의 불규칙한 표면에서 난반사되기 때문에 눈이 부시지 않아 눈의 피로를 덜어준다. 또한 과거 대신들이 즐겨 신었던 신발은 비단으로 만든 가죽신이었는데 신발의 특성상 매끈한 바닥에서는 넘어지기가 쉬웠다. 하지만 박석의 울퉁불퉁 표면의 강한 마찰력이 가죽신의 바닥을 잡아주기에 미끄러지지 않고 다닐 수 있었다고 한다.

이처럼 자연적인 아름다움을 그대로 간직하고 있는 근정전 뜰 앞의 박석은 빛의 반사와 위를 지날 때의 안정성, 실용성을 모두 고려한 우리 조상들의 지혜를 보여주는 좋은 예다.

경복궁의 중심, 근정전 본건물에 숨은 과학

날개를 펼친 듯 웅장한 위세를 자랑하는 근정전의 기와지붕에서도 과학적 원리를 찾아볼 수 있었다. 눈짓으로 지붕의 꼭대기에서 시작해 아래로 지붕의 곡선을 따라 내려오다보면 지붕이 단순한 직선이 아닌 유려한 곡선의 형태로 뻗어 있다는 사실을 발견할 수 있다. 부드러운 곡선을 그리는 듯한 이 지붕은 사이클로이드 곡선과 매우 닮았다. 사이클로이드 곡선은 구르는 원 위의 한 정지한 점이 그리는 자취를 의미하는데, 이 곡선은 단순한 곡선과는 다른 특이한 성질을 가진다.

그중 하나는 어떠한 물체가 중력에 의해 표면을 따라 굴러떨어질 때 사이클로이드 곡선을 따라 떨어지는 것이 가장 빠르다는 사실이다. 얼핏 최단 거리의 직선이 가장 빠르리라 생각할 수 있지만, 가장 크게 중력가속도를 받을 수 있는 사이클로이드 곡선에서 물체가 가장 빨리 굴러떨어지게 된다.

따라서 이러한 곡면의 지붕은 비가 올 때 빗물에 약한 목조건물에 비가 스며들기 전에 빗방울을 최단 시간에 지붕에서 굴러떨어지게 함으로써 건물이 썩는 것을 막아준다. 근정전의 지붕 말고도 대부분의 경복궁 내 건물의 지붕은 사이클로이드 곡선 형태를 띠고 있다. 이러한 곡선 형태의 지붕에는 심미적인 아름다움뿐만 아니라 실용성을 동시에 추구했던 선대의 슬기로움이 담겨 있다.

시간여행을 온 것 같은 분위기에 취해 넓은 근정전 뜰 안을 거닐다 보면 금세 지친다. 이때 지붕 아래 그늘에 앉아 쉬면서 단청을 올려다

보면 멀리서는 포착하기 힘들었던 형형색색의 무늬로 꾸며진 화려한 구조물을 만나볼 수 있다. 바로 '오지창'이다. 바깥쪽을 향해 뾰족하게 뻗어 있어 마치 창을 들고 있는 병사를 보는 듯했다. '오지창'에 대해서는 간단한 검색을 통해 어떤 의미로 설치된 구조물인가에 대한 답을 찾을 수 있었다.

과거 나무로 이루어진 궁궐에 물과 불 못지않게 위협적이었던 것은 짐승의 배설물이었다. 특히 새의 분비물은 산성이 매우 강한데, 새의 분비물을 햇빛에 방치하면 수분이 증발하면서 산성이 더욱 강해진다. 이들은 나무를 부식시켜 건물을 금방 상하게 했고 외관상으로도 무척이나 좋지 않았기에, 궁을 지을 때 새는 항상 골칫거리였다. 따라서 건축가들에게는 새의 접근을 막는 것이 무엇보다 중요했다. 그 해결법으로 우리 조상들은 새가 궁의 처마 아래 둥지를 틀지 못하도록 뾰족한 오지창을 달았다.

이처럼 수백 년 전에 지어진 건물이 과거의 위용과 아름다움을 그대로 간직한 채 지금의 우리 앞에 있을 수 있는 이유는 오랜 역사를 통해 쌓아온 과학적 지식 덕분이다.

조선의 과학이 꽃피웠던 곳, 수정전

근정전에서 서쪽으로 가면 세종대에 집현전으로 사용되던 건물인 수정전이 나온다. 이 수정전에서 많은 학자가 밤낮으로 연구해 조선의 학문 수준을 세계적인 수준으로 끌어올렸다. 이곳을 둘러보다보면 바로 앞에 작은 기념비 하나를 발견할 수 있는데, 바로 조선의 과학자 장영실이 자격루를 만들어 설치했던 보루각이라는 건물이 있었던 자리를 나타내는 기념비다.

자격루를 만들던 당시 조선에는 시계가 보급되어 있지 않았고 그나마 사용하던 해시계도 흐린 날이나 밤에는 사용할 수 없는 점이 큰 문제였다. 이러한 문제점을 해결하기 위해 장영실은 조선의 독창적인 시계를 만들기 위해 노력했는데, 그 결과물이 그 유명한 물시계 자격루다. 그리고 과거 자격루가 설치되어 조선의 시간을 관장하던 곳이 바로 이곳 수정전 보루각터다.

이 밖에도 장영실은 측우기를 비롯해 혼천의, 앙부일구 등 역사에 길이 남을 위대한 발명품을 많이 만들어 조선의 과학기술을 꽃피웠다. 따라서 이곳에는 조선의 과학기술 역사가 고스란히 담겨 있다. 한 명의 과학도로서 그 앞에 가만히 서서 수백 년 전 이곳의 모습을 상상하니 왠지 모를 자부심과 함께 묘한 기분이 들었다.

아름다움 속에 숨은 과학, 경회루와 향원정

이후 강녕전을 지나 북서쪽으로 가면 또 다른 경복궁의 상징적인 건축물이라 할 수 있는 경회루가 나온다. 경회루는 방형 연못 안에 세운 큰 누각으로 국빈을 대접할 때나 나라의 경사가 있을 때 연회를 베풀던 곳이다. 경회루는 우리나라 최대 크기의 누각으로서 찬란했던 조선 왕실의 위엄을 잘 보여준다.

이러한 경회루에서 가장 신비로운 장소는 연못이다. 고인 물은 썩기 쉬워 금방 수질이 나빠진다는 단점이 있는데 경회루의 연못은 수백 년이 지나도 안에 사는 잉어가 보일 만큼 깨끗한 수질을 유지하고 있다. 더욱더 경이로운 부분은 이러한 수질이 외부의 강제 순환 장치 없이 경회루 자체의 구조에서 기인했다는 사실이다. 물을 다 뽑아낸 경회루의 바닥 구조를 살펴보면 입수구가 있는 북동쪽이 출수구가 있는 남동쪽보다 약간 높다는 점을 알 수 있다. 이 지대의 기울기가 경회루 내 물이 자연스럽게 흐르는 데 결정적인 역할을 한다.

또한 연못에 있는 인공 섬의 위치도 절묘해, 입수구에서 들어온 물이 자연스럽게 섬 주위를 돌며 연못 전체를 순환한다. 이처럼 고여 있는 연못처럼 보이지만 실제로는 그 구조 자체만으로 흐름을 만들어 잔잔하게 흐르고 있다는 점이 경회루가 항상 맑은 물을 유지할 수 있었던 비결이다. 이러한 훌륭한 건축물을 지금, 그리고 앞으로도 볼 수 있다는 것은 분명 우리에게는 큰 행운일 것이다.

한참을 걸어 경복궁의 깊숙한 곳까지 들어가면 경복궁에서 가장 아름다운 장소인 향원정에 다다른다. 향원정의 아름다운 풍경과 더불어 하늘이 잔잔한 물결에 비쳐 마치 하늘에 정자가 떠 있는 듯한 인상을 준다. 더불어 주변에 푸른 나무와 꽃은 마치 도원향에 있는 것 같은 착각마저 들게 한다. 정자에 들어가 풍경을 직접 보지는 못했지만 밖에서 본 풍경으로 짐작건대 내부에서 본 풍경도 분명 황홀하리라는 확신이 들었다.

근처에 자리를 잡고 앉아 향원정을 바라보고 있노라면 힘든 기억이 다 씻겨져 나가는 듯한 편안함과 고요함이 내 주변을 감싼다. 이러한 편안함의 원인은 향원정으로 흘러드는 잔잔한 물결에 있다. 이곳의 물은 열상진원이라는 샘에서 흘러들어오는데 우리의 조상들은 이 샘에서 흘러나오는 물이 향원정의 고요함을 깰까 우려했다. 따라서 샘의 입구부터 향원정의 입수구까지 오는 경로를 회오리치듯 두 번에 걸쳐 수직으로 꺾어 향원정으로 들어오는 물길의 유속을 낮추었다.

단순한 방법이지만, 이 경로 변경에는 다른 의미도 있다. 차가웠던 물이 한번 돌려지면서 약간 데워지고, 빨랐던 급류가 완화되어 향원정에 사는 물고기가 놀라지 않도록 배려한 선조들의 따뜻한 마음씨도 함께 담겨 있다.

아름다움 속에 숨은 과학, 경회루와 향원정

여행을 마치고 돌아오는 기차 안에서 잠깐 눈을 감았다. 오랜만에 오래 걸어 다녀 피곤했던 것일까 아니면 아직도 과거에서 헤어 나오지 못한 것일까? 알 수 없는 이유로 한참을 멍하니 잠들지 못하고 깨어 핸드폰으로 찍은 사진을 하나하나 다시 보았다. 기차는 내 몸을 싣고 집으로 달려가고 있었지만 아직도 마음은 경복궁에 있는 것처럼 머릿속에는 경복궁이 세세하게 그려졌다. 한참이 지나도 경복궁에서 느꼈던 감동은 쉽사리 사라지지 않았다. 묘하고도 행복한 기분이었다.

많은 이들이 서울에서 데이트한다고 하면 명동, 홍대, 강남과 같은 번화가를 찾기 마련이다. 혹은 어쩌다 경복궁을 찾는다고 하더라도 이에 숨겨져 있는 과학적 원리를 살펴보고 느끼는 것보다는 한복을 입은 채 사진을 찍기 바쁘다. 한복을 입고 사진을 찍는 사람들을 비난하려는 것이 아니다. 하지만 사진을 찍는 것과 함께 경복궁에 숨어 있는 과학적인 원리도 살펴본다면 경복궁으로의 여행이 훨씬 더 아름다운 추억으로 남을 수 있을 것이다.

한가로운 주말에 경복궁으로 여행을 떠나보는 것은 어떨까? 부모님의 손이든 애인의 손이든 상관없다. 카메라를 하나 들어도 좋고 빈손이어도 좋다. 누구랑 가건, 무엇을 가지고 가건 그곳에 있는 아름다운 역사와 건축물 속 과학적 원리는 언제나 우리들의 가슴을 쿵쿵 뛰게 해줄 것이다.

너에게만 알려주는 답사 꿀팁

경복궁을 혼자 돌아다니는 것도 좋지만 가이드를 따라 해설을 들으면서 다니는 것도 무척이나 재미있다. 문화재청의 경복궁 관리소에 들어가보면 요일별로 정규해설 시간이 정해져 있으니 이 시간에 맞춰서 해설을 들어보자. 자신이 몰랐던 새로운 사실을 알게 될지도 모른다. 또한 매시 정각 경복궁 수문장 교대식도 좋은 볼거리다. 무엇보다 혼자보다는 친구나 연인과 오는 것을 추천한다. 훨씬 더 즐겁고 재미있는 기억이 될 것이다.

식물들의 보금자리, 그린 카이스트

생명과학과 17 **이언주**

바쁜 일상에 가려진 녹색 배경

카이스트 캠퍼스의 하루는 항상 바쁘게 돌아간다. 이른 아침부터 연구실에 출근하는 사람들, 점심을 먹으러 교내 식당으로 향하는 사람들 그리고 한 손에 아이스 아메리카노를 들고 강의실로 뛰어가는 학생들. 그러나 이 많은 사람 중에 과연 자신이 지나다니는 캠퍼스의 주변 배경을 신경 쓰는 사람은 몇이나 될까? 다시 말해 캠퍼스의 많은 부분을 차지하고 있는 녹색 배경에 관심을 두는 사람은 몇 명이나 될까 하는 것이다. 대부분은 단지 배경으로서 가로수나 꽃들을 스쳐 지나가기 일쑤다. 친구들과 이야기하느라 혹은 각자의 길이 바빠서 그 주변까지 신경 쓸 틈 없이 걸음을 재촉한다. 그러나 우리 주변에 항상 존재하는, 카이스트 캠퍼스를 이루고 있는 이 녹색 배경들은 실로 다양한 식물이 집약된 대단한 생태의 터전이다.

카이스트, 넓고 푸른 생태의 터전

우선 카이스트가 다양한 식물들의 보금자리가 될 수 있었던 첫 번째 이유는 바로 넓은 캠퍼스 면적에 있다. 카이스트의 캠퍼스 면적은 113만 9,268㎡로, 국내 대학교 중 손꼽힐 정도로 넓은 부지를 자랑하며 그에 따라 녹지 내에 분포하는 식물 종도 훨씬 다양하다. 또한 가파른 산에 지어진 많은 대학교와는 다르게 카이스트 캠퍼스는 산지뿐만 아니라 넓은 평지도 가지고 있다. 이 장점은 학생들이 쉽게 자전거를 타고 다닐 수 있는 환경을 제공해줄 뿐만 아니라 캠퍼스 안에 더욱 다양한 식물 종이 존재할 수 있도록 해준다. 들판에서 군집을 이루는 식물 종과 산지에서 군집을 이루는 식물 종 모두가 캠퍼스 내에 존재함으로 인해 식물들은 다양한 종끼리 상호작용할 수 있다.

카이스트 캠퍼스의 입구에서 길을 쭉 따라 들어오다보면 큰 연못이 하나 나온다. 바로 카이스트의 명물 '오리연못'이다. 위에서 내려다보았을 때 그 모습이 오리를 닮았다고 하여 오리연못이라고 불린다. 이 연못 주변에는 다른 대학교 캠퍼스에서 쉽게 찾아볼 수 없는 습지식물이 서식하고 있다.

연못 속에는 부유식물, 부엽식물 및 침수식물이 자라고 있으며, 연못 주변을 거닐다보면 연못을 둘러싸고 무성하게 나 있는 습지식물인 '부들'도 심심치 않게 찾아볼 수 있다. 부들은 마치 핫도그 안에 들어있는 소시지처럼 생긴 습지식물로, 우리나라에서 가장 흔하게 볼 수 있는 특이한 생김새의 습지식물이다. 이처럼 카이스트 캠퍼스에서는 육지에서 찾아볼 수 있는 평지와 산지 식물 식생 외에도 연못 주변을 따라 다양한 수변 식생대의 모습도 찾아볼 수 있다.

이처럼 자연적이고 환경적인 요인 말고도 카이스트 캠퍼스의 구성원들 역시 캠퍼스의 아름다운 녹지를 위해 큰 노력을 해주고 있다. 우선 생물 관찰 동아리 '숲'은 식물, 곤충, 미생물, 조류 등 총 4개의 부서로 나뉘어 캠퍼스 내의 녹지를 돌아다니며 각양각색의 생물을 찾아내고 보호한다. 카이스트 생명과학과 김상규 교수의 '생태학' 연구실과 생명과학과 최길주 교수의 '식물학' 연구실도 교내 녹지 보존에 힘쓰고 있다. 먼저 김상규 교수의 생태학 연구실에서는 교내 다양한 나무들과 식물들에 이름표를 붙여 그 개체 수를 알아보고 식물과 어떤 곤충이 상호작용하고 있는지 관찰한다.

다음으로 최길주 교수의 식물학 연구실에서는 교내 식물 식생을 전반적으로 관찰하고 있으며 계절에 따라 피는 꽃을 관찰하고 카이스트 구성원들에게 소개한다. 특히 최길주 교수의 '식물학' 수업에서는 매 시간 이론 수업이 끝난 후, 교수가 학생들을 직접 이끌고 교내 캠퍼스를 돌아다니면서 녹지의 식물들을 세세하게 소개해준다.

캠퍼스 내부를 밝히는 여러 가지 꽃들

캠퍼스를 지나다니는 사람들의 눈에 제일 잘 띄는 것은 아마도 '꽃'일 것이다. 매해 4월만 되면 많은 사람이 캠퍼스를 찾아온다. 카이스트의 명물인 아름다운 벚꽃길을 보기 위해서다. 벚꽃길 옆에는 아름다운 목련들이 핀 '목련 마당'도 있다. 우리는 그들이 각각 한 종류의 꽃일 것이라 쉽게 착각하지만, 사실 비슷한 모습으로 보이는 벚꽃과 목련도 각각 여러 종류가 존재한다.

우선 가장 먼저 피는 벚꽃은 '올벚나무' 종류다. 이 벚나무는 분홍빛을 내며 벚꽃들 가운데 가장 먼저 피고 씨방 부분이 다른 벚꽃들에 비해 둥그런 특징을 가진다. 다음으로는 '왕벚나무'가 꽃을 피운다. 왕벚나무는 다른 벚나무들보다 꽃이 조금 더 많고 꽃이 잎보다 먼저 피어서 벚꽃이 더욱 풍성하게 핀 것처럼 보인다. 왕벚나무가 핀 이후로는 '벚나무'와 '산벚나무'가 피는데 왕벚나무와 비교해서 꽃이 많이 달리는 편은 아니며 꽃과 잎이 함께 나는 특징을 가진다. 이 밖에도 카이스트 캠퍼스에는 털벚나무, 개벚나무, 가는잎벚나무, 꽃벚나무 등이 있으며 겹벚꽃을 피우는 나무들도 있어 캠퍼스 내를 지나다니는 사람들의 눈을 즐겁게 해준다.

벚꽃뿐만 아니라 다른 다양한 종의 꽃들도 캠퍼스를 향기롭게 채워준다. 창의학습관 맞은편에 위치한 '목련 마당'에는 가장 흔한 목련의 종류인 '백목련'이라고 하는 종이 분포되어 있다. 이 밖에도 두 가지의 흰색 목련인 '고부시목련'과 '별목련'이 있다. 고부시목련은 본교 서측식당과 기초실험 연구동 앞에서 쉽게 찾아볼 수 있는데 백목련과는 다르게 고부시목련은 한국 자생종으로 꽃잎이 축 늘어져 수수한 느낌이 드는 꽃이다. '별목련'은 이름 그대로 꽃잎이 별처럼 나 있는데 꽃잎 수가 다른 목련보다 많아서 얼핏 보면 연꽃 같은 느낌을 준

한국 자생종 '고부시목련'의 사진.

다. 카이스트 안에서 가장 드물게 피는 목련으로 본관 앞과 북측 기숙사 앞에서 몇 그루 찾아볼 수 있다.

벚꽃과 목련 말고도 궁리실험관 옆에 위치한 '궁리정원'에서도 다양한 꽃들을 만나볼 수 있다. 주로 봄을 알리는 꽃들이 분포해 있는데 노란 복수초가 2월 말쯤에 피기 시작한다. 복수초는 우리나라의 여러해살이풀로 지역에 따라 개화 시기 차이가 크게 나는 특이한 꽃이다.

경기 북부지역에서는 4월 초, 중순경에 복수초가 피지만, 캠퍼스가 있는 충청도 지역에서는 1월 말에서 2월 중순 사이에 꽃이 핀다. 궁리정원에서 찾아볼 수 있는 또 다른 노란색 꽃은 바로 수선화다. 이 꽃은 복수초와 함께 이른 봄에 피는데 크게 노란색과 하얀색 2가지 종류가 있다. 3월이 되면 본격적으로 여러 가지 색깔의 꽃이 피기 시작한다. 나풀나풀한 분홍색 꽃잎을 가진 진달래, 붉은색 꽃을 축 늘어뜨리며 피는 할미꽃, 끝이 뾰족한 흰 꽃잎을 가진 돌단풍까지 모두 3월의 궁리정원에서 찾아볼 수 있는 꽃들이다. 4월 이후에는 자주색과 푸른색이 오묘하게 섞인 예쁜 색깔의 자주달개비 꽃과 궁리정원 안의 연못 주변에서 피는 노랑꽃창포 등이 봄의 생명을 불어넣는다.

여러 가지 식물과 공생하는 곤충

이처럼 카이스트 캠퍼스 내에는 다양한 식물이 상생하며 캠퍼스를 밝혀주고 있다. 각자의 위치에서 군집을 이루어 살아가며 캠퍼스 안을 쾌적하게 해준다. 그러나 식물은 움직이지 못하는 생물이기 때문에 혼자 힘으로 번식을 하거나 포식자들을 피하는 데에는 어려움이 따른다. 즉 식물들이 건강하게 살아 있는 데에는 숨은 조력자가 존재한다는 뜻이다. 바로 식물과 공생하며 생태계를 이루는 '곤충'들이 그 주인공이다. 카이스트 캠퍼스는 곤충 방역을 최소한으로만 진행하여 식물과 곤충의 생태계가 파괴되지 않도록 보호한다.

우리가 캠퍼스 안에서 가장 쉽게 볼 수 있는 곤충인 개미와 제비꽃의 경우를 보자. 제비꽃이 번식하려면 씨앗을 만들어 그 씨앗이 땅에 묻혀 싹을 틔워야 한다. 그러나 식물은 움직이지 못하는 생물이기 때문에 직접 씨앗을 땅에 묻을 수는 없다. 이때 '개미'가 그 역할을 대신해준다. 제비꽃은 씨앗을 내보내기 전에 개미를 유인할 '엘라이오솜'이라는 당분을 씨앗 표면에 묻혀 내보낸다. 그러면 개미는 엘라이오솜을 먹이로 삼기 위해 씨앗을 개미굴로 가져간다. 씨앗과 함께 개미굴에 도착한 개미들은 씨앗 표면에 묻은 당분만을 먹고 남은 씨앗은 개미굴 내의 쓰레기 처리 장소에 둔다. 그러면 그곳에서 씨앗은 안전하게 싹을 틔울 수 있다. 이 방법은 실로 많은 식물이 사용하고 있는 생존 전략인데 식물과 곤충 양쪽 모두에게 좋은 일거양득의 방법이기도 하다.

조금은 독특한 방식으로 식물을 보호하는 곤충도 있다. 캠퍼스 안을 지나다니다보면 가끔 주변의 가로수나 수풀의 잎이 말려 있는 모습을 볼 수 있다. 이 잎을 조심스레 펴보면 거미줄같이 얇은 하얀 실이 마구 엉킨 누에고치 같은 형상이 보인다. 이 흔적은 바로 '기생벌'의 흔적이다. 기생벌은 생장 과정 중에 기생 생활을 하는 벌들을 뜻하는데 보통 유충 상태에서 다른 곤충의 알, 애벌레 등에 기생하여 번식한다.

그런데 놀라운 점은 이러한 기생벌의 흔적이 발견되는 식물에는 뿌리를 갉아 먹는 뿌리벌레가 유독 적게 발견된다는 것이다. 이는 기생벌과 뿌리벌레의 화학적 신호전달 과정으로 서로를 피하기 때문에 가능한 현상이다. 즉 기생벌은 눈에 보이지 않지만 뿌리에 뿌리벌레가 이미 기생하고 있는 식물을 가려낸다는 뜻이다. 그렇게 되면 식물 입장에서도 뿌리와 잎 양쪽으로 갉아 먹히는 경우를 피할 수 있고 기생벌도 주인이 있는 식물을 피함으로써 먹이를 지속해서 확보할 수 있다.

이처럼 카이스트 캠퍼스의 넓은 녹색 배경 안에는 수많은 이야기가 존재한다. 다양한 육지 식물과 습지 식물, 계절별로 예쁘게 피는 꽃들 그리고 이들과 함께 어우러져 공생하는 다양한 곤충이 모두 캠퍼스 안에서 이들만의 생태계를 이루고 있다. 하지만 캠퍼스를 지나다니는 사람들은 카이스트의 녹색 배경이 어떠한 생태학적 가치를 가졌는지 그 안에서 어떤 일들이 일어나고 있는지 잘 모르고 있는 경우가 많다.

그러니 앞으로 이것 하나만은 기억해주었으면 좋겠다. 식물은 단지 캠퍼스의 배경이 아니다. 이들은 각각의 독자성과 매력을 지닌 개체들이고, 서로 어울려 하나의 생태계를 이루어 다양한 생물에게 삶의 터전을 제공한다. 캠퍼스를 지나다니다가 나무의 잎이 말려 있는 모습을 발견하거나 옆에 있는 두 목련이 묘하게 달라 보인다면, 그들의 이름을 불러주지는 못하더라도 한 번씩은 시선을 보내자. 그렇다면 그들도 분명 당신에게 싱그러운 자연의 빛깔로 답례를 해줄 것이다.

너에게만 알려주는 답사 꿀팁

카이스트 내부의 식물들은 캠퍼스의 다양한 곳에 분포해 있다. 우선 봄꽃을 많이 보고 싶다면, 카이스트 궁리실험관 옆쪽 '궁리정원'을 추천한다. 월별로 다르게 피는 색색의 꽃들을 만나볼 수 있을 것이다. 작은 꽃들보다는 커다란 나무에 피어 있는 벚꽃을 많이 보고 싶다면 북측에 있는 기숙사 쪽 길을 추천한다. 쭉 뻗은 길을 따라 벚꽃들이 늘어져 피어 있는 모습을 발견할 수 있을 것이다. 목련의 분포는 조금 다양한데 '목련마당'에 있는 목련들은 주로 백목련이며, 고부시목련을 보고 싶다면 본교 서측 식당과 기초실험 연구동 앞을 잘 찾아보길 바란다. 서측 식당 앞에는 꽃과 그들과 공생하는 곤충도 찾아볼 수 있으며, 운이 좋다면 딱따구리 소리도 함께 들을 수 있을 것이다.

똥 싸다 마주친 그대, 과학

기술경영학부 17 **최민호**

자기만의 공간, 화장실

"모두가 비슷한 생각을 한다는 것은, 아무도 생각하고 있지 않다는 말이다."

아인슈타인의 말을 핸드폰으로 보면서 나만이 생각할 수 있는 특별한 공간을 주제로 글을 써야겠다고 다짐했다. 힘까지 주면서 생각하다 번뜩 아이디어가 떠올랐다. 하루에도 몇 번을 들락날락하는 화장실. 생각하면 생각할수록 화장실 속 과학적인 원리가 떠올랐다. 오늘 약속을 나가기 전까지 화장실을 사용할 때마다 볼 수 있는 과학적 원리를 정리하기로 마음먹고 핸드폰을 껐다. 이제 닦아야 했다.

변기 속 과학

물을 내리면서 조금 안도했다. 최근에 엄청난 친구를 만들었다가 변기가 막힌 적이 있었기 때문이다. 다른 가족들도 모두 자고 '뚫어뻥'도 없는 정말 난감한 상황이었다. 뱃속에서부터 심상치 않은 친구였는데 실물을 마주하고 변기도 깜짝 놀랐나보다. 뜨거운 물도 넣어보고, 세제도 넣어봤지만 변화는 전혀 없었다. 옷걸이를 펴서 직접 노려봤지만 역시 실패했다. 좌절감을 안고 내일은 '뚫어뻥'을 꼭 사 오리라 마음먹고 잠이 들었다.

다음 날 엄마가 승리감을 잔뜩 머금고 나를 깨웠다. 전혀 뚫릴 것 같지 않던 그 견고한 벽을 뚫어낸 것이다. 그 영웅담을 들어보니 얇은 비닐봉지를 이용했다. 비닐봉지와 테이프로 변기를 밀봉하고 배수 레버를 내린다. 물이 차오르면서 물과 봉지 사이 공기층이 비닐봉지를 부풀린다. 당황하지 말고 봉지를 한 번에 훅 누른다. 그렇게 되면 공기 압력과 물의 압력으로 그 친구가 내려가게 된다.

사실 이 과정은 '사이펀의 원리'를 극대화한 과학적 현상이다. 사이펀의 원리란 수면의 압력과 중력으로 인해 높은 곳에서 낮은 곳으로 물을 보낼 수 있는 원리다. 높은 곳에 물이 담긴 컵, 낮은 곳에 또 다른 컵 하나씩 있다고 해보자. 그 둘은 뒤집어진 U자 모양의 관, 일명 사이펀으로 연결되어 있다. 높은 컵에 작용하는 수면의 압력이 구부러진 관 안의 대기압보다 크다. 유체는 기압이 높은 곳에서 낮은 곳으로 흐르기 때문에 위쪽 컵에 있는 물이 관으로 흘러 올라간다. 사이펀의 제일 높은 곳까지 흘러 들어간 물은 이후 중력에 의해 아래쪽 컵으로 이동한다. 변기 뒷부분을 보면 구부러진 관이 있는데, 그 관이 '사이펀'의 역할을 하는 것이다. 즉 높은 곳에 있는 변기의 물을 휘어진 관을 통해 밑으로 보낸다. 이 막힌 사이펀을 뚫어내는 데 가장 중요한 것은 변기에 작용하는 압력과 사이펀 내 대기압의 차이를 최대로 늘리는 것이다. 엄마는 비닐을 이용해 높은 곳에 있는 물에 압력을 더욱 키워서 사이펀 내 압력과 수압의 차이를 늘린 것이다.

세면대 속 과학

엄마의 영웅담을 상기하며 손을 씻었다. 거품과 함께 물이 소용돌이같이 돌아 내려간다. 너무 익숙한 이 장면도 당연하지 않았던 적이 있다. 대학교 입학을 기념해 호주로 가족여행을 간 적이 있다. 캥거루도 보고 호주 와인도 마신 뒤 숙소에 들어왔다. 그런데 숙소 화장실에서 손을 씻으면서 뭔가 어색함을 느꼈다. 처음에는 술을 너무 많이 마셔서 그런가했다. 하지만 이후 일주일 동안 계속 그 이상함을 느꼈고 이유는 도저히 찾지 못했다. 다른 숙소 화장실을 가도, 식당에 있는 화장실을 가도 똑같은 낯섦을 느꼈지만 도대체 왜 그러는지 알지 못했다.

그러다 여행이 끝나갈 즈음 절친 민규에게 카톡이 왔다. 기념품 꼭 사 오라는 말과 함께 카이스트 학생다운 카톡이 왔다. "야, 호주에서는 진짜 물 반대로 흘러?" 그 카톡을 보는 순간 나는 화장실로 달려가 세면대에 물을 틀었다. 지금까지 느꼈던 그 '이상함'의 이유를 알게 되었다. 스무살이 될 동안 시계 반대 방향으로 흐르던 세면대의 물이, 여기에서는 시계 방향으로 흐르고 있었다.

이 현상은 1835년 과학자 코리올리가 발견한 '코리올리 효과'로, 지표면에서 유체의 운동 방향이 자전하는 지구 내에서 관찰함으로써 휘어진다는 것을 말한다. 지구와 함께 자전하며 관찰하는 우리의 운동계와 물이나 대기가 움직이는 운동계가 달라서 발생한다. 기차 안에서 물건을 위로 던지면 단순히 상하 운동만 하는 것처럼 보이지만 밖에서 보면 포물선 운동으로 보이는 것과 유사한 원리다. 적도에서 북극을 향해 대포알을 쏘아 올리는 상황을 생각해보자. 대포알을 쏘아 올린 순간 대포가 주는 힘과 지구가 자전하는 힘이 합쳐져서 북극보다는 살짝 오른쪽을 향해 직선으로 나아간다. 여기서 '직선으로 나아간다'라고 하는 현상은 지구 밖에서 보고 기술하는 운동 상황이다.

하지만 지구 안에서는 다르다. 지구 안에서는 자전한다는 것을 인지할 수 없고, 그렇기 때문에 북극보다 오른쪽에 떨어지는 대포알을 이해할 수 없다. 그래서 코리올리는 가상의 힘을 도입하여 이 상황을 설명했다. 또한 적도에서 남극으로 대포알을 쏘는 현상을 생각한다면 남반구에서는 대포알은 왼쪽으로 휜다. 물도 마찬가지로 코리올리의 힘을 받는다. 사실 코리올리 효과는 부피가 작은 유체보다는 태풍, 대기 등 대규모의 유체에서만 확인된다. 하지만 아예 없는 것은 아니니, 세면대나 변기에서도 과학을 확인할 수 있다.

비누 속 과학

샤워를 하다 떠내려가는 비누 거품을 보면서 중학교 때 "유레카"를 외쳤던 일이 떠올랐다. 아직 나무 바닥이던 우리 학교에서는 바닥에 붙은 껌 떼기가 하나의 큰 과제였다. 방과 후 청소 시간에는 껌만 떼는 당번이 따로 정해져 있을 정도였다. 그 친구들에게 주어진 도구는 납작한 커터 칼밖에 없었다. 단순히 껌과의 힘겨루기였다. 당연히 물리적으로는 떼어지지 않아 우리는 별의별 방법을 다 써보기 시작했다. 물로 불리기도, 락스를 뿌려도 봤지만 꿈쩍도 하지 않았다, 심지어는 실험실에 있는 염산, 황산으로 녹이자는 말도 나왔지만 나무 바닥까지 뚫릴까봐 고이 접어두었다. 그러던 중 껌딱지를 조금 미끌거리게 해보자는 의견이 나왔다. 우리는 당장 화장실에서 비누를 가져와 얇게 묻혔다. 그리고 우리는 아르키메데스 못지않은 발성으로 온 학교를 뛰어다녔다. 물론 알몸은 아니었다. 조금 더 있으면 바닥 그 자체가 되어버렸을 껌딱지가 살살 뜯어져 나왔다.

이 우연한 해결책은 단순히 미끌거림을 추가한 것이 아니었다. '계면활성제'가 껌딱지에 영향을 줬기 때문에 일어난 과학적 현상이었다. 계면활성제란 말 그대로 경계면을 활성화하는 물질이다. 물과 기름을 한 컵에 넣으면 섞이지 않고 층을 이룬다. 물에 녹는 친수성 물질과 기름에 녹는 소수성 물질은 항상 이렇게 사이가 좋지 않다. 이러한 차이가 나는 이유는 분자의 구조 때문이다. 분자를 이루는 원자는 모두 전기적 특성을 띠고 있다. 이러한 원자들이 대칭적인 구조를 이룬다면 그 분자 내에 전기적인 힘이 모두 상충한다. 반대로 분자가 비대칭적이라면 전기적인 힘이 한쪽으로 쏠리게 된다. 대칭적인 구조를 갖는 분자가 대표적으로 기름, 비대칭적인 구조를 갖는 분자가 대표적으로 물이다. 전기적 특성이 본질적으로 다르기 때문에 이 둘은 서로 섞이지 않는 것이다. 하지만 계면활성제는 이 둘을 섞이게 한다. 계면활성제에는 한쪽에는 친수성 구조, 한쪽에는 소수성 구조를 갖추고 있기 때문에 가능한 일이다. 즉 서로 친하지 않은 두 분자를 양쪽 손에 꼭 잡고 화해시키는 역할이다. 우리가 비누를 발라주자 주변의 수증기, 우리가 부어준 물과 화해를 하면서 바닥에서 떨어진 것이다.

거울 속 과학

샤워를 마무리하고 면도를 하기 위해 거울 앞에 섰다. 인터넷에서 본 글 중에, 거울 앞에서 남자는 '그래도 나는 좀 괜찮지' 하고, 여자는 '너무 뚱뚱한 것 같아'라고 생각한다고 한다. "아무리 그래도 나 정도면 괜찮지" 하는 생각과 함께 거울을 보며 면도를 하기 시작했다.

나는 면도는커녕 말도 제대로 하지 못한 어릴 적부터 거울에 관심이 많았다고 한다. 가만히 앉아서 거울 속 나를 쳐다보기도 하고 혀로 날름 맛을 음미하기도 했다고 한다. 지금도 거울이나 빛에 관해서 생각을 자주 한다. 사실 엄밀히 따지자면 우리는 거울을 볼 수 없다. 거울은 항상 한 방향의 빛을 나란히 반사한다. 그래서 우리는 거울을 보면 다른 방향의 모습을 볼 수 있다. 사람은 거울 속 내 모습이 거울 안의 다른 사람이 아니라 '나'를 비치고 있다는 사실을 생후 8~10개월 뒤부터 알게 된다. 거울이라는 물체에 대해 판단하는 방법을 경험적으로 깨우친다. 이는 다시 말해 거울을 보는 순간 거울이라는 물건이 아니라 거울 안 세상을 보고 뇌 속 별도의 인지 과정을 거쳐 나로 인지한다는 것이다.

이러한 현상은 '본다'라는 과학적 사실과 복잡하게 얽혀 있다. '본다'라는 의미는, 해당 물건에 빛이 반사되어 우리 눈에 들어오는 것이다. 하지만 거울과 일반적인 물질을 보는 것에는 차이가 있다. 정반사와 난반사 때문이다. 빛은 어떠한 표면에 닿는 순간 들어온 각과 똑같은 각을 갖고 반사되어 나간다. 하지만 일반적인 물체는 표면이 오돌토돌하기 때문에 같은 방향으로 빛이 들어와도 사방팔방으로 퍼져나간다. 그렇기 때문에 물체에 반사되어 눈에 들어오는 빛의 양은 물체로 향했던 빛의 양보다 훨씬 적다. 물체의 색깔은 해당 색깔의 빛만 반사하고 나머지는 흡수해버리기 때문에 나타나는 현상이다.

하지만 거울은 다르다. 표면을 아주 고르게 만들어 같은 방향으로 들어온 빛을 같은 방향으로 나가도록 만든다. 어떠한 양의 빛이든, 어떠한 색깔의 빛이든 모두 반사한다. 이 차이를 생각해보면 아이러니한 결과에 도달한다. 나의 검은 휴대폰은 표면이 오돌토돌하기 때문에 휴대폰을 향해 들어간 빛이 반사되어 내 눈에 들어오기 힘들다. 또한 검은색이기 때문에 더욱 반사되는 양이 적다. 즉 나는 반사된 빛을 보지 못하기 때문에 휴대폰을 볼 수 있다는 뜻이다. 오히려 거울을 향해 간 일정한 방향의 빛은 모두 같은 방향으로, 같은 양으로 반사되어 우리 눈에 들어온다. 바꿔 말하면 우리는 거울을 봄으로써 보지 못하고 뒤쪽의 모습을 본다고 하는 것이다.

인간이 일생 중 화장실에서 보내는 평균 시간은 약 330일이라고 한다. 총 1년 정도의 시간 동안 과학을 매일매일 사용하고 경험하고 있다. 과학이라고 하면 나와는 너무 먼, 어렵고 복잡한 학문이라는 편견이 있다. 하지만 과학은 생각보다 훨씬 넓게 퍼져있고 곳곳에 과학적 원리가 숨어 있다. 저 멀리 보이는 인공위성, 대단하다고만 알고 있는 상대성 이론, 이름도 어려운 양자역학만 과학이 아니다. 아침마다 일어나서 사용하는 변기, 세수하는 세면대, 몸을 씻겨주는 비누, 내 모습을 비춰주는 거울까지 과학이다. 우리 실생활에도 과학은 아주 가까이에 있다.

너에게만 알려주는 답사 꿀팁

지금까지 변기 앞모습만 봤다면 한번 뒷면을 보자. 물을 내리면 빨려 들어가는 관이 알고 보니 U자 모양의 관이라는 것을 확인할 수 있다. 사실 거울도 엄밀히 말해 모든 빛을 반사하지는 않는다. 거울을 하나 더 준비해 마주보게 놓은 다음 안에서 무한히 반사되는 모습을 보면 약간 초록빛이 남는다는 것을 확인할 수 있다. 거울은 사실 초록색 파장의 빛을 가장 많이 반사한다. 욕조나 세면대에 물을 받고 아주 조금씩 물이 흘러가도록 해보자. 작은 소용돌이가 만들어졌다면 손으로 휘적거리며 방해해보자. 결국 다시 원래 방향으로 되돌아온다. 화장실에서 사용하는 모든 것에 잠시 멈추고 "왜?"라는 질문을 던져보자. 무궁무진한 과학의 세상을 화장실에서 쉽게 접할 수 있을 것이다.

과학따라 삼만 리

- 최초의 지구, 최후의 지구
- 토레비에하호수, 핑크빛 낭만을 찾아 떠난 여정
- 여왕이 곧 죽는다
- 사그라다 파밀리아 성당 그리고 나
- 숨을 쉴 수 없는 세계
- 닐스 보어와 안데르센이 같은 나라 사람이라고?
- 현대 환경 기술의 집약, 그린 빌딩

idea

최초의 지구 최후의 지구

화학과 17 **강민상**

가자, 아이슬란드로

〈꽃보다 청춘〉이라는 예능 프로그램에서 아이슬란드를 처음 접했다. 그전까지는 척박한 화산섬 정도로만 알았다. 하지만 〈꽃보다 청춘〉에서 보여준 아이슬란드는 엄청난 인상을 남겼다. 책이나 사진으로만 봤던 오로라는 물론이거니와 거대한 빙하가 주는 감동에, 비록 화면 너머로 보았지만 압도될 수밖에 없었다.

유럽에 교환학생으로 가게 되면서 가장 먼저 계획을 짠 여행지도 아이슬란드였다. 오로라를 보기 위해서는 겨울에, 그것도 그믐에 맞추어서 가야 했기 때문이다. 무엇보다 그 압도적인 풍경을 볼 수 있다는 기대감이 너무 컸기에 더욱 들뜬 마음으로 계획을 수립하였다.

뮌헨을 떠나 케플라비크국제공항에 도착했을 때, 우리를 맞이한 그 차가운 공기가 아이슬란드에 진짜 도착했음을 실감하게 했다. 레이캬비크의 거대한 할그림스키르캬 교회 앞 숙소에서 여행 계획을 정비할

할그림스키르캬 교회. 아이슬란드에서 가장 높은 건축물이다.

때는 그 무엇도 확신할 수 없었다. 당장 다음 날의 날씨는 비바람이 예보되어 좋지 않았다. 부푼 마음으로 나갔던 그날 밤의 오로라 헌팅(구름을 피해 오로라를 쫓아다니는 일)도 실패했다. 하지만 실망하지 않고 우리는 기대감을 품고, 레이캬비크를 떠나 진짜 아이슬란드를 만나러 이동했다.

골든 서클, 지구가 빚어낸 황금의 동그라미

레이캬비크를 떠난 우리를 처음으로 맞이해준 장소는 싱벨리어 국립공원이었다. 세계 최초의 민주주의 의회인 알팅이 열린 곳으로

2004년 유네스코 세계 문화유산으로 등재된, 아이슬란드인의 자부심 그 자체다. 싱벨리어라는 이름도 '의회의 들판'이라는 뜻이며, 현재에도 50여 개의 참석자 부스가 남아 그 자랑스러운 과거를 자랑하고 있다.

싱벨리어 국립공원이 현재도 그 가치를 인정받는 것은 자랑스러운 역사 때문만은 아니다. 살아 있는 지구를 직접 두 눈으로 볼 수 있는 매력적인 지질학적 특징도 있기 때문이다. 무엇보다 판의 이동을 직접 두 눈으로 볼 수 있다는 점이 중요하다. 현재 정설로 받아들여지고 있는 판 구조론에 따르면, 지구의 가장 바깥쪽은 단단한 암석권과 유체에 가까운 연약권으로 구분된다. 암석권은 연약권 위에 떠다니며 이동하는데, 이 암석권은 몇 개의 판으로 쪼개져 있다. 각각의 이동 방향이 달라 수렴, 발산, 보존의 세 경계면을 형성한다.

싱벨리어 국립공원에서는 이 중 발산 경계를 볼 수 있다. 판이 서로 멀어지는 방향으로 움직여 가운데가 벌어지고, 그 사이에서 새로운 지각물질이 솟아오르는 형태다. 바닷속의 산맥인 해령이 이 발산 경계의 영향으로 만들어진 지형이며 대서양 중앙 해령이 대표적인 예다. 원래 바닷속에 있어야 할 해령이 유일하게 해수면 위로 올라온 곳이 바로 아이슬란드다. 그중 싱벨리어 국립공원에서 보이는 계곡이 제일 그 형태를 잘 보여준다. 레이캬비크에서 출발한 우리는 북아메리카 판 위에 서서 조금씩 멀어지고 있는 유라시아 판을 바라볼 수 있었다. 이 두 판은 지금도 매년 2cm씩 멀어지고 있다. 언젠가 다시 아

스트로쿠르 간헐천. 약 20~30m 높이의 물기둥을 쏘아 올린다.

이슬란드를 돌아온다면, 더 멀리 떨어져 있는 유라시아 판을 볼 수 있지 않을까?

싱벨리어에서 판의 경계를 뛰어넘고 도착한 곳은 화려한 분수 쇼가 펼쳐지는 게이시르였다. 간헐적으로 온천수가 뿜어져 나오는 게이시르에서는 지금도 주기적으로 뜨거운 암석권의 영향으로 생긴 증기의 압력을 견디지 못하고 지하수가 솟아오르고 있다. 문헌에 기록된 최초의 간헐천인 게이시르는 지금도 그 웅장한 물기둥을 관광객에게 보여주고 있다. 게이시르 근처에 있는 스트로쿠르도 게이시르보다 짧은 간격이지만 물기둥을 세우고 있다.

이렇게 관광객들에게 멋진 물기둥을 늘 보여주는 게이시르지만 사실 1916년에 그 활동을 완전히 멈췄던 때가 있다고 한다. 게이시르를 살리기 위해 수로를 뚫고, 계면활성제 성분으로 자극을 주어 활동을 유도할 수는 있었지만, 활동이 재개되지는 않았다. 하지만 2000년에 아이슬란드를 강타한 지진은 다시 이 간헐천의 활동을 자극했다. 예전보다 그 위력은 약하지만, 현재는 규칙적으로 활동하고 있다. 지진이 게이시르 밑의 지각 활동을 활발하게 만든 셈이다. 파괴하기만 했던 지진 활동이 때로는 우리에게 멋진 광경을 만들어주기도 한다는 것을 알 수 있었다.

기나긴 세월의 흔적

골든 서클을 지나면 아이슬란드를 한 바퀴 도는 1번 국도, 링로드에 진입하게 된다. 링로드를 지나다가 양옆을 보게 되면 이따금 초록색 벌판이 쫙 펼쳐진다. 이 초록 벌판은 사실 풀이 아니라 이끼다. 까맣게 굳어버린 용암 지대 위를 수백 년간 이끼가 뒤엎은 것이다. 끈질긴 생명력으로 우리보다 먼저 그곳에 도달하여, 우리를 기다리고 있던 이끼들을 보고 있으니 마치 다른 행성에 온 것만 같은 느낌이 들었다. 실제로 아폴로 11호 승조원들이 달에서의 시간을 여기서 연습했다고 하니, 이질감이 단지 느낌만은 아니었던 것이 아닐까?

링로드를 따라가다보니 한적하고 조용한 마을인 비크에 도달할 수 있었다. 비크는 작지만 볼 게 참 다채로운 마을이었다. 아이슬란드의 명소 중 하나인 바닷가에 추락한 비행기의 잔해로 갈 수 있으며 빨간 지붕의 아름다운 교회도 비크에서 잘 보이는 곳에 있었다. 아이슬란드 최남단인 이곳에는 정말 유명한 등대가 하나 있다. 하지만 비크의 진짜 명물은 주상절리가 깎여 만들어진 코끼리 바위가 있는 디르홀레이다. 등대보다 더 눈에 띄는 곳이다. 오랜 시간 파도에 디르홀레이가 깎이고 깎여 가운데에 아치 모양을 파냈다. 그 오랜 세월의 흔적이 코끼리 바위의 형태로 우리에게 돌아온 셈이다. 디르홀레이에서 내려와 새까만 모래가 쭉 이어져 있는 레이니스피아라로 내려갔다. 이 레이니스피아라에 앉아 잠시 사색에 빠지면 거센 바람과 파도 소리가 모든 감각신경을 지배했다. 시시각각 변하는 사나운 파도를 보면서 코끼리 바위가 생길 만하다고 생각했다.

레이니스피아라에는 사나운 환경을 피해 숨을 수 있는 쉼터가 있었다. 바로 주상절리 동굴이다. 제주도에서도 볼 수 있는 주상절리는 뜨거운 용암이나 화산재가 빠르게 식으면서 균열이 생겨 생기는 지질 구조다. 과거 격렬했던 화산 활동의 잔해가 레이니스피아라에 따뜻한 쉼터를 제공해주었다. 벽면에 붙은 육각형 돌기둥에 감사함을 느낄 따름이었다.

살아 있는 지구

아이슬란드 여행의 종착지이자, 새로운 충격을 선사해준 곳은 바로 요쿨살론이었다. 빙하를 뜻하는 '요쿨'과 호수를 뜻하는 '살론'이 합쳐진 요쿨살론은, 바로 빙하가 바다로 떠내려가기 전에 호수 표면에 머물며 빛나는 곳이다. 사실 요쿨살론 자체는 역사가 그렇게 길지 않다.

약 60년 전 빙하가 녹은 물들이 바닷물과 섞여 형성된 이 호수는 바닷속에 대부분이 잠겨 떠내려가는 빙하들이 마지막으로 거치는 곳이다. 요쿨살론 뒤로 보이는 거대한 바트나요쿨 빙하에서 분리되어 약 1,000년 동안 인고의 세월을 겪은 빙하들이 빠른 속도로 떠내려가는 것을 볼 수 있었다. 멈춰 있다고 생각했던 빙하가 움직이는 걸 직접 보니 경외감을 느낄 수 있었다. 많은 사람이 아이슬란드 여행의 백미라고 꼽을 만하다.

요쿨살론 앞에는 바다로 떠내려간 빙하의 마지막 잔해가 남아 있는 곳인 다이아몬드 비치가 있다. 요쿨살론에서는 파란색, 흰색 등 다양한 색을 띠던 빙하들이 녹고 깨져 투명한 얼음덩어리로 바닷가에 떠내려온다. 이런 얼음 조각들은 밑의 검은 모래와 대조를 이루면서 마치 다이아몬드와 같이 반짝거린다. 그래서 이곳을 다이아몬드 비치라고 하는 것이다. 누구보다 뜨거웠던 화산의 잔재인 검은 모래와 누구보다 차갑던 빙하의 마지막 흔적인 유빙이 대비돼서 그런 것인지 다이아몬드 비치의 얼음은 더욱 반짝거린다. 1,000년간 그 형태를 유지했던 빙하의 초라한 최후이지만, 이것도 지구의 역사의 일부분이 될 것이다.

아이슬란드에서는 살아 있는 지구의 모습을 땅뿐만 아니라 하늘에서도 볼 수 있었다. 바로 오로라다. 태양에서 날아온 태양풍 속의 대전 입자 중 일부가 밴앨런대에 잡혀 극지방에 모이게 되고, 이 대전 입자들이 상층 대기인 열권과 충돌하면서 방전을 일으켜 빛의 형태로 보이는 것이 바로 오로라다. 오로라는 열권에서 일어나기 때문에 아래에 위치한 대류권의 기상 상태가 좋지 않으면 볼 수 없으며, 낮에는 태양 빛이 너무 강하기 때문에 보기 어렵다. 따라서 태양이 지고 나서 어두워진 밤에만 관측이 가능하며, 달이 밝지 않을 때인 그믐에 가까울수록 관측하기 좋은 환경이 만들어진다.

이런 이유 때문에 오로라를 보기 위해서는 겨울에 방문해야 한다. 여름에 태양풍이 불지 않아 오로라가 생기지 않는 것은 아니지만, 극지방은 여름에 낮이 엄청나게 길거나 밤이 아예 없는 백야 현상이 생긴다. 따라서 오로라가 있더라도 보기가 어렵다. 겨울에 환경이 급격히 척박해지는 아이슬란드지만, 오로라를 보기 위해서는 어쩔 수 없이 겨울에 가야 한다. 실제로 11월에 갔을 때, 오전 10시에 해가 뜨고 오후 4시에 해가 져서 아이슬란드의 풍경은 6시간밖에 볼 수 없었다.

오로라를 관측하는 것은 굉장히 험난한 여정이었다. 위에서 언급했듯이 대류권 위의 열권에서 일어나는 현상이기에 구름이 있으면 볼 수가 없다. 요즘에는 오로라 지수를 알려주는 앱이 있어 그날의 오로라 지수를 볼 수 있다. 하지만 인생사 새옹지마라고 했던가. 오로라 지수가 높은 날에는 꼭 구름이 많이 꼈다. 둘이 상관관계가 있는 것은 결코 아니지만, 구름이 너무 원망스러웠다. 오로라 헌팅도 해봤지만 야속하게도 그 흔적을 찾을 수 없었다. 구름 밑으로 새어 나오는 달빛만 보고 오로라라고 착각할 만큼 애타게 기다렸다. 하지만 오로라는 결코 쉽게 허락해주지 않았다.

마침내 오로라를 본 것은 투어를 마치고 돌아오는 길이었던 헬라의 외딴 숙소에서였다. 자동차 하나 없는 시골 목장 한가운데에 있던 그 숙소에서 아무런 불빛이 없어 정말로 캄캄하던 그 하늘에 오로라가 슬며시 그 모습을 드러냈다. 하늘에서 마치 춤추듯 부드럽게 출렁이던 그 녹색 빛의 향연은 가히 웅장하다는 말이 모자라지 않았다. 오랜 기다림을 알았던 것일까. 오로라는 30분이 넘게 지속되며 점점 더 커져 더 큰 감동을 주었다. 11월의 아이슬란드는 무척이나 춥지만, 그날 밤에는 추위를 느낄 수 없었다.

오로라는 실로 뜨거웠다. 사실 뜨거운 현상이 맞다. 대전 입자가 열권에 충돌하는 현상이기 때문이다. 심지어 우주 방사능을 가지고 있는 대전 입자이기에 방사능도 나온다고 한다. 물론 우리에게는 아무런 영향을 줄 수는 없지만 말이다.

오로라가 잦고 세다는 것은 태양이 강하게 활동한다는 뜻이다. 태양은 11년을 주기로 활동성의 대소가 바뀌는데 오로라도 이에 맞추어 바뀐다. 오로라가 잦은 것은 좋은 일만은 아니다. 강한 태양풍은 강한 지자기 유도 전류를 형성하기 때문에 대정전이 일어날 수도 있다. 실제로 1989년 캐나다 퀘벡의 몬트리올에서는 강한 태양풍을 맞아 대정전이 일어났다고 한다.

하지만 오로라야말로 지구가 살아 있다는 방증이라 할 수 있다. 강한 태양풍을 막아내는 자기장의 모습을, 지구는 단지 우리에게 오로라라는 멋진 모습으로 감추어 보여주는 것이다. 오로라가 더 크고 화

헬라에서 찍은 오로라. 간절히 기다렸던 만큼 커다란 감동을 주었다.

려할수록 지구의 자기장이 더 많은 태양풍을 견뎌내고 있을 것이다. 그 화려함과 치열함이 추위를 이겨낼 만큼의 따뜻한 감동을 준 이유가 아닐까?

최초의 지구, 최후의 지구

아이슬란드는 다른 여행지와 정말 달랐다. 유럽 교환학생 기간 동안 유럽과 아프리카의 여러 나라를 돌아다녔지만, 자연경관만으로 압도감을 선사한 곳은 아이슬란드가 유일했다. 특히 화산섬이 만들어낸 자연환경이라 그랬던 것일까. 지형들이 하나같이 생동감이 넘쳤다. 흐르고 깎였던 그 오랜 시간의 흔적이 자연스럽게 드러나 아이슬란드라는 광활한 도화지에 조화를 이루며 그려진 것 같았다.

격렬한 화산 활동의 산물이어서 그런 것일까. 아이슬란드는 우리가 평소 보는 지구가 아닌 외딴 행성에 있는 느낌을 주었다. 어쩌면 이것이 원시 지구가 만들어낸 흔적이 아닐까. 원시 지구의 태동이 레이니스피아라의 주상절리를 남기고, 현재의 지구가 움직여 싱벨리어를 만들었다. 아이슬란드는 이러한 지구의 모습을 볼 수 있는 마지막 장소이기 때문에 더 가치가 있다. 지금은 코로나19 때문에 찾아갈 수 없지만, 언젠가 다시 돌아간다면 그 수려한 아름다움을 더 발전된 형태로 보여주리라 의심치 않는다.

토레비에하호수,
핑크빛 낭만을 찾아 떠난 여정

바이오및뇌공학과 16 **전재훈**

핑크빛 낭만, 토레비에하

무언가를 사랑해본 적이 있는가? 사랑하면 하늘이 핑크빛으로 물든 것 같은 묘한 기분이 든다. 핑크는 사람을 설레게 한다. 핑크빛 하늘, 핑크빛 기류, 에이핑크 그리고 핑크 호수. 사랑해서 보이는 착각이 아닌 실제로 핑크색인 호수가 있다면 얼마나 아름다울까. 만약 있다면 그곳은 이미 세계 곳곳에서 모인 연인들로 가득 차 저마다 사랑을 맹세하고 있을 것이다. 그런데 이런 말도 안 될 것 같은 현상이 실제 스페인 남부, 알리칸테 근교 도시인 토레비에하에서 일어나고 있다. 작년 5월 스페인 토레비에하에 방문했던 나의 경험을 써보려 한다.

핑크 호수를 찾아 떠난 여정의 시작

2019년 5월, 스웨덴 KTH 왕립공과대학교에서 교환학생으로 공부하던 시기였다. 당시 나는 한 학기에 수업을 몰아 듣고 다른 학기에는 정신없이 여행을 다녔다. 터키 카파도키아에서 열기구를 탔고, 스웨덴 키루나에서 오로라를 보았고, 모로코의 사하라 사막도 걸어봤다. 이런 이색적인 경험들 때문에 나는 어지간한 여행으로는 성에 차지 않는 경지에 이르렀다. 색다른 경험에 목말라 있을 때 모로코에 같이 갔던 친구가 흘러가는 말로 전했다. "야, 스페인에 핑크색 호수가 있대. 낭만적이지 않냐?" 그 말을 듣고 모로코 여행을 마친 뒤 스웨덴에 귀국하자마자 스페인 알리칸테로 향하는 비행기를 끊었다.

기다리던 출발 날짜가 되자 나는 부푼 마음을 가득 담은 채 스페인행 비행기에 올라탔다. 비행기에 오르고 나서야 문득 블로그에서 본 글이 떠올랐다. '토레비에하의 핑크 호수는 사람들이 말하는 것처럼 핑크빛을 보이지 않는다. 이는 과한 포토샵의 결과물일 뿐이다'라는 주장이었다. 그 순간 정말 핑크빛 호수가 자연적으로 만들어지는 것이 가능할까? 라는 걱정이 나를 지배했다. 관광객을 불러들이기 위해 과장하여 꾸며낸 이야기에 속아 헛걸음을 하는 것이 아닐까? 이런 불안한 마음에 비행기에서 내려 숙소로 향하면서 나는 구글에 '토레비에하 핑크 호수 원리'라고 검색하였다. 다행히 몇 분 내로 답을 찾을 수 있었다.

핑크 호수가 핑크빛인 이유는 호수에서 발견되는 '두날리엘라 살리나'라는 식물 플랑크톤 때문이었다(Borowitzka, 1990). 제대로 발음하기도 힘든 두날리엘라 살리나는 자외선으로부터 자신을 보호하기 위하여 베타카로틴이라는 붉은 색소를 가지고 있다. 베타카로틴은 자외선을 받아 생성된 활성 산소가 일으키는 산화작용을 약화하여 플랑크톤 자신을 보호한다(Tsai et al., 2012). 핑크 호수에는 이 색소를 활성화하는 플랑크톤이 많이 존재하기 때문에 호수가 핑크빛을 나타낸다. 그렇다면 왜 하필 스페인 토레비에하에 있는 호수에 이 플랑크톤이 많은 걸까. 토레비에하는 스페인 남부 알리칸테 근교에 있는 도시로 바닷가 바로 옆에 있는 작은 도시다. 따라서 핑크 호수 역시 바다 근처에 있다. 그리고 스페인 남부의 지중해성 기후로 인해 1년 내내 햇살이 강하게 내리쬔다. 이 두 특성 때문에 핑크 호수의 염도는 다른 호수에 비하여 높다. 이러한 높은 염분에서 살아남을 수 있는 생물은 그렇게 많지 않다. 그중 하나가 두날리엘라 살리라다.

이 플랑크톤은 높은 염분에서 살아남기 위해 글리세롤을 이용해 삼투압을 조절한다. 외부의 높은 염분으로 인한 삼투압으로 내부의 수분이 빠져나갈 경우 글리세롤 합성을 통해 내부 삼투압을 조절하여 삼투평형을 맞추게 되어 두날리엘라 살리라는 높은 염분에서도 살아갈 수 있다(Chen et al., 2009). 높은 염분으로 두날리엘라 살리라라는 플랑크톤이 많이 존재하여 핑크 호수가 핑크빛을 띤다는 사실을 알고 안심하고 숙소로 향할 수 있었다.

뜻밖의 여정

그날 밤 숙소에서 나는 곧 핑크 호수를 볼 수 있다는 부푼 마음으로 잠들었다. 다음 날 숙소 옆 전통 시장에서 간식을 사고 토레비에하를 향하는 버스에 올라탔다. 1시간 정도 지난 뒤 토레비에하에 도착하였지만 핑크 호수를 보기 위해서는 G번 시내버스를 타고 20분 정도 더 가야 했다. 하지만 무슨 일인지 시간이 한참 지나도 G번 버스는 오지 않았다. 나는 당황하지 않고 구글 지도를 켜 경로 탐색 카테고리를 대중교통에서 도보로 바꾸었다. 소요 시간은 20분에서 2시간 반으로 늘었다.

결단을 내려야 했다. 언제 올지 모를 버스를 계속 기다리며 아까운 시간을 태워 버릴지 아니면 덜 아까운 나의 다리를 불태울지.

그때 나는 '2시간 반이면 지혜관에서 월평역까지 두 번 정도 왕복하는 거리(카이스트 기숙사 중 하나인 지혜관에서 월평역까지 거리는 편도 3.6km 정도다)니까 갈 만한데?'라는 지금의 나라면 절대 하지않을 생각을 했다. 그렇게 나는 토레비에하에 오기 전 시장에서 산 간식거리 한 보따리와 호수에 들어가 놀기 위해 신고 온 만 원짜리 슬리퍼를 질질 끌고, 초여름 뜨거운 햇살 아래 2시간이 넘는 거리를 무작정 걷기 시작하였다. 그렇게 무작정 걷는 나를 G번 버스는 두번이나 무심히 스쳐 지나갔다.

2시간 정도 차도도 아니고 인도도 아닌 뜨거운 아스팔트 위를 걷고 또 걷고 걸은 뒤 지도로 보았을 때 핑크 호수가 바로 옆이라고 나올 정도로 가까워졌다. 하지만 내 키를 훌쩍 넘는 풀 때문에 낭만적인 핑크빛 호수는커녕 칙칙한 황갈색의 이파리밖에 보이지 않았다. 그렇게 원망스러운 풀들을 바라보며 걷다 한 가지 의문이 들었다. 지도를 보면 핑크 호수는 바로 옆이다. 그렇다면 이 주변 땅의 염분은 매우 높을 것이다. 염분은 식물에 치명적인데 어떻게 나보다 큰 식물들이 번듯하게 자라 핑크 호수를 가리고 있을 수가 있는가. 이런 의문이 들자 나는 재빨리 구글에 '염생식물'을 검색하였다.

이름에서 알 수 있듯이 염생식물은 염분이 높은 토양에서 생장하는 식물을 말한다. 일반적인 식물은 토양에 염분이 높으면 삼투압에 의해 수분 흡수가 저해되어 나타나는 수분 결핍 현상과 이온의 과다 흡수로 나타나는 이온 특이적 효과, 이 2가지로 인한 염해 현상으로 식물이 잘 살아갈 수 없다. 하지만 염생식물은 이를 방어하기 위해 특수한 메커니즘을 가진다. 삼투압을 조절하는 방법과 염저항성을 강화하는 방법 등 다양한 메커니즘이 있지만 공통적으로 세포 내부에 있는 액포에 많은 양의 나트륨이온을 모아 삼투 퍼텐셜을 조절한다(Joshi & Rohit, 2015). 나트륨이온은 칼륨 이온 수송체 혹은 양이온 채널으로 뿌리 피층을 통해 세포질로 유입되고 이들은 줄기를 타고 올라가 잎에 도달하여 잎의 액포막에 있는 Na+/H+ 역수송 시스템을 통해 액포 내부로 유입된다(Arbelet Bonnin et al., 2019). 또한 해당 시스템이 나트륨이온이 세포질로 유출되는 것을 막아 액포 내부에 축적되어 높은 염분을 유지하여 삼투압으로 많은 수분을 보관할 수 있게 된다. 이렇게 염생식물의 세포는 다른 식물들과 달리 이온 농도가 높아 외부의 높은 염분 환경에 대항하여 수분 결핍 현상을 막을 수 있어 염분이 높은 핑크 호수 옆에서도 나의 키를 넘어서는 식물로 자라는 것이다.

핑크빛 여정, 그 마무리

염생식물의 비밀을 알고 나니 핑크 호수를 가려 밉게만 보였던 저 높은 풀들도 멋있게 보였다. 그렇게 30분 정도를 더 걸었다. 드디어 풀들이 듬성듬성해지고 그 사이로 반짝거리는 핑크 호수를 조금씩 볼 수 있었다. 핑크 호수는 붉은 색소를 가진 식물성 플랑크톤에서 반사된 붉은 빛 때문에 핑크빛을 나타내기 때문에 본래는 햇빛이 강할 때 더 붉어 보인다. 하지만 멀리서 보이는 호수의 색깔은 해가 구름에 가려서 그런지 핑크빛이라기보다는 반짝이는 잿빛에 더 가까웠다.

나는 불안한 마음에 걸음을 서둘러 풀숲을 헤치며 호수로 다가갔다. 마지막 풀을 가르자 나의 걱정이 무색하게 그 사이로 눈부신 핑크빛 호수가 펼쳐졌다. 2시간 반이 넘는 길고 긴 여정이 빛을 보는 순간이었다.

나는 다시는 오지 않을 순간을 사진에 담으며 마음껏 즐겼다. 그렇게 1시간 정도 지났을까 벅찬 가슴이 진정되자 다시 돌아가야 하는 현실이 나에게 다가왔다. 하지만 걱정과는 달리 다행히도 버스 터미널로 돌아갈 때는 친절한 현지인이 정확한 버스 정류장을 알려줘 버스를 타고 20분 만에 갈 수 있었다. 이렇게 나의 낭만을 찾아 떠난 핑크 호수 탐방이 막을 내렸다.

낭만을 찾기 위해 떠난 핑크 호수를 향해 나아가는 여정에서 나는 수많은 과학적 원리를 찾을 수 있었다. 과학이란 우리에게 호수를 가려버린 키 큰 염생식물처럼 절망도 주고 아름다운 핑크빛 호수를 볼

드디어 만난 핑크 호수에서.

수 있게 해준 두날리엘라 살리라처럼 어디서도 느낄 수 없는 행복을 주기도 한다. 이처럼 과학은 우리의 생활 어디에나 녹아 있어, 그 과학의 점멸하는 아름다움을 알아본 순간 굉장한 행복감을 느끼게 된다. 공학을 공부하는 학생으로서 과학도의 노력이 사람들에게 행복과 희망을 준다고 생각하면, 우리의 칙칙해 보이는 생활도 핑크 호수처럼 낭만적이고 아름다운 핑크빛이 아닌가 싶다.

너에게만 알려주는 답사 꿀팁

토레비에하 핑크 호수에 가려면 알리칸테 버스 터미널에서 1시간 정도 시외버스를 타고 이동한 후 시내버스로 20분 정도 더 이동해야 한다. 버스 막차는 시기에 따라 다르지만 보통 8시 이전이니 적어도 1시간 전에는 도착하는 것이 좋다. 또한 핑크 호수 근처에는 식당과 같은 편의시설이 없다. 점심이나 간단한 간식을 알리칸테나 토레비에하 버스 터미널 근처에서 사 가는 것을 추천한다.

여왕이 곧 죽는다

기계공학과 17 **김지훈**

대만의 여왕

"여왕 머리의 목이 곧 부러집니다."

대만 여행에서 예류 지질 공원을 가는 길에 가이드가 했던 말이다. 나는 예류 지질 공원이 어떤 곳인지도 몰랐고, 그곳에 무엇이 있는지도 몰랐다. 가이드한테 들은 설명이 처음으로 들은 정보였다. 가이드는 여왕 머리 바위가 가장 유명하다고 했다. 그러면서 덧붙인 말이 10년 정도 후에는 무너질 수도 있다고 했다. 그런데 10년 전에도 똑같이 수명이 10년 남았다는 말이 있었다고 한다. 어쨌든 곧 무너질 수도 있는 바위이니 잘 보고, 사진도 잘 찍으라고 하였다.

예류 지질 공원을 도착하고보니 왜 무너질 수 있다고 하는지 알게 됐다. 일단 바람이 엄청 많이 부는 곳이었다. 바람 때문에 머리 스타일은 포기해야 했고, 사진도 눈을 감고 겨우 찍었다. 그러면서 깨달았다. 이런 강한 바람 때문에 풍화 침식 작용이 활발하게 일어나서 곧 무너진다고 한 것이다. 하지만 구경을 하면서 한 가지 호기심이 생겼다. 가이드의 말에 따르면 여왕 머리가 언제 무너질지 정확히 예측되지는 않았다. 오히려 눈으로 보기에는 엄청 튼튼해 보였다. 혹시 가이드가 홍보를 위해 거짓말했을 수도 있다는 생각이 들었다. 이를 확인해보기 위해 내가 아는 지식으로 한번 남은 수명을 계산해보기로 했다.

기본적인 정보들을 알아보자

먼저 여왕 머리 바위의 정보가 필요하다. 여왕 머리 바위는 퇴적암 중 하나인 사암이다. 실제로 예류 지질 공원에 있는 여러 가지 바위는 사암의 특징을 가졌다. 바위 표면이 거칠고, 바위 주위에 풍화작용으로 부서진 모래가 보인다. 예류 지질 공원을 소개하는 사이트에도 예류 지질 공원은 대부분 퇴적암으로 구성되었다고 한다. 그렇다면 사암 혹은 퇴적암의 물리적인 특성을 알아야 한다. 밀도가 얼마인지 찾아본 결과, 사암의 비중이 약 1.9라는 것을 알 수 있었다. 즉 밀도는 약 1,900kg/m^3다. 또한 극한 압축 강도에 대한 정보를 알 수 있었다. 국내의 퇴적암의 경우 4.7~5.8MPa의 강도를 가진다. 예류 지질 공원은 국내가 아니긴 하지만 퇴적암이므로 위 정보를 사용해도 된다고 판단하였다.

다음으로 여왕 머리 바위의 크기를 알아야 한다. 정보 검색 결과 알 수 있던 것은 목의 굵기에 해당하는 정보였다. 예류 지질 공원 사이트에는 가장 가는 부분이 138cm라고 했다. 하지만 이것이 언제 작성되었는지 불확실하여 더 찾아보니 다양한 정보가 나왔다. 그중에서 가장 최근 정보로 보이는 곳에서 125cm가 최소라고 나왔다. 그렇기에 목 부분 중 가장 가는 부분의 둘레는 125cm라고 생각하자.

문제는 다른 부분의 정보가 전혀 없다는 것이다. 여왕 머리는 무너질 위험이 있기에 주위에 접근을 못 하도록 돌로 경계가 만들어져 있다. 그래서 여행을 다녀왔지만 실제로 측정할 수 는 없었다. 그렇기에 내가 아는 정보를 최대한 이용해 알아보기로 하였다. 일단 가장 가는 부분이 125cm라는 점을 이용해 나머지 부분의 길이를 알아냈다. 여왕 머리 바위의 사진으로, 다른 부분이 가는 쪽 길이의 몇 배 정도가 되는지를 구하였다. 아래 사진을 보면 이해가 더 쉬울 것이다. 먼저 정면에서 봤을 때 양쪽 끝의 길이는 가는 목 부분의 약 4배로 나왔다. 그렇게 되면 여왕의 머리 부분의 길이는 양쪽으로 5m라고 생각할 수 있다. 여왕 머리의 위아래 높이와 옆에서 봤을 때의 길이도 똑같이 구했다. 그 길이는 다음과 같이 각각 목 부분의 약 2배, 2.5m이다. 여왕 머리 바위의 크기를 알려주는 정보는 많이 없었지만, 사진과 목 주위의 길이를 통해 대략적인 크기를 짐작할 수 있었다.

본격적인 계산에 들어가자

지금까지 얻은 정보를 바탕으로 여왕 머리의 질량을 계산해보자. 하지만 여기에는 문제가 있다. 여왕 머리의 높이와 길이는 알 수 있었지만, 여왕 머리의 모양은 상당히 복잡하다. 이러한 복잡한 모양으로

여왕 머리 바위의 길이와 높이.

는 머리 부분의 무게를 구하기가 어렵다. 그렇게 되면 최종적으로 언제 무너질지 계산하는 것이 불가능하다. 그래서 여기서는 하나의 가정을 하여, 머리 부분을 하나의 타원체로 보았다. 타원체의 길이, 너비, 높이를 알면 바로 부피를 구할 수 있기 때문이다. 물론 정확하지 않지만, 대략적인 수명을 구하는 것이 목적이기에 적절한 가정이라 생각한다. 이제 타원체라고 가정했을 때의 부피를 계산해보면, 131 m^3가 된다. 앞선 조사로 밝혀낸 밀도가 약 1,900kg/m^3이기 때문에 밀도와 부피를 곱하여 질량을 구할 수 있다. 최종적으로 여왕 머리의 질량은 약 248,900kg이 된다.

이제 위에서 구해낸 정보를 통해 어떤 조건에서 여왕 머리가 부서질지 구해보자. 이를 위해서는 먼저 목에 가해지는 압축응력을 구해야 한다. 두 원인으로 응력이 가해질 것이다. 하나는 여왕 머리 자체의 무게에 의한 압력이다. 여왕 머리가 위에서 누르고 있으므로 압력이 가해진다. 다른 원인은 모멘트다. 목이 머리의 정확히 가운데를 받치는 것이 아니라 그림에서 보면 알 수 있듯 더 오른쪽에 있다. 그렇기에 왼쪽으로 튀어나온 부분만큼의 중력이 왼쪽에 작용할 것이다. 이로 인해 물체를 회전시키려고 하는 힘의 작용인 모멘트가 발생한다. 이 모멘트는 목의 가장 왼쪽 바깥쪽 부분에 압력이 발생하도록 할 것이다. 여왕 머리의 목 부분은 이 두 가지의 원인으로 생기는 힘을 버티고 있다.

여왕 머리 무게에 의한 압력부터 실제로 계산해보자. 이를 계산하기는 어렵지 않다. 압력은 단위 면적 당 가해지는 힘의 크기로, 단순히 힘의 크기를 힘을 받는 면적의 넓이로 나누면 된다. 여기서 힘을 받는 부분은 당연히 목이다. 목 중에서도 가장 취약한 부위는 당연히 가장 가는 부분일 것이므로 가는 곳의 단면의 넓이를 구하자. 가장 가는 부분의 두께가 125cm이므로 지름이 125cm인 원의 넓이를 구하면 약 1.23㎡이다. 여왕 머리의 질량이 248,900kg이기 때문에 하중은 2,442,000N이다. 이들을 통해 최종적으로 머리 무게에 의한 압력을 구하면 1.985MPa이다.

다음은 모멘트에 의한 압력을 구해보자. 이를 구하기 위해선 고체역학에서 배운 개념이 활용된다. 압력의 크기는 $\sigma = \frac{M \times y}{I}$의 공식을 통해 계산할 수 있다. 다음 그림을 보면서 자세히 알아보자.

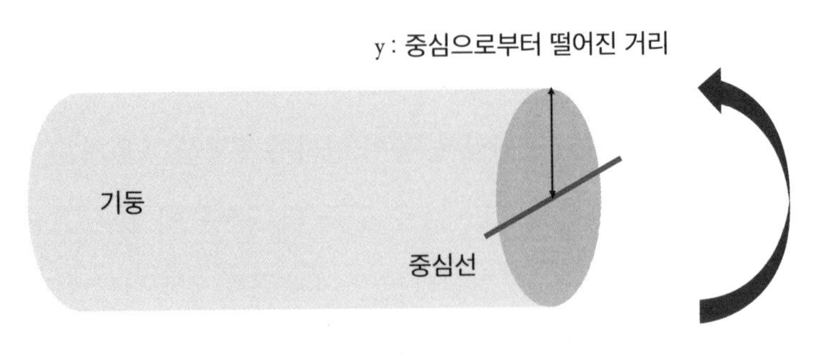

σ는 압력을 나타내는 기호고 I, M, y는 위 그림에 나와 있는 물리량이다. 먼저 M은 위에서도 말한 모멘트다. 여왕 머리와 목의 중심 사이의 거리가 약 0.625m라고 하면 1,526,250N · m로 계산된다. y는 위 그림처럼 중심선으로부터 떨어진 거리로 여왕 목의 경우 반지름인 0.625m다. I는 중심선을 회전축으로 하는 관성 모멘트다. 원의 경우 $I=\frac{\pi R^2}{4}$(R은 반지름의 길이)의 공식으로 구할 수 있고, 0.3068m^2가 나온다. 각각의 값을 통해 최종적으로 구한 압력의 크기는 3.11MPa이다. 이 값과 앞서 구한 압력 값을 더해주면 총 5.095MPa의 압력을 받는 것이다.

마지막으로 이를 비탕으로 남은 수명을 알아보자. 여왕 머리 바위의 경우 힘이 가해졌을 때 늘어나거나 하지 않는 취성 물질이다. 취성 물질이 부서질 때의 조건을 구하기 위해 브리틀 모어-쿨롱의 파괴기준을 사용한다. 압축되는 경우, 압력이 그 물질의 극한 압축 강도를 넘게 되면 파괴된다. 그런데 전에 말했듯이 사암의 극한 압축 강도는 약 4.7~5.8MPa이다. 즉, 우리의 계산에 의하면 현재 압력을 약 5.1MPa을 받고 있으므로 매우 위험한 상태가 된다. 극한 압축 강도가 5.8MPa이라고 하고 부서지는 지름의 길이를 역으로 계산해보면, 114cm가 나온다. 이는 앞으로 약 10cm만 더 목이 깎이게 된다면 부서질 수 있다는 것이다. 지금까지 여왕 머리 바위의 목은 1년에 약 0.5cm씩 깎여졌다고 한다. 따라서 최대로 버텨봐야 20년밖에 안 남은 것이다. 다음 세대부터는 볼 수 없다고 생각하니 정말 조금밖에 안 남았다는 생각이 들었다.

여왕 머리는 위태롭다

계산에서 아쉬운 점은 많이 있다. 여왕 머리 부분의 질량을 정확히 구할 수 없었다는 점이 가장 크다. 실제로 구하려면 3D 스캔으로 정확한 부피를 알아야 할 수 있을 것 같다. 하지만 나에게는 그 정도의 능력은 없으므로 가정을 통해 넘어갈 수밖에 없었다. 두 번째는 극한 압축 강도에 대한 정보다. 이 부분 역시 정확하게 해보려면 예류 지질공원에 있는 바위를 샘플로 몇 개 가져온 후 직접 실험을 해봐야 한다. 직접 가져온 샘플로 극한 압축 강도의 값을 측정하여 계산했으면 더 정확했을 것이다. 정확히 했다면 최대 20년이 아닌 오히려 10년, 5년의 결과가 나왔을지도 모른다. 하지만 거기 있는 바위를 막 가져와도 되는지 알 수 없었다. 그리고 가져왔더라도 실험 장비가 없기에 측정할 수 없다. 이러한 점들 때문에 정확히 구하지 못해 아쉽다.

지금까지 여왕 머리 바위의 수명을 직접 계산해보았다. 직접 확인해보기 전에는 수명이 얼마 남지 않았다는 것이 믿기지 않았다. 오히려 눈으로 봤을 땐 튼튼해 보여서 수명이 길 것 같았다. 하지만 계산 결과, 여왕 머리 바위는 아주 위태로운 상황이었다. 언제 무너지더라도 이상하지 않은 상황이었다. 만약 지진이 일어나게 된다면 바로 무너질 수도 있다.

대만의 가장 유명한 장소 중 하나가 예류 지질 공원이다. 그리고 예류 지질 공원에서 가장 유명한 것이 여왕 머리 바위다. 대만의 가장 유명한 바위이자 랜드마크라고도 할 수 있는 여왕 머리 바위가 무너지기 전에 다시 한 번 방문해보고 싶다.

너에게만 알려주는 답사 꿀팁

여왕 머리 바위는 줄이 매우 길다. 따라서 줄이 짧으면 서둘러 가서 사진을 찍자. 또한 새치기를 하는 사람도 있으니 조심하자. 예류 지질 공원에는 여러 구역이 있는데, 중심 구역을 제외하고는 그다지 볼만한 게 없다. 가이드에게 중심 구역의 위치를 듣고 시간을 절약하자. 예류 지질 공원은 바람이 정말 많이 분다. 소지품 분실에 주의하자.

사그라다 파밀리아 성당 그리고 나

전산학부 18 **이혜림**

성당은 다 거기서 거기?

타지에 대한 로망이 바닥났을 때였다.

나는 중학교 때부터 해외에 거주했다. 외국어는 일상의 스트레스일 뿐이었고, 비행기는 번거로운 교통수단 정도였으며, 한국 음식보다 입맛에 맞는 음식은 찾아볼 수 없었다.

대학교 입학을 앞두고 떠난 스페인 바르셀로나 여행도, 언니와 단둘이 떠나는 여행이라는 점에만 의의를 두고 있었다. 동선도 짜지 않았다. 명소를 가든, 저 이름 모를 동네 카페를 가든 아무래도 상관없었다.

유럽에 즐비한 성당이 마치 한국에 널려 있는 아파트와 같이 내게 아무런 감흥도 주지 않았을 무렵이었다. 건축학도인 언니가 다음 목적지로 야심차게 제안한 가우디의 사그라다 파밀리아 성당도, 여타 성당과 다를 바 없겠지 생각했다.

가우디의 역작, 사그라다 파밀리아 성당. 그야말로 압도당했다.

성당은 다 거기서 거기?

버스에서 내려 길을 헤매던 중 골목을 벗어나는 어귀로 접어들면서 마주한 그 실루엣은 아직도 잊을 수가 없다. 대지를 뚫고 나온 듯한 자연의 색, 그 위풍당당한 웅장함. 중력의 힘이 무색하리만치 하늘 높이 치솟은 4개의 나선형 첨탑. 사그라다 파밀리아 성당이었다.

성당 너머로 내리쬐는 햇빛 탓이었을까. 이루 말할 수 없는 분위기에 홀려 한 걸음 한 걸음, 그가 드리우는 그림자 속으로 발걸음을 내디뎠다. 압도되었다는 것이 바로 이런 느낌일까 싶었다. 한눈에 담을 수 없는 그 거대함은 금방이라도 나를 삼킬 것만 같았다. 성당 너머의 타워크레인만이 이 모든 것이 사람의 손으로 만들어졌음을 아니, 만들어지고 있음을 알려주었다.

오랜 세월 저 높디높은 첨탑이 그 자리를 지킬 수 있었던 건 과학의 힘이 뒷받침되었기 때문이리라. 높은 탑을 쌓아 올릴 때는 한 치의 오차도 허용하지 않고 측량해, 제한적인 건축재로 그 높이를 지탱하기 위해 실험을 수없이 반복했을 것이다. 실제로 가우디는 총알이 담긴 포대를 노끈에 달아 자연스레 처지는 끈의 모양을 본뜬 현수선 기법을 이용하여 축척 모형을 만들었다고 한다. 노끈을 서로 엮은 후 적절한 곳에 포대를 달아 만든 그 모양은 미적 조건만을 충족시킨 것이 아니다. 포대의 중력과 노끈의 장력을 절묘하게 조합하여 완벽한 평형상태에 이르게 함으로써 무게를 효과적으로 분산시켰다. 어쩌면 그는 이 거대하고도 웅장한 건축을 설계할 때 이런 중력과 장력은 계산하지 않았을지도 모른다. 도대체 얼마나 많은 시행착오를 거쳐 이런 최적의 결과물을 도출한 것일까. 그 결과물에서 자연스레 묻어나오는 과학적 원리야말로 바람직하게 학문을 응용한 예시이며 가우디의 끈기 있는 실험 자세야말로 과학도가 지녀야 할 기본이 되는 태도가 아닐까 싶었다.

압도적인 규모 다음으로 눈에 들어온 것은, 성당 외벽의 소름 끼치는 정교함이었다. 눈길 가는 모든 곳에 성경 속의 이야기를 고스란히 담은 조각이 있었으며, 그 무엇 하나 성의를 담지 않은 것이 없었다. 생동감 있는 표정, 자연스러운 자세부터 전체적인 자리 배치와 구도, 시선 처리까지, 하나하나만으로도 온전한 예술작품이었다. 새삼스레

저 많은 조각에 들어갔을 조각가의 땀과 눈물을 떠올리게 되었다. 그리고 이 성당 전체에 투입된 사람을 생각해보았다. 처음 설계하고 주도한 가우디부터, 조각가와 후원자, 인부까지, 정말 상상할 수 없이 많은 사람의 손을 거친 것이 내가 보고 있는 이 성당이라는 점이 감격스러웠다. 다른 분야, 다른 세대의 사람들이 저마다의 기술을 온전히 담아낸 성당. 이로부터 느껴지는 감격은 성당 입구에 잠시 내려놓고, 마음을 가다듬고 조심스레 성당 안으로 들어갔다.

황홀경이란 이런 것일까

이제는 더 놀랄 일이 없을 줄 알았던 건 착각이었다. 다소 투박하고 칙칙한 색깔을 가진 외벽과 달리 성당 내부는 그야말로 수만 가지 색의 향연이었다. 여러 가지 색깔의 LED 조명을 성당 천장에 설치해둔 것을 보고 이게 바로 현대 과학기술과 과거의 합작품이구나 싶었지만, 곧 실소를 터뜨렸다. LED 조명이 아니라 스테인드글라스를 통해 비친 자연 채광이었다. 붉고 푸른 불빛이 하얀 건물 내벽을 채웠고, 빛이 닿지 않는 곳에는 그림자가 깊이를 더했다. 아름답다는 말이 자연스레 나왔다. 고개를 젖힌 채 한참을 서 있었다. 특히 스테인드글라스에서 시선을 뗄 수가 없었다. 카메라를 꺼낼 생각조차 못 하고 저 모든 색깔을 눈에 담기 바빴다. 왠지 모를 울컥함이 목구멍에서부터 올라왔다. 그렇게 생전 처음, 황홀경에 도취하였다.

사그라다 파밀리아 성당의 스테인드글라스는 모든 범위의 가시광

스테인드글라스 사이로 내리는 황홀한 성당 내부.

선을 보여주었다. 햇빛이 이렇게 다채로울 수 있다니! 스테인드글라스 너머로 쏟아져 들어오는 빛은 적절한 각도로 기울어진 천장 벽면에 그대로 색을 뿜어냈다. 글라스는 해당 색을 제외한 모든 파장의 빛을 흡수하고 그 색만을 내보내면서 본연의 영롱함을 만들어내었다. 빛의 세기와 해의 방향, 글라스 표면에 따라 각기 다른 매력을 뿜내는 그 자연적인 현상은 성당을 거쳐 간 많은 이들의 영감이 되었으리라. 자연과학의 아름다움을 고스란히 담은 성당의 모습에 다시 한번 탄복했다.

스테인드글라스 다음으로 눈길이 간 건 나무의 형상을 한 오묘하고 신비로운 내부의 기둥이었다. 곧게 뻗어 있는 기둥은 중간쯤에서 나뭇가지처럼 갈라져 나와 천장 곳곳으로 이어져 있었다. 가로수처

사그라다 파밀리아 성당은 기둥마저도 아름답다.

럼 양옆에 일렬로 뻗어 있는 흰 빛깔을 띤 나무 기둥들은 마치 이곳이 숲속인 듯한 착각을 불러일으켰다. 떠받들어진 드높은 천장은 멀리서 보아도 그 정교함이 느껴졌다. 군데군데 꽃이 핀 듯한 문양이 적절한 음각과 양각으로 빛과 그림자를 꼭 알맞은 곳에 담아내어 그 조화를 이루었다. 천장 곳곳에서 새어 나오는 채광과 양옆 스테인드글라스의 다채로움 그리고 거대하면서도 섬세한 나무 기둥들이 너무 몽환적이어서, 내가 이 세상에 존재하지 않는 것처럼 느껴졌다.

사그라다 파밀리아 같은 사람이 되고 싶다

한참 동안 젖혔던 고개를 내려 사람들을 둘러보았다. 방금 내 표정이 저랬겠지. 모두가 고개를 들고 조용히 성당 내부를 쳐다보았고, 애매하게 벌어진 입가에는 미소가 살짝 어려 있었다. 이 많은 사람은 각자 무엇을 떠올리고 있을까. 많은 인파가 넘치는 성당 내부였지만 그 웅장함과 아름다움은 모두를 각자의 세상 속으로 데려다 놓은 듯했다. 저마다 각기 다른 이유로 고무되어 과거의 추억을 돌아보고 새로운 설렘을 안고 가게 하는 그 성당을, 나는 닮고 싶다고 생각했다. 그처럼 주변 사람들에게 영감이 될 수 있는 사람. 또 사사로운 고민과 걱정들도 이 웅장한 성당 안에서는 존재한 적도 없을 것만 같았기에, 그런 걱정거리를 조용히 거두어 가주는 편안한 사람. 그런 사람이 되어야겠다고 다짐했다.

지금도 나는 가끔 성당을 떠올린다. 사그라다 파밀리아 성당은 곱씹을 때마다 그 여운이 짙어진다. 미완성인 상태로도 일부가 유네스코 세계 문화유산으로 지정된 그 성당은, 완공이 되지 않았지만 그 가치를 인정받았다는 점이 마치 내게 불완전한 존재도 아름다울 수 있다고 말해주는 것만 같았다. 완벽하지 않아도 괜찮다고. 내가 가는 인생의 기나긴 여정에서 조급해하지 않을 용기를 주었고, 조금은 뒤처져도 괜찮다는 그런 위안을 얻었다.

어쩌면 내가 너무 많은 의미를 부여하는 것일지도 모르겠다. 하지만 그만큼 성당은 내게 삶을 바라보는 다른 시각을 알려주었다. 진로 선택에 마음이 먹먹해지고, 달려가는 친구들 사이에서 멈춰 있는 것만 같은 느낌이 들 때면 그 성당이 문득 생각나곤 한다. 괜찮아. 저 친구는 200년이 걸렸는데. 그러다보면 방향성에 온전히 집중할 여유가 생기고, 다시 묵묵히 해야 할 일을 하는 힘을 얻고 간다.

사그라다 파밀리아 성당은 가우디 사후 200년을 맞는 2026년에 완공될 예정이라고 한다. 제일 높고 성대한 마지막 첨탑이 지어지는 6년 동안, 나는 무엇을 할 것인가. 포대와 노끈을 주섬주섬 엮고 있는 지금은 아직 6년 후의 내 모습을 예측할 수 없지만, 차근차근 보고 듣고 배우며, 그 배움이 행동 하나하나에서 스며 나오는 사람이 되고 싶다. 사그라다 파밀리아 성당이 내게 새로운 시각을 열어주었듯 언젠가는 나도 누군가의 사그라다 파밀리아 성당이 되고 싶다.

숨을 쉴 수 없는 세계

기계공학과 17 **김호빈**

병든 울란바토르

지난여름, 대자연에 압도되고 싶다는 희망을 품고 몽골 울란바토르행 비행기에 올랐다. 울란바토르 공항에 도착해서 본 몽골의 모습은 내 생각과는 사뭇 달랐다. 맑고 청정한 공기로 가득할 것만 같던 몽골의 하늘은 미세먼지가 잔뜩 낀 서울의 하늘처럼 뿌옜다. 마스크를 쓰지 않았더니 얼굴은 금세 먼지로 뒤덮였고 코 안에도 이물감이 느껴졌다. 가이드의 말에 따르면 여름에는 앞이 보이는데, 겨울이 되면 대기오염의 수준이 훨씬 심각해져서 100m 앞도 볼 수 없다고 한다. 2011년 세계보건기구가 발표한 자료에 의하면 울란바토르는 '세계에서 대기오염이 가장 심각한 나라 100선'에서 2위를 차지하는 충격적인 결과가 나왔다. 울란바토르의 미세먼지 농도 수준(PM2.5)은 중국의 수도 베이징의 5배이며 세계보건기구 권고 기준의 약 80배 수준이라고 한다. 몽골의 대기의 질은 심각한 수준으로 오염되어 있었고 오염의 정도는 사람이 밀집해 거주하는 지역일수록 더 심각했다.

몽골의 대기를 오염시키는 원인에는 크게 몽골의 난방 방식과 급격한 산업화가 있다. 첫 번째로 그들의 난방 방식으로 인해 엄청난 오염물질이 공기로 배출되고 있다. 내가 몽골의 중부지방을 여행했던 8월 말에도 일교차가 매우 컸다. 그래서 밤마다 나무를 넣어 난로에 불을 지피는 방식으로 난방을 했다. 난로는 몽골 유목민들의 주거 형식인 게르의 정중앙에 놓여 있고, 게르의 천장을 뚫어 굴뚝을 내놓았다. 화로에 나무나 석탄을 넣고 불을 지피면 온 방 안이 뜨거워지고 연기는 굴뚝을 통해 밖으로 빠져나갔다. 하지만 이러한 난방 방식은 게르 안과 밖의 공기를 매우 오염시킨다. 나는 처음에 불을 지피는 기술이 없어서 몇십 분 동안 눈이 맵도록 불씨에 입김을 불었다. 그러다보니 화로 속에 있는 나무 재들이 역류해서 밖으로 빠져나왔다. 이 때문에 게르 안은 재로 가득 차 뿌옇게 변했고, 게르 내부의 공기가 탁해졌다. 또한, 연기는 별도의 여과 과정 없이 굴뚝을 따라 바로 빠져나간다. 그러다보니 게르가 밀집한 지역의 공기는 게르 안팎 할 것 없이 매우 오염되어 있다.

급격한 산업화 또한 몽골 대기오염에 주요한 원인을 제공했다. 몽골 여행이 막바지에 다다랐을 때 나는 귀국을 위해 다시 울란바토르로 돌아왔다. 울란바토르로 들어오자마자, 나는 공기의 질이 달라졌음을 바로 느꼈다. 빽빽한 공장과 자동차에서는 매연이 여과 없이 그대로 공기 중으로 나오고 있었다. 게다가 분지 지역이라 바람이 잘 불지 않아 이 매연이 그대로 갇혀 있었다. 몽골은 1992년 이후 시장주의 경제체제가 도입되었다. 이후 자연스레 산업 구조가 농업과 목축업에서 공업으로 바뀌게 되었다. 그러자 사람들은 일자리를 찾아 공장이 많은 수도인 울란바토르에 몰려 몽골 인구의 절반가량이 밀집해서 사는 인구밀도가 매우 높은 지역이 되었다. 단기간에 빠르게 도시화가 이루어지다보니 시설이 미비한 공장들, 인구 밀집에 따른 자동차 증가 등으로 인해 배기가스가 다량으로 배출되면서 공기 오염은 가속화되었다. 또 빈민층이 게르촌을 형성하여 생활하면서 나무나 갈탄, 쓰레기까지 난방용 연료로 사용하여 더 심각한 문제가 초래되었다. 이렇게 세계 최고의 청정 대자연이 있는 몽골은 세계 최악의 대기질을 가진 국가가 되었다.

몽골을 위한 적정기술, 지세이버(G-saver)

울란바토르의 대기오염은 2주간 여행하며 보았던 청정 자연과 대비되어 더욱 심각하게 다가왔다. 자연스레 우리는 울란바토르의 대기질에 관해 이야기를 많이 나누었다. 그러던 중 가이드로부터 한국의 비영리단체가 만든 지세이버라는 적정기술을 알게 되었다. 몽골에서 사용하던 기존의 난로의 경우는 열을 보존하지 못해 열효율이 매우 떨어졌다. 내가 느꼈던 바로는 몽골의 난로는 그저 재가 날리는 것을 방지하기 위한 껍데기에 불과했다. 굴뚝도 연기를 직선으로 빠져나가게 하는 것 외에는 정말 별다른 기능이 없었다. 또 낮은 열효율로 연료도 매우 자주 갈아줘야 했다. 우리가 사용했던 나무 원료의 경우는 약 1시간마다 나무를 다시 넣어줘야 할 정도였다. 즉 기존에 사용하던 난방 방식의 경우는 연료비도 많이 들 뿐만 아니라, 대기의 질까지 오염시킨다는 문제가 있었다. 이를 해결하기 위해 온돌의 원리를 난로에 적용한 지세이버 기술이 개발되었다고 한다.

지세이버는 기존의 난로를 아예 대체하는 것이 아니라 기존의 난로를 조금만 변형하여 사용한다는 점에서 매우 유용한 제품이다. 이는 게르 내부의 난로 배기부에 연결해서 바로 사용할 수 있다. 이 제품이 열을 보존하는 방법은 크게 두 가지가 있다. 첫 번째는 열효율이 높은 재료를 사용하는 것이다. 알루미늄 연통 안에 열을 오래 보존하는 세라믹 물질을 채워 열을 더 효율적으로 보존할 수 있게 하였다. 두 번째는 구조적으로 열을 오래 머무를 수 있게 하였다. 지세이버 내부는 구불구불한 구조로 되어 있는데, 열은 역류시켜 축열 효과를 극대화하고, 연기만 빠져나가게 한다. 이러한 구조는 전통 온돌에서 열이 부넘기를 넘어 굴뚝개자리에 도달했을 때, 열은 머무르고 연기만 빠져나가게 하는 원리에서 비롯되었다.

지세이버는 대기오염을 해소해준다는 환경적인 면뿐 아니라 사람들의 생활 방식, 사회적인 면에서도 다양한 장점이 있다. 지세이버는 사용하기 전과 비교했을 때 연료의 소모량을 40% 이상 감소시킨다. 즉, 연료의 사용과 비례하여 공기 중으로 배출되는 오염물질의 양도 40% 이상 감소하므로 환경적 측면에서 봤을 때 매우 효과적이다. 또한 사람들의 생활 방식도 바뀌었다. 지세이버를 사용하게 되면서 석탄 교체 시간이 2시간 간격에서 4~5시간 간격으로 늘어났다. 이 말은 사람들은 새벽마다 2시간 간격으로 일어나 석탄을 지폈어야 했지만, 더는 그런 수고를 하지 않아도 됨을 의미한다.

그리고 지세이버를 활용하자 게르 내부의 온도가 5~10℃가량 상승했다. 사람들은 영하 40℃의 추운 날에 더는 추위에 떨며 생활하지 않아도 된다. 마지막으로, 사회적인 측면에서 몽골 현지인들의 일자리 창출을 도모할 수 있다. 이들은 제품을 무료로 보급하지 않고 사회적 기업을 통해 지속 가능한 시장접근 방식을 이용하고 있다. 한국의 비영리단체 '굿네이버스'에서는 2010년에 '굿셰어링'이라는 기업을 설립했다. 이는 현지 생산공장을 운영하며 현지인들을 고용해 제품을 생산하여 주민들이 제품을 구매한 뒤 지속적인 제품 관리와 교육을 돕는 A/S요원까지 현지인들로 고용하였다. 이로써 지세이버는 몽골인들의 생활 전반에 긍정적인 영향을 미치는 착한 기술이 되었다.

아쉽게도 나는 약 10개가 넘는 게르에서 머물렀는데 단 한 번도 지세이버를 사용하는 곳을 보지 못했다. 이 제품이 2010년대 초반에 나온 것에 비하면 아직 상용화가 덜 되었다는 생각이 들었다. 인터넷에 검색해봐도 지세이버에 관한 2016년 이후의 기사는 찾아보기 힘들었다. 장기적으로 봤을 때 오히려 경제적으로 더 이득인 제품이지만 기존의 난로에 부착하는 제품인 만큼 초기에 투자 비용이 든다는 문제가 있다. 따라서 정부의 보조금 없이는 게르촌에 사는 저소득층은 비용을 감당하기가 어렵다. 또한 산업화 초기의 사회에서 많이 나타나듯 아직 시민들에게 환경을 보존하겠다는 인식이 강하지 않았다. 따라서 이 제품의 필요성을 크게 느끼지 못하는 사람들이 많았다. 지세이버는 사회, 환경적으로 정말 훌륭한 적정기술 제품이지만 단가 문제로 인해 실질적인 보급 문제가 있다.

우리나라의 대기오염

이러한 대기오염 문제는 울란바토르뿐 아니라 한국에서도 심각한 문제로 대두하고 있다. 서울의 하늘만 봐도 뿌연 날이 많고 어느 순간부터 기상캐스터는 오늘의 미세먼지 농도를 함께 알려주기 시작했다. 우리나라의 이런 대기오염의 원인은 정말 다양하다. 크게는 주변국으로부터 유입되는 미세먼지와 우리나라 내에서 공장, 자동차로부터 배출되는 오염물질을 원인으로 볼 수 있다. 우선 사람들이 봄철 가장 큰 문제로 꼽는 중국발 미세먼지가 큰 원인 중 하나다. 최근 몇 년 사이에 중국의 산업화로 인해 다량의 미세먼지가 겨울과 봄철에 한국으로 넘어오게 되었다. 그래서 이 시기에는 마스크 없이 야외 활동을 하는 것이 힘든 지경에 이르렀다. 사람들은 중국으로부터의 오염물질이 대기오염의 가장 큰 원인이라고 생각하지만, 2017년 환경부와 NASA의 합동 조사에 의하면 실상은 그렇지 않았다. 서울시 대기질 분석 결과, 미세먼지를 유발하는 원인은 국내(52%), 국외(48%)로 사실은 우리나라에서 발생하는 오염도 만만치 않았다.

우리나라에서 대기오염이 발생하는 주요 원인 세 가지를 꼽자면 공장 등 사업장, 화력 발전소, 경유 차량이 된다. 공장이 많은 지역에 가면 하늘이 갑자기 뿌옇게 되고 굴뚝에서는 연기가 모락모락 피어나는 것을 한 번쯤 보았을 것이다. 환경부의 조사 결과에 따르면 공장에서 배출되는 연기 중 68%가 대표적인 오염물질인 질소산화물이라고 한다. 또 우리나라의 경우 화력 발전에 의존하여 에너지를 생산하고 있다. 효율이 높지만 이 또한 심각한 환경문제를 일으키고 있다. 화력 발전은 석탄의 채굴에서부터 연소하는 데까지 전 과정에서 수은, 비소, 니켈 등의 중금속과 질소산화물 등의 대기오염 물질을 배출한다. 차량 소유량이 높은 우리나라의 경우, 경유 차량으로부터 배출되는 오염물질도 어마어마하다고 한다. 차량의 원료가 연소하여 배기구로 배출되는 과정에서도 질소산화물, 일산화탄소 등과 같은 대기오염 물질이 배출되는데 차량이 많아지면서 그 문제도 더욱 심각해지고 있다.

이러한 미세먼지에 의한 대기오염은 인간에게 치명적인 문제를 일으킨다. 보통 미세먼지는 금속, 질산염, 타이어 고무, 매연 등으로 이루어져 있는데 이는 호흡할 때 따라 들어와 폐에 흡착된다. 미세먼지는 박테리아 병원균에 대한 항체를 무력화해서 폐렴을 유발한다. 폐렴에 한 번 걸리면 폐의 산소 포화도가 일정량 감소한 채 평생을 살아야 한다.

오염물질들이 혈관으로 흡수되면 뇌졸중, 심장질환 등의 원인이 된다. 이처럼 미세먼지는 호흡기 질환과 심장질환의 주요한 원인이 된다. 최근에는 이런 오염물질이 간, 뇌, 생식기관까지 손상할 수 있는 것으로 밝혀져 더욱 긴장감을 늦출 수 없게 되었다.

남은 건 우리의 노력뿐

이러한 대기오염 문제를 해결하기 위해서 다양한 방법이 제시되고 있다. 우선 우리나라는 공장 등의 산업 시설에 '대기오염 물질 총량 관리제'라는 제도를 시행하고 있다. 이는 시설별로 매년 배출할 수 있는 대기오염 물질 총량을 정해주는 것이다. 만약 총량보다 적게 배출했을 시 남은 양을 다른 시설에 팔 수도 있고 다음 해로 이월할 수 있다. 반면 총량을 넘겼을 시에는 다른 시설로부터 배출권을 사야만 한다. 이렇게 제도적으로 총량을 제한함으로써 기업들 스스로가 배출량을 줄일 방법을 모색하게끔 하고 있다. 화력 발전소도 산업 시설의 사례와 유사하게 배출허용 기준을 적용하였고, 노후한 발전시설의 경우에는 가동을 중단하여 오염물질 배출량을 줄이고 있다.

경유 차량으로부터의 오염물질을 줄이기 위해 시민들의 자발적 참여를 장려하고 오염물질 배출이 적은 차량을 개발하고 있다. 시민들에게는 가까운 거리는 걷거나 대중교통을 이용하도록 권장한다. 많은 자동차 산업이 하이브리드 자동차나 전기 자동차처럼 친환경적인 기술을 개발하고 있다. 우리나라 정부의 경우 전기 자동차를 구매하는 사람들에게 약 절반가량의 비용을 지급해주어 오염물질 감축을 장려하고 있다.

2016년 세계보건기구는 세계 인구의 92% 이상이 대기오염에 영향을 받고 있다고 발표한 바 있다. 또 이로 인해 매년 600만 명 이상이 목숨을 잃고 있는 것으로 추산했다. 이처럼 대기오염은 몽골과 우리나라뿐만 아니라 전 세계적인 문제가 되고 있다. 대기오염 정도는 개발도상국일수록 더 심각하다. 세계는 이러한 환경오염 문제를 해결하기 위해 다양한 이론을 제시하고 기술 개발에 착수하고 있다. 우리도 공학을 이끄는 카이스트 학생으로서 이런 환경문제에 관심을 가지고 세상을 바꾸는 기술을 많이 연구할 수 있기를 기대한다.

닐스 보어와 안데르센이 같은 나라 사람이라고?

생명과학과 16 **이동은**

헤이(HEJ)! 코펜하겐

이 글을 읽는 여러분은 이제부터 나와 함께 코펜하겐을 여행할 것이다. 왜 하필 코펜하겐인가 하면 첫째, 덴마크공과대학교로 교환학생을 다녀온 나와 코펜하겐의 떼려야 뗄 수 없는 인연 때문이고 둘째, 언젠가 이 이야기를 들은 여러분이 덴마크로 여행을 떠나 낙엽이 떨어지는 스트뢰에 거리를 걷다 앞으로 나올 장소들을 문득 지나치지 않길 바라기 때문이다. 안타깝게도 아직 한국에서 덴마크를 바로 갈 수 있는 직항 노선은 없다. 나의 경우 처음 덴마크를 갔을 때는 아스타나 항공을 타고 프랑크푸르트를 간 다음 플릭스버스를 타고 장시간 육로로 이동했고, 두 번째와 세 번째는 각각 바르샤바와 홍콩을 경유해 코펜하겐 카스트럽 국제공항에 도착했다. 여러분이 바르샤바를 경유했다면 바로 레고 매장과 덴마크의 양조장인 미켈러에서 만든 맥주를 파는 펍이 있는 면세 구역에 도착할 것이고, 홍콩이나 베이징을 경유했다면 입국 심사를 받은 후 같은 곳에 도착할 것이다. 설레는 마음을 안고 벽에 헤이!(HEJ: 안녕)라고 크게 적힌 곳을 따라가 짐을 찾고 드디어 입국 게이트를 통과하면 여러분의 이름을 푯말로 든 내가 기다리고 있을 것이다.

코펜하겐대학교 앞의 닐스 보어

자전거의 도시라고 불리는 코펜하겐을 여행할 땐 교통권이 있는 것이 좋다. 물가가 비싸지만 시간에 따라 최대 40%까지 대중교통 요금을 할인해주는 라이스코트 카드를 쓰면 저렴하게 이동할 수 있다. 우리가 지하철을 타고 시내까지 나온다면 콩겐스 뉘토브역에 내려 여느 관광객들처럼 파스텔 같은 색이 예쁜 뉘하운 운하에서 사진을 찍고 스트뢰에 거리에서 쇼핑을 할 수도 있다.

하지만 우리는 이곳에 온 목적이 따로 있다. 자전거, 레고 혹은 안데르센 동화집으로 가장 유명한 나라지만 알고보면 과학적으로도 위대한 발견을 많이 했다. 이런 덴마크의 숨겨진 장소들을 찾는 것이 우리의 목적이고, 나는 그 목적을 위해 여러분의 발걸음을 재촉한다. 스트뢰에 거리를 쭉 따라가다보면 코펜하겐대학교가 나온다. 코펜하겐대학교 본 캠퍼스의 앞 프루에 광장에는 언어학부터 정치와 과학에 이르는 다양한 분야에 업적을 남긴 동문들의 흉상이 놓여 있다. 마치 카이스트 앞 카이스트교(橋)에 장영실, 우장춘 등 우리나라의 역사적인 과학 발전에 기여한 인물들의 흉상이 놓여 있는 것처럼 말이다. 한

가지 차이점이라면 카이스트교에는 빈 자리가 하나 있다. 언젠가 카이스트에서 노벨 과학상 수상자가 나온다면 그 자리에 흉상을 두기 위함이다. 하지만 코펜하겐대학교에는 이미 노벨상을 수상한 동문의 흉상이 있다. 밤낮으로 연구가 끊이지 않는 카이스트에서 노벨상 수상자가 나올 수 있길 바라며, 다시 프루에 광장의 노벨상 수상자 흉상을 자세히 보자 우리에겐 굉장히 익숙한 이름을 발견했다.

닐스 보어(Niels Henrik David Bohr)는 오늘 우리가 처음으로 만나볼 덴마크의 과학자다. 고등학교 화학 교과서에서도 보어의 원자모형이 나오니 과학에 관심이 있다면 한 번쯤 들어봤거나 듣게 될 이름이다. 코펜하겐대학교 생리학 교수였던 아버지를 둔 보어는 코펜하겐대학교에서 학부부터 박사과정을 마치게 된다. 금속 내의 전자에 관해 박사 논문을 쓴 뒤 보어는 고전적인 전자기학으로는 본인의 이론이 충분히 설명되지 못한다는 생각을 하며 공부를 계속하기 위해 영국 캠브리지대학교와 맨체스터대학교에서 각각 톰슨(Joseph John Thomson) 그리고 그의 제자인 러더퍼드(Ernest Rutherford) 밑에서 실험을 하였다. 공교롭게도 톰슨과 러더퍼드 모두 당시 물리학계의 가장 큰 궁금증이었던 원자의 구조를 밝히는 데 공헌하여 노벨상을 수상하였고, 보어 역시 스승인 러더퍼드의 원자모형을 수정하여 노벨 물리학상을 수상하였다. 이로써 톰슨과 러더퍼드 그리고 보어까지, 스승의 스승과 스승을 이은 원자모형의 계보를 이룬 것이다. 보어는 본인의 이론을 통해 양자역학을 크게 발전시켰는데 이 성과를 본 덴마크의 맥주 회사 칼스

버그의 후원으로 코펜하겐대학교에서 자전거로 10분 떨어진 거리에 닐스 보어 연구소를 설립할 수 있었다. 혹시 보어가 어느 시대의 과학자인지 아직 감이 오지 않았다면, 우리에겐 너무나 친숙한 아인슈타인(Albert Einstein)이 한 말이 보어를 비롯한 일명 코펜하겐파*를 겨냥한 것이었다는 사실을 알면 감이 올 것이다.

"신은 주사위 놀이를 하지 않는다."

당시 빠른 속도로 발전하던 양자역학의 이론은 보어의 원자모형에서 출발해 하이젠베르크(Werner Karl Heisenberg)의 불확정성 원리로 대표되는 행렬역학과 아인슈타인의 광전효과에서 출발한 파동역학이 열띤 논쟁을 벌이고 있었다. 이후 슈뢰딩거(Erwin Rudolf Josef Alexander Schrödinger)를 비롯한 물리학자에 의해 두 이론이 같은 내용임이 확인되며 현대 물리학이 새로운 시대를 맞이했고, 분명 보어와 아인슈타인의 학문적인 논쟁은 양자역학의 발전을 이끌었다고 볼 수 있다.

또한 보어는 과학자의 윤리적인 태도에 매우 민감했다. 그가 39세이던 시절 함께 연구를 했던 독일 출신의 물리학자 하이젠베르크가 제2차세계대전 당시 나치의 원자폭탄 개발 프로젝트의 중책을 맡자 부자지간처럼 막역했던 관계가 곧바로 소원해졌다고 한다. 더군다나

* 닐스 보어, 하이젠베르크, 막스 보른 등 뜻을 같이하는 물리학자들이 보어의 고향의 이름을 따 만든 학파.

프루에 광장의 흉상들. 좌측 스텐스트루프, 우측 보어.

보어의 어머니가 유대인이기 때문에 자신의 제자가 나치를 위해 일하는 모습에 화가 났을 수 있다. 하이젠베르크는 1941년 코펜하겐에 있는 보어를 다시 찾아갔는데, 당시 두 사람이 했던 대화는 이들의 불확정성 이론처럼 확정할 수 없는 부분이 많다. 하지만 우리는 1998년 희곡 〈코펜하겐〉과 2002년 BBC 드라마 〈코펜하겐〉를 통해 1941년 두 과학자의 대화가 시사하는 조국을 위한 마음과 과학의 윤리성 사이 갈등을 조금이나마 엿볼 수 있다.

닐스 보어의 이야기에 매료된 나머지 여러분을 너무 한 자리에 오래 서 있게 만든 것 같다. 조금만 걸으면 프루에 광장에는 보어뿐만 아니라 우리가 알아야 할 과학자가 더 있다. 지구과학 시간 지구의 내

핵과 외핵의 경계로 배운 레만면의 주인공인 여성 지질학자 레만(Inge Lehmann)과 현재까지도 미생물을 관찰하기 위해 사용되는 그람 염색법을 만든 그람(Hans Gram)의 스승인 동물학자 스텐스트루프(Japetus Steenstrup)의 흉상이 프루에 광장에 세워져 있다. 이렇게 많은 자연과학 업적을 남긴 코펜하겐대학교이니 튼튼한 기초를 기반으로 공과대학도 활발한 연구를 하고 있겠다. 아니, 코펜하겐대학교는 공과대학이 없다.

정확하게 말하면 '지금은' 공과대학이 없다. 내가 교환학생 생활을 했던 덴마크공과대학교(DTU)가 사실 코펜하겐대학교의 공과대학에서 분리된 것이기 때문이다. 덴마크공과대학교는 코펜하겐 시내에서 에스토그(S-tog) 기차를 타고 갈 수 있는 작은 마을 링비에 있다. 그곳 덴마크공과대학교에서도 여러분에게 보여줄 게 있으니 천천히 이동해보자.

스뫼레브뢰드를 먹으며 바라보는 튀코 브라헤 천문대

그전에 배가 고프니 점심을 먹으면 어떨까? 한 가지 추천하는 메뉴는 덴마크식 오픈 샌드위치인 스뫼레브뢰드다. 호밀빵에 베이컨, 감자 혹은 새우 등을 얹은 이 메뉴는 코펜하겐대학교와 멀리 떨어져 있지 않은 토르브할렌 시장에서 어렵지 않게 찾을 수 있다. 모두 마음에 드는 스뫼레브뢰드를 골랐다면 들고 외르스테드 공원에서 점심을 먹으면 좋겠다.

사실 이 공원까지 걸어온 이유는 두 가지가 있는데 첫째는 저기 보이는 저 건물이다. 원기둥이 사선으로 잘린 모습이 특이해 한눈에 들어오는 저 건물의 용도는 무엇일까? 아파트? 태양광 발전소? 좋은 추측이었지만 저 건물의 이름은 튀코 브라헤 천문대다. 내 예상에는 브라헤(Tycho Brahe)의 이름을 알아들은 사람은 여러분들 중 절반 정도일 것이라고 생각한다. 어릴 적 지구과학 선생님께 브라헤를 배웠을 땐 그의 발견보다 검투를 벌이다 코가 잘리거나 오줌을 참다 사망했다는 과학자라고는 믿기지 않는 면모의 이야기만 기억에 남았다. 덴마크에 그의 이름을 딴 천문대가 있다는 사실에 찾아보고 나서야 천문학에서 많은 발견을 한 덴마크의 학자임을 알게 되었다. 매우 좋은 시력을 가졌다고 전해지는 브라헤는 맨눈으로 초신성을 발견해 별이 무한한 것이 아니라 새로 만들어지고 죽는다는 사실을 처음으로 밝혀 아리스토텔레스 이후 유럽의 천체관을 깨뜨렸다. 그는 성 하나 규모의 천문대를 세워 방대한 양의 천체 기록을 남겼고 이 기록은 이후 케플러(Johannes Kepler)가 '케플러법칙'을 만드는 기초가 되었다. 브라헤의 업적뿐 아니라 그의 이름을 딴 천문대도 그가 관측한 별처럼 아름다운 건축미를 자랑하고 있으니 밤에 별을 보러 가도 좋겠다.

외르스테드 공원에서 덴마크공과대학교까지

두 번째로 외르스테드 공원을 방문한 이유는 바로 이 외르스테드(Hans Christian Ørsted)가 덴마크공과대학교를 설립한 사람이기 때문이다. 한스 크리스찬 외르스테드는 오늘날 전자기학 그리고 우리가 쓰고 있는 에너지에 대해서 가장 중요한 발견을 남겼는데 그것은 바로 전기와 자기가 상호작용한다는 사실이다. 1820년 코펜하겐대학교의 교수였던 그는 강의 도중에 전류가 흐르는 전선 근처에 있는 나침반의 방향이 북쪽을 가리키지 않는다는 사실에 놀랐다. 다른 사람들이라면 나침반이 고장 났다고 탓했을지 모르는 일이었지만 그는 전류의 방향을 바꾸었고 그러자 나침반이 다시 180도 회전하는 것을 보았다. 바로 전기의 자기 작용이 발견된 순간이었다. 이를 통해 오늘날 전동기와 발전기를 만들 수 있고 우리가 다른 에너지들로부터 전기에너지를 만들어 쓰고 있기 때문에 외르스테드의 실험이 없는 오늘은 상상이 가지 않는다. 오늘날에도 그의 업적을 기려 자기장의 세기 단위로 Oe(에르스텟)을 사용한다.

우리는 에스토그 라인 E를 타고 링비에 도착한다. 조금 걷거나 버스를 타면 덴마크공과대학교 캠퍼스에 도착할 수 있는데 이곳 역시 카이스트처럼 건물 번호에 지리적 특징이 있다. 카이스트는 북측, 동측과 서측을 알파벳 N, E, W로 표시해 건물 번호를 매기지만, 이곳 덴마크공과대학교는 캠퍼스를 가로지르는 두 대로를 마치 좌표평면의 Y축과 X축으로 사용해 사분면으로 건물을 나타낸다. 만약 303동이라면 캠퍼스를 하늘에서 봤을 때 제삼사분면에 위치한 건물인 것이다. 심지어 캠퍼스의 길 이름들은 전기 길(Elektrovej), 물리 길(Fysikvej)이니 학과 건물을 찾기 쉬울 뿐만 아니라 얼마나 '공대'스러운가?

덴마크 공학도들의 녹색 도전

여름방학 중에 이곳을 찾았다면 지금 덴마크공과대학교가 가장 열중하고 있는 분야를 알 수 있다. 매해 여름 '그린 챌린지'라는 이름으로 학부 과정부터 석사와 박사까지, 환경과 에너지에 관련된 학과부터 컴퓨터 공학과까지 그리고 덴마크에서부터 전 세계의 학생들이 지구를 위한 연구를 진행한 성과를 발표하는 대회가 열린다. 나 역시 2019년 이 대회에 참가했다. 일주일간 진행된 행사에서 참가자들은 덴마크의 사회적 기업에서 전통 간식을 만드는 체험도 하고 행사의 간식 역시 탄소 배출을 저감하기 위해 채식 식단으로 구성되는 등 행사의 모든 요소가 대회가 추구하는 목표와 일치되어 현재 덴마크공과대학교가 가장 추구하는 과학의 발전은 우리의 지구를 지키는 것임이

덴마크공과대학교 도서관에서 열린 그린 챌린지 행사.

분명해 보였다. 발표에서는 녹조 현상을 일으키는 녹조류를 직접 이용해 식용 가능한 간식으로 개발하는 연구, 밀짚을 분해하여 바이오 연료를 얻는 연구 등이 참가자들의 이목을 끌었다. 이렇듯 지금 당장 실현이 가능한 아이디어부터 미래에 지속 가능한 발전을 위한 아이디어까지 덴마크공과대학교는 바이오-지속가능성, 풍력 에너지 등을 연구하는 학과를 개설해 지금도 연구를 이어나가고 있다.

스웨덴에도 보여주고 싶은 게 있어!

그런 챌린지를 회상하다보니 여러분에게 보여주고 싶은 것이 생각났다. 덴마크는 아니지만 지금 늦지 않게 외레순 기차를 타면 스웨덴의 지역인 말뫼에 도착할 수 있다. 말뫼는 코펜하겐에서 무척 가까워 덴마크로 출퇴근하는 사람들이 많이 거주하고 있는 곳이기도 하다. 말뫼에 가기 위해서는 외레순 해협을 통과하는 외레순 다리를 건너야 하는데 이 다리는 총 7,845m 중 3,510m가 해저를 지난다. 해저 터널을 만들기 위해 인공적으로 만든 섬의 이름은 페버 홀름(Peberholm: 후추 섬)인데 인공 섬이지만 자연보호 구역으로 지정되어 있고 외레순 다리를 만들며 나온 골재를 재활용해 건설하였다고 한다. 게다가 이름은 원래 옆에 있던 섬의 이름이 살트 홀름(Saltsholm: 소금 섬)이기 때문에 후추 섬으로 지었다는 재미있는 일화도 있다.

환경을 생각하는 건축가, 공학자 들이 만든 말뫼 Bo01 지구의 가장 큰 특징은 이곳에서 사용되는 모든 에너지가 재생에너지로 만들어졌

터닝 토르소와 Bo01 지구.

다는 사실이다. 재생에너지를 만드는 것에 그치지 않고, 일정 온도로 유지되는 지하의 대수층을 이용해 냉난방의 효율을 높이고 지역 주민들의 에너지 소비를 추적할 수 있는 체계를 갖추었다. 따라서 Bo01 지구는 100% 재생에너지로 유지되고 있다. 건물들의 지붕은 빗물을 최대한 모아 폭포와 연못 등의 조경 요소로 물을 저장하고 정화해 사용할 수 있게 설계되었다.이로써 Bo01 지구에는 최소 50종이 넘는 식물과 함께 생물 다양성을 회복하였다. 이곳엔 북유럽에서 최고층 건물인 '터닝 토르소'가 있다. 인체 구조를 본 따 지은 이 건물은 뉴욕 예술박물관에 의해 가장 뛰어난 장관을 가진 건물 25에 선정될 만큼 아름다울 뿐 아니라, Bo01 지구의 한 부분으로 각 세대에서 만들어진 유기물 쓰레기가 분해되어 바이오가스를 통한 에너지를 만들고 있다.

여행을 마치기 전에

튀코 브라헤의 천문학부터 외르스테드의 전자기력과 닐스 보어의 양자역학을 지나며, 교과서에서는 스치듯 넘어갔지만 과학사에서 중요한 발견들을 덴마크에서 찾을 수 있었다. 그리고 덴마크공과대학교의 그린 챌린지, 급하게 떠난 스웨덴 말뫼의 Bo01 지구와 터닝 토르소에서 오늘 일정을 마치면서 우리는 앞으로 과학이 발전해야 할 모습을 보았다. 어쩌면 다음 그리고 그다음 세대에게 있어서 지금 우리가 발견한 이 '지속 가능함'의 가능성은 과학사의 다음 장을 여는 발견일지 모른다. 마치 외르스테드의 실험처럼 말이다. 오늘 나와 함께 여행한 여러분이 오늘 발견의 증인이 되어주길 바란다. 그리고 혹시 이 글을 읽은 여러분이 정말로 덴마크로 여행을 떠나 또 다른 과학적 장소를 발견해 내게 알려줄 수 있다면 좋겠다. 언젠가 여러분이 전해주는 이야기 또한 나는 이곳에서 기대하고 있을 것이다.

너에게만 알려주는 답사 꿀팁

덴마크어를 공부해 간다면 더할 나위 없이 좋겠지만, 대부분의 덴마크인은 영어를 잘하기 때문에 언어의 장벽은 걱정하지 않아도 될 것이다. 자전거도로가 인도와 구분되어 있기 때문에 자칫 자전거도로로 걷게 될 경우 사고를 당할 수 있기에 주의하자. 특히 횡단보도를 건너기 전 자전거도로에 유의하자. 코펜하겐 중앙역 바로 앞에 위치한 티볼리 놀이공원, 링비에서 멀지 않은 곳에 있는 예게스보르 사슴 공원, 안데르센의 고향 오덴세 그리고 레고랜드가 있는 빌룬 역시 추천할 만한 덴마크의 관광지다.

현대 환경 기술의 집약, 그린 빌딩

전기및전자공학부 16 **박상훈**

호주의 그린 빌딩에 가다

카이스트에 입학하고 3학년이 될 때까지 내가 가장 열심히 했던 활동은 바로 학내 환경 자치단체 '그린 인 카이스트' 활동이었다. 환경 문제에 줄곧 관심이 많았던 나는 팀원들과 함께 다양한 환경 의식 개선 활동을 했다. 또 환경 보전도 계속 공부하였다. 매 학기 조별로 환경과 관련된 주제를 선정하여 조사하고 발표하는 활동을 하면서, 환경 보전에 관한 나의 관심은 더욱 명확해지고 커졌다. 하지만 대학생 자치단체가 할 수 있는 일에는 한계가 있었다. 사람들의 환경 의식을 개선하는 일도 생각보다 쉽지 않았다. 개개인의 환경 의식과 행동을 바꾸는 일은 중요하지만, 더 근본적으로 사람들의 환경 의식을 개선할 방법이 없을까 고민하게 되었다. 환경과 산업 그리고 환경과 경제의 관계를 생각하게 되었다. 그러던 중 환경생태 분야에서 세계적으로 권위 있는 호주 퀸즐랜드대학교에 교환학생으로 가게 되었다. 나는 이것을 환경 경영 및 산업과 관련된 수업을 들을 수 있는 기회로 삼기로 했다.

'지속 가능 경영 실무'라는 수업에서는 회사를 경영하면서 지켜야 할 여러 환경 규약과 환경 보전을 위해 기존의 회사들이 노력해온 사례들을 배웠다. 수업 6주차에는 건물이나 시설에서 에너지 및 자원 사용을 어떻게 관리하고 사용량을 줄일 수 있는지를 배웠는데, 그때 '그린 빌딩'이라는 개념을 접했다. 그린 빌딩은 환경에 미치는 영향을 최소화하기 위해 지속 가능하고 친환경적인 시스템을 갖춘 건물을 말한다. 퀸즐랜드대학교에도 그린 빌딩으로 인증받은 곳이 있었다. 알고 보니 우리가 수업하던 곳과 연결되어 있던 건물이었다. 그린 빌딩에 관한 이론적 설명이 끝나고 우리는 조교를 따라 그곳으로 향했다.

퀸즐랜드대학교 세인트루시아 캠퍼스에 위치한 이 그린 빌딩은 2013년에 개관하여 '글로벌 체인지 연구소(Global Change Institute)' 건물로 사용 중이라고 한다. 비교적 최근에 지어진 건물이라 그런지 한눈에 보기에도 세련되고 쾌적했다. 건물을 지을 때 약 250억 원이 들었는데, 이 중 절반가량인 120억 정도는 동문들과 지역 자선가로부터 기부를 받았다고 한다.

이 건물은 외부 에너지를 소모하거나 탄소를 배출하지 않으면서 자연과 공존할 수 있는 근무 환경을 만들기 위해 세워졌다. 캠퍼스 안에 있지만 강의실보다는 주로 사무 공간으로 쓰이고 있는 이 건물은 마치 구글이나 페이스북 본사에 가면 볼 수 있을 법한 근무 환경을 제공

그린 빌딩 내부 계단.

하고 있었다. 수업 중에 '그린 스타 제도'라는 지표도 배웠다. 이 지표는 호주에서 독자적으로 개발한 것으로, 건축물이 얼마나 친환경적이고 고효율적인지를 나타낸다. 1등급에서 6등급까지의 구분 중 이 건물은 최고등급인 6등급에 해당했다. 개괄적인 설명을 마친 후, 안내 담당자는 건물 각 부분의 작동 원리를 설명했다.

그린 빌딩의 자연 친화적 시스템

그린 빌딩의 가장 큰 특징은 바로 에너지와 물을 자급자족한다는 것이다. 에너지는 태양으로부터, 물은 자연적으로 내리는 비로부터 공급받는다. 보통 '태양에너지'라고 표기하면 태양광 발전과 태양열 발전을 구분하기 어려울 때가 있는데 그 둘의 차이는 다음과 같다. 먼저 태양광 발전의 경우, 광전효과를 이용해서 태양으로부터 오는 빛을 직접적으로 전기에너지로 변환하는 방식이다. 반면 태양열 발전은 집열판에서 모은 태양열로 물을 끓여서 증기를 발생시켜 터빈을 돌리면서 전기를 생산하는 방식이다. 즉, 열에너지를 기계적에너지로 변환했다가 다시 우리가 사용할 수 있는 전기에너지로 변환하는 과정을 거친다.

퀸즐랜드대학교의 그린 빌딩은 태양광 발전을 통해 에너지를 생산하고 있었다. 건물의 상단부 외면에는 태양광 패널이 달려 있다. 이 태양광 패널을 통해 생산한 에너지는 외부로부터 추가적인 에너지 공급을 받지 않아도 될 만큼 많은 양이라고 한다. 1년에 17만 5,000kWh의 전기를 생산하는데 이는 21개의 보통 가정집이 1년간 사용하는 에너지에 해당하는 양이다. 호주에서 몇 달만 살아보면 고작 한 건물에서 이렇게 어마어마한 양의 태양에너지를 저장할 수 있다는 게 이해가 된다. 한국에 비해 확연히 많은 일조량과 일조시간 덕분에 좁은 면적이어도 많은 양의 에너지가 축적될 수 있다. 그렇기 때문에 주택 단지를 지나다보면 가정집 위에 태양광 발전 패널이 설치되어 있는 모습을 쉽게 발견할 수 있다. 에너지뿐만 아니라 물까지 자급자족하기 위해서는 빗물을 모으는 장치가 필수적이다. 그래서 6만L의 물을 저장할 수 있는 빗물 탱크가 설치되어 있다. 이 물은 냉방 시스템과 화장실, 샤워실 등에서 쓰인다고 한다. 이처럼 이 건물은 태양으로부터 에너지를 얻고, 빗물로부터 물을 얻으면서 외부의 추가적인 공급 없이 지속 가능한 시스템을 갖추고 있다.

내가 이곳에서 가장 신기했던 것은 바로 반투명한 지붕이다. 에틸렌 테트라플루오로에틸렌(Ethylene Tetrafluoroethylene, 이하 ETFE)이라는 물질로 만들어졌는데, 이 물질은 플로로카본을 바탕으로 하는 중합체로 부식과 온도 변화에 매우 강하다. 또한 무척 가벼우면서도 유연하고 일광 투사율이 높아 축구장 등 많은 건축물에 쓰이고 있다. 이 건물에서는 ETFE 이중막을 지붕으로 사용하는데 두 개의 막이 움직일 수 있도록 설치하였다. 그리고 각각의 막에는 달마티안처럼 검은 점들이 빼곡히 자리 잡고 있는 것을 볼 수 있는데, 건물 내부의 온도와 습도에 따라서 ETFE 막이 스스로 움직여 건물 내부로 들어오는 햇빛의 양을 조절한다고 한다. 예를 들어 내부의 온도가 일정 수준 이상 올라갔을 경우 건물 내부로 들어오는 햇빛의 양을 줄여야 할 것이다. 햇빛이 많고 날이 더운 여름철을 떠올리면 되는데 이때 ETFE 막 위의 점들이 햇빛을 최대한 많이 가릴 수 있도록 두 개의 막이 절묘하게 이동한다. 즉, 지붕의 검은 점들이 더 많아져서 햇빛을 가려주는 역할을 한다. 반면에 햇빛의 양을 증가시킬 때에는 점의 개수가 최소가 되는 방향으로 두 막이 이동하여 최대한 많은 빛이 통과되도록 한다. 외부 환경에 따라 능동적으로 변화하는 시스템을 적용한 것이 인상적이었다.

건물 내부에는 '그린월(Green Wall)'이라고 부르는 아주 큰 식물 벽이 있다. 벽을 따라서 식물이 자라는데, 수경 재배가 가능한 식물들이

햇빛의 양을 조절하는 반투명한 지붕.

기 때문에 흙 없이 물과 햇빛만 받고 자란다. 물론 여기서 사용되는 물도 앞서 소개한 빗물 저장소로부터 공급된다. 물이 위에서 아래로 흐르면서 식물이 흡수할 수 있도록 만들어놓았기 때문에 일종의 폭포와 같은 모습을 하고 있다. 건물 내부에 자리 잡은 식물들은 외부로부터 들어오는 공기의 온도를 낮춰주고 정화하는 역할을 한다. 물론 미관상으로도 매우 아름답다.

지을 때부터 환경을 생각해서

그린 빌딩을 구성하고 있는 물질을 살펴보면 세워지고 사용되고 철거되기까지의 모든 과정이 환경 친화적이라는 점을 알 수 있다. 이 건물을 지을 때 사용된 재료들은 모두 다른 곳에서 한 번 사용된 후 재활용되었거나, 철거된 후 다른 곳에서 다시 사용될 수 있다고 한다.

모래와 자갈에 물과 시멘트를 섞으면 건물의 뼈대를 구성하는 콘크리트가 된다. 이때 시멘트의 역할은 모래와 자갈을 접착하여 혼합물을 단단하게 만드는 것이다. 하지만 기존의 시멘트는 제조 과정에서 많은 양의 이산화탄소를 배출하여 지구온난화를 가속화한다는 문제점이 있다. 최근에는 시멘트의 대체제로 이산화탄소 배출량을 최대 80%까지 줄일 수 있는 지오폴리머가 각광받고 있는데, 건물 뼈대 전체를 지오폴리머 콘크리트로 지은 것은 이곳이 세계 최초라고 한다. 이렇듯 비슷한 기능을 하더라도 어떤 재료를 사용하느냐에 따라 환경에 미치는 영향이 크게 달라질 수 있다는 것을 알 수 있다.

이 건물을 지을 때 추가적인 주차공간은 따로 마련하지 않고 건물 내부에 자전거 보관소와 샤워실만 설치했다는 점도 내겐 인상적이었다. 시설물뿐만 아니라 그린 빌딩을 이용하는 사람들의 행동에도 변화를 촉구했기 때문이다. 호주에서 생활하면서 자전거를 타고 출퇴근하는 사람들을 많이 볼 수 있었다. 그런데 사람들이 모두 안전모와 전용 운동복을 착용하고 출근했다. 그래서 '저 사람들은 자전거 타고 출근하면 땀도 많이 날 텐데, 안 불편하려나? 일할 때도 운동복을 입고 하려나?' 하고 궁금해 했는데 답은 단순했다. 여기에서는 근무지에 도착하면 샤워를 하고 일을 시작하기 때문에 그렇게 할 수 있었다.

자전거를 타고 출퇴근을 하는 것이 우리나라에서도 충분히 가능하리라 생각했는데 조금 더 따져보니 아직은 어려움이 있을 듯했다. 카이스트가 있는 대전도 자전거 이용을 장려하는 도시다. 카이스트 학생 모두가 한 번쯤은 이용해봤을 자전거 공유 시스템인 '타슈'가 있을 정도다. 하지만 대전은 자전거전용도로를 곳곳에 설치해놓았는데도 안전하게 자전거를 타고 다니기에는 아직 위험한 요소가 많다. 반면에 호주의 브리즈번에는 일종의 자전거 전용 고가도로 같은 것이 있었다. 대전으로 비유를 하자면 월평역부터 정부청사역까지 신호등 없이 쭉 이어진 자전거 전용 고가도로인 셈이다. 그곳은 자동차나 사람이 다니지 않기 때문에 훨씬 안전했다.

마지막으로 그린 빌딩의 지하 시설도 탐방하였다. 지속 가능한 빌딩 운영을 위한 시스템이 건물의 지하에도 많이 설치되어 있었다. 먼저 빗물을 모아 저장한 물을 정화시키는 장치를 보았다. 한 번 정화된 물은 수돗물과 샤워용으로 쓰인다. 이렇게 사용된 물은 다시 모아져 화장실 물로 쓰인다. 이 물은 마지막으로 캠퍼스 내의 관개 시스템에 사용되면서 총 3번 활용되는 구조였다. 또한 지하에는 퀸즐랜드대학교 졸업생이 만든 배터리 타워가 있다. 6개의 배터리 타워는 지붕에 있는 태양광 패널로부터 생산된 전기에너지를 저장하며 6개 배터리의 용량 총합이 288kWh에 이른다. 이는 냉방 시스템을 3일간 가동할 수 있는 양이다. 태양광 패널에 문제가 생기더라도 수리나 교체가 될 때까지 추가적인 에너지 공급 없이 전원을 공급하는 것이 가능하다는 뜻이다.

그린 빌딩 방문을 마무리하며

그린 빌딩을 견학하면서 나는 현재 우리가 가진 과학기술만으로도 환경과 생태를 위한 건축 방식을 얼마든지 효율적으로 적용할 수 있다는 것을 몸소 체험할 수 있었다. 그냥 흘려보낼 수도 있는 물과 에너지, 다시 한번 사용될 수 있는 재료 등 세심한 부분까지 놓치지 않는 노력과 그것을 뒷받침할 수 있는 기술이 있기에, 지속 가능한 시스템을 가진 그린 빌딩이 만들어졌다. 이 건물에 사용된 기술은 과학적으로 난도가 높은 기술은 아니다. 카이스트를 비롯한 국내 대학들에서도 충분히 구현할 수 있다. 어쩌면 더 효율적이고 친환경적인 기술을 개발할 가능성도 무궁무진하다. 앞으로 우리나라에서도 새로운 건물이나 시설을 지을 때도 환경과 생태를 최우선으로 삼는 지속 가능성을 고려하고 그것을 실현하는 노력이 함께 이루어졌으면 한다.

너에게만 알려주는 답사 꿀팁

박물관이나 과학관이 아닌 대학교 소속의 건물이기에 따로 입장료는 없지만 교직원들이 근무하는 공간이기 때문에 외부인의 입장이 제한될 수 있다. 따라서 '글로벌 체인지 인스티튜트(Global Change Institute)' 홈페이지(https://gci.uq.edu.au/)에 있는 공식 이메일 주소(gci@uq.edu.au)로 미리 방문 의사를 알리면 그린 빌딩을 탐방할 수 있는 기회를 얻을 수 있다. 보라색 꽃나무인 자카란다가 만발하는 10월에 이곳을 방문하면 보랏빛으로 물든 캠퍼스의 아름다운 정경을 만끽할 수 있을 것이다.

생명과학과 17 양승원

머리말에서 출발해 이제 학생편집자 후기에 도착하신 당신. 카이스트 학생들과 함께한 과학 여행은 어떠셨나요? 올해로 9년째 되는 '내사카나사카'의 주제는 '과학명소 답사기'였습니다. 모두가 마음속에 뜻깊은 명소 하나쯤은 가지고 있습니다. 방황하던 누군가에게 우연이란 이름으로 과학의 길을 알려준 곳인가 하면 정말 아름다운 고향의 경관일 수도 있습니다. 과학을 예술로 승화시켜 보는 이에게 아름다움을 선물해주는 곳일 수도 있습니다. 중요한 건 그곳에서 무엇을 배우고 느꼈느냐입니다. 이 책은 스쳐 지나갔을지도 모르는 여러 박물관과 관광지를 여러분에게 새로운 시선으로 이야기하고 있습니다. 35편의 글에서 카이스트 학생들이 소개하는 명소를 구경하며 여러분의 명소는 어디인지 한번쯤 생각해보셨으면 좋겠습니다.

'과학'이란 단어를 들으면 어떤 생각이 떠오르나요? 또 '카이스트'라는 단어는 어떻습니까? 얼마 전 오랜 지인들을 만난 적이 있습니다.

각자의 입시와 생활에 치이다가 다시 연락이 닿아 많은 회포를 풀었는데, 대부분이 카이스트를 다니는 것에 대한 묘한 거리감을 가지고 있었습니다. 그러고는 묻습니다. 과학도가 되기 위해서는 과학에 얼마나 큰 재능을 가져야 하는지. 심지어 카이스트 학생은 다른 세상에 사는 사람이라고 결론짓는 친구도 있었습니다. 하지만 몇 번의 벚꽃을 이곳에서 보내고 많은 사람과 만나 캠퍼스를 여기저기를 돌아다닌 뒤에 내린 결론은 '큰 차이가 없다'입니다. 단지 과학을 조금 더 좋아할 뿐입니다. 따라서 이 책을 통해 전하고 싶었습니다. 책을 집어들은 여러분과 카이스트 학생들은 다를 바 없다는 사실을 말입니다. 우리와 함께 과학 여행을 떠난 여러분이 바로 과학도입니다.

글의 처음을 열고 마지막을 장식하는 과정은 늘 매력적입니다. 어쩌면 그 매력을 잊지 못해 학생편집장을 맡아 책의 시작과 끝을 함께하는 것일지도 모르겠습니다. 지금까지 여러 권의 책을 편집해봤지만 실제로 출판사와 함께 책을 만드는 건 처음이라 이번 편집은 제게 잊지 못할 추억과 경험이 될 것 같습니다.

『방구석에서 NASA까지 카이스트 과학 여행』이 세상의 빛을 볼 수 있게 도와주신 모든 학생과 편집자들, 그리고 이런 큰 기회를 주신 학교 관계자 여러분에게 큰 감사의 말씀을 전합니다.

생명과학과 16 변현종

카이스트 글쓰기 대회 시상식 날, 저는 편집자가 되면 책 표지에 이름 석 자가 적힌다는 말을 듣고 혹했습니다. "내 이름이 적힌 책이 출판된다!"는 말을 듣고 시쳇말로 '가슴이 웅장'해졌죠. 그래서 부리나케 편집자에 지원했습니다. 다행히도 선발되었고, 이제는 이렇게 무사히 편집을 마치고 후기를 적고 있습니다. 편집 작업, 굉장히 재미있었습니다. 다른 학우님들의 글을 읽고 오타 수정, 구두점 정정 같은 작업을 하는 게 주 업무지만 그 과정에서 자연스레 그 글을 읽게 됩니다. 읽는 글이 흥미롭다면 편집하는 사람도 흥이 나기 마련입니다.

이번 책의 주제는 '과학과 관련된 장소'였습니다. 우리 카이스트 학우님들, 정말 발이 넓습니다. 전 세계 방방곡곡을 다 돌아다니셨더라고요. 글 쓰는 솜씨도 발군이십니다. 어떤 분은 묘사를 멋지게 하셨고, 어떤 분은 자기 생각을 맛깔나게 적어주셨습니다. 저자마다 독특한 '읽는 맛'이 나는 글을 써주셔서 저도 편집하면서 매우 즐거웠습니다. 독자님들도 글을 읽으시면서 제가 느낀 이 맛을 느끼셨으면 좋겠습니다. 독서계에 무한리필 뷔페가 있다면 아마 이런 문집을 탐독하는 것 아닐까요?

"카이스트 학생들은 대체 어떤 사람들인가?"라는 질문을 가끔씩 받습니다. 아무래도 저희 카이스트가 '괴짜 천재들의 소굴' 같은 분위기가 어렴풋이 있나 봅니다. 그런 의미에서, 이 책을 읽으신 분들은 카이스트 학생들이 조금이나마 친숙하게 느껴지지 않을까 싶습니다. 사람이 글을 쓰면 그 사람의 평소 사고방식과 가치관이 글에 묻어날 수밖에 없습니다. 그럼 글을 읽는 것으로 사람의 내면을 조금이나마 들여다볼 수 있죠. 저는 편집하면서 카이스트 학생들이 우리 세상과 미래에 관해 가지고 있는 생각을 더듬어 볼 수 있어 대단히 즐거웠습니다. 독자님들도 이 책을 즐기셨기를 바라면서, 이만 마치겠습니다. 감사합니다!

생명과학과 16 이동은

저를 비롯한 카이스트 학생들이 쓴 글을 읽으면서 어딘가를 함께 여행하는 것 같았습니다. 미술관에서 같은 작품을 보거나 같은 거리를 걷더라도 나의 시선이 닿는 곳과 동행하는 사람의 시선이 향하는 곳은 다를 수 있습니다. 이러한 차이가 여행의 새로운 즐거움을 주기도 하고 여행의 기억을 더 다채롭게 합니다. 이번 카이스트 시리즈의 책에는 가까이에 있는 집 앞의 하천부터 어릴 적 다녀온 기억이 있는 과학관, 그리고 멀게는 덴마크와 아이슬란드까지 여행을 다녀온 동행들의 시선이 담겨 있습니다.

함께 여행하더라도 지나칠 수 있었던 서울시립과학관의 '관찰을 코딩하다'와 같은 슬로건, 광주천의 EM 흙 공 던지기 행사, 코펜하겐의 어느 광장에 놓인 닐스 보어의 흉상을 카이스트 학생들은 '과학도'의 시선으로 집어내 여러분께 소개합니다. 독일의 헬스케어 회사들과 UCLA의 로봇 연구실 등 일반적인 여행에서는 방문하기 쉽지 않은 장소들을 다녀와서 그곳에서 경험한 이야기를 생생히 전달해줍니다.

한국에서 약 8,400킬로미터나 떨어져 있는 곳에서 전해온 아이슬란드의 사진은 지구가 '살아 있음'을 보여주기도 합니다. 이처럼 카이스트 학생들이 책상 앞이나 실험대 위를 벗어나 직접 느끼고 경험한 장소를 여러분과 함께 여행하는 동행이 되어줄 것입니다. 또 '너에게만 알려주는 답사 꿀팁'을 읽고 어쩌면 여러분은 새로운 여행을 계획하게 될지도 모릅니다.

이번 카이스트 시리즈의 학생 편집자로서 한발 앞서 저자들과 여행을 다녀왔습니다. 생각지도 못한 곳에서 과학적인 분석을 발견하는 등 매우 흥미로운 여행이었습니다. 이 책이 여러분을 산뜻한 과학 여행으로 초대하길 바랍니다.

기술경영학부 17 최민호

졸업을 앞두고 지금까지의 대학 생활을 돌아보면, 카이스트에서 글쓰기란 저에게 낯선 일이었습니다. 기껏 쓰는 글이라고는 과제로 제출할 리포트뿐이고, 읽는 글이라고는 영어로 적힌 교과서뿐이었습니다. 하지만 이번 내사카나사카 대회를 통해 글쓰기의 다양한 매력을 알게 되었습니다.

수학자이자 철학자였던 파스칼은 이런 문장을 썼다고 전해집니다. '시간이 부족해 글을 길게 썼다.' 제 글을 쓰며 이 말이 무슨 의미인지 알게 되었습니다. 단순히 무엇을 썼는가보다 어떻게 썼는가가 더 중요하다는 사실을 깨달았습니다. 생각나는 대로 글을 죽 풀어 쓰는 작업보다 긴 문장을 줄이고 읽기 쉽게 고치는 일이 더 오래 걸렸기 때문입니다. 글자 하나, 단어 하나가 주는 힘을 알게 되었고, 문장 하나가 글 전체를 바꿀 수 있다는 사실을 알게 되었습니다.

많은 학우님의 글을 읽어볼 기회도 색다른 경험이었습니다. 생각지도 못한 단어와 표현은 물론이고, 그 글 속에 담긴 창의적인 생각까지 읽을 수 있었습니다. 한 명의 편집부원으로서 맞춤법을 고치고 매끄러운 문장으로 다듬는 작업을 맡았지만, 학우님들의 글은 이미 톡톡 튀는 매력과 읽는 재미를 갖고 있었습니다.

소심하게 손을 들어 맡게 된 편집부원이라는 자리는 많은 경험과 깨달음을 주었습니다. 훌륭한 글을 써준 학우님들, 저와 같이 글을 편집한 편집부원님들과 편집장님, 그리고 이런 기회를 주신 교수님들과 출판사 관계자분들에게 감사의 인사를 드립니다.

전산학부 14 최정수

이렇게 긴 글을 써본 적이 없었습니다. 원고지 30매라니 말도 안 되는 분량이라고 생각했습니다.
하지만 천천히 제 경험을 긴 호흡에 걸쳐 글을 풀어내다 보니 오히려 분량이 부족하게 느껴졌습니다. 논리적 글쓰기 수업을 수강하며 글을 제출할 때마다 시간에 쫓겨 늘 아쉬웠습니다.

수상작으로 선정되며 다시 퇴고할 기회가 주어져 오랜만에 하나의 완성된 글을 쓸 수 있게 되어 뿌듯합니다.

코로나19 사태가 점점 심해지고 장기화하면서 여행은 꿈도 꾸지 못하고 있습니다. 다행히 편집부원으로서 학우들의 글을 재밌게 읽으며 잠시나마 먼 곳으로 떠나는 경험을 할 수 있었습니다.
책은 내가 직접 경험하지 못한 일을 간접적으로 경험할 수 있게 해주는데, 이번 『방구석에서 NASA까지 카이스트 과학 여행』을 통해 다시 한번 책 본연의 목적을 되새긴 느낌입니다.

저도 직접 그 장소를 방문하는 느낌이 들도록 글을 써보았는데 모쪼록 독자들도 이 책을 통해 조금이나마 위안을 얻길 바랍니다.

책을 낼 수 있게 해주신 모든 분들께 진심으로 감사드립니다.

방구석에서 NASA까지 **카이스트 과학 여행**

펴낸날 초판 1쇄 2020년 11월 27일

지은이 양승원, 변현종, 이동은, 최민호, 최정수 외 카이스트 학생들
펴낸이 심만수
펴낸곳 (주)살림출판사
출판등록 1989년 11월 1일 제9-210호

주소 경기도 파주시 광인사길 30
전화 031-955-1350 팩스 031-624-1356
홈페이지 http://www.sallimbooks.com
이메일 book@sallimbooks.com

ISBN 978-89-522-4266-2 43400
살림Friends는 (주)살림출판사의 청소년 브랜드입니다.

※ 값은 뒤표지에 있습니다.
※ 잘못 만들어진 책은 구입하신 서점에서 바꾸어 드립니다.

책임편집·교정교열 김다니엘